中南财经政法大学
经济学院博导论丛

建设生态文明
发展绿色经济

JIANSHE SHENGTAI WENMING
FAZHAN LÜSE JINGJI

方时姣 著

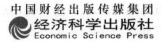

中国财经出版传媒集团
经济科学出版社
Economic Science Press

图书在版编目（CIP）数据

建设生态文明　发展绿色经济/方时姣著．—北京：经济科学
出版社，2019.10

（中南财经政法大学经济学院博导论丛）

ISBN 978 - 7 - 5218 - 1201 - 5

Ⅰ. ①建… Ⅱ. ①方… Ⅲ. ①生态环境建设 - 中国 - 文集
②绿色经济 - 经济发展 - 中国 - 文集　Ⅳ. ①X321.2 - 53
②F124.5 - 53

中国版本图书馆 CIP 数据核字（2020）第 021164 号

责任编辑：周秀霞
责任校对：王肖楠
责任印制：李　鹏

建设生态文明　发展绿色经济

方时姣　著

经济科学出版社出版、发行　新华书店经销
社址：北京市海淀区阜成路甲 28 号　邮编：100142
总编部电话：010 - 88191217　发行部电话：010 - 88191522
网址：www.esp.com.cn
电子邮件：esp@esp.com.cn
天猫网店：经济科学出版社旗舰店
网址：http://jjkxcbs.tmall.com
北京季蜂印刷有限公司印装
710×1000　16 开　13.25 印张　260000 字
2020 年 1 月第 1 版　2020 年 1 月第 1 次印刷
ISBN 978 - 7 - 5218 - 1201 - 5　定价：56.00 元
（图书出现印装问题，本社负责调换。电话：010 - 88191510）
（版权所有　侵权必究　打击盗版　举报热线：010 - 88191661
QQ：2242791300　营销中心电话：010 - 88191537
电子邮箱：dbts@esp.com.cn）

目　录

◆上 篇◆

建设社会主义生态文明论

马克思主义生态文明观
在当代中国的新发展

胡锦涛总书记在党的十七大报告中提出"建设生态文明","节约能源资源和保护生态环境",还强调要"使生态文明观念在全社会牢固树立。"这是我们党在纲领性文献中首次使用"生态文明"的新概念,并把它规定为全面建设小康社会五大新要求之一,是对党的十六大报告的一个重要的创新与发展。可以这么说,建设社会主义生态文明已成为我们党治国理政的新理念,是中国特色社会主义理论体系的一个根本论点,这是对马克思主义文明理论的新发展,体现了我们党对社会主义科学发展、和谐发展规律的认识与深化,表明我们党对社会主义现代文明发展规律认识的新境界。对于社会主义生态文明问题,我认为,至少还有两个重要问题需要深入研究:一是马克思恩格斯的生态文明观,这是生态马克思主义学说的最重要的内容;二是对马克思主义的创新与发展,它是马克思恩格斯全面发展文明观在当代中国新发展的重要表现。本文意欲对这两个问题从以下四个方面作一简要考察。

一、从马克思主义的整体性解读马克思恩格斯的生态文明思想

从马克思主义的整体性解读马克思恩格斯的生态文明思想,可以将其基本内容概括为三个方面:一是马克思恩格斯人与自然和谐统一的生态文明理论取向;二是社会主义、共产主义学说的生态文明观意蕴;三是生态文明是人类文明结构的基本要素。

马克思恩格斯人与自然和谐统一学说中蕴藏着生态文明的思想先声。马克思恩格斯人与自然相互关系学说的精华是人与自然和谐统一理论。它包括两层含义:一是人与自然的统一性,这就是人与自然的内在统一;二是人与自然的和谐性,这就是人与自然的和谐发展。人与自然的和谐统一,是马克思主义生态哲学的基本问题。正是在这个意义上说,人与自然的和谐统一,首先是个生态学问

题，在人类文明视阈中，它是个生态文明问题。在此，强调以下两点：

（一）马克思恩格斯在阐明自然、人、社会之间辩证关系时，提出了"人与自然和谐统一"的光辉思想

马克思恩格斯从现实的人和现实的自然界相互依存、相互作用的历史进程出发，在人类社会历史发展史上，明确地提出了"感性世界一切部分的和谐，特别是人与自然界的和谐"[1]的光辉思想，并强调通过人类物质生产实践的方式达到人类社会和自然界的和谐统一。在这里，我们可以触摸到马克思恩格斯人与自然和谐统一的生态文明思想有这样几个重要观点：一是所说的感性世界是指包括感性自然界在内的整个现存感性世界，他们是把感性世界内部的各个部分的和谐看作人与自然和谐统一的基础，或者说很明显它包含着自然和谐即生态和谐是人、社会、自然和谐统一的生态基础。二是马克思恩格斯特别强调人与自然的和谐统一，就在于这种和谐是人、社会、自然有机统一的核心问题。因此，人与自然和谐统一理论是马克思主义人、社会、自然辩证关系理论的精华。三是按照马克思的唯物主义历史观和自然观的统一理论，人类物质生产实践活动应当追求的一个基本目标与目的归宿，就是人与自然和谐统一的生态文明[2]154。

（二）马克思恩格斯把人与自然和谐统一关系的演变作为整个生态系统演变的一条主线

从马克思恩格斯对人、社会、自然相互关系的论述中，我们可以看出，人与自然和谐的本质内涵，应当是人与自然矛盾同一性的一种表现形式，是人与自然之间相互依存、相互适应、相互转化的关系，体现着人及社会的发展和自然的发展的协调性和一致性，这就是人与自然的辩证统一与和谐协调发展关系，它是"人—社会—自然"复合生态系统有机整体发展的一条主线。这是因为，马克思的唯物主义历史观与自然观的统一，使马克思必然把人与自然关系的演变摆在历史发展一切问题的首位，不仅决定马克思始终把人与自然和谐统一的发展关系置于整个生态系统演变中来考察，而且决定他始终把人与自然和谐统一关系的演变作为整个生态系统演变的一条主线。正如叶险明所指出的："科学的自然—历史观一方面决定马克思始终把人与自然的关系置于整个生态系统中来考察；另一方面又决定了始终把人与自然的关系发展视为整个生态系统发展的主体，进而把生产力的发展视为人与自然关系发展的实质和动力。"[3]这些都揭示马克思恩格斯人与自然和谐统一的生态文明观的深刻意蕴，揭示了社会主义、共产主义文明条件下的生态文明科学设想。在马克思学说的理论体系中，自然、人、社会是一个统一的有机整体。马克思恩格斯比较系统地论述人、社会和自然之间相互依赖、相互制约、相互作用的辩证关系，闪现着人与自然和人与人协调发展的生态智慧，

有着明显的生态文明取向。尤其是他们对社会主义、共产主义文明条件下人与自然和人与人的协调发展的生态文明科学设想，具有前瞻性。

20 世纪 90 年代以来，面对全球生态危机的严重性和尖锐性，国内外学者纷纷到马克思恩格斯的著作中寻求良策，尤其是国内外有些生态学马克思主义者建构马克思的生态学理论，来回应生态危机与可持续发展议题对马克思学说的挑战。马克思恩格斯对社会主义、共产主义的科学预测不仅蕴涵着社会主义、共产主义文明全面发展的理论取向；而且蕴涵着社会主义、共产主义社会人与自然和人与人之间和谐发展的生态文明取向。正如刘思华教授所指出的，马克思恩格斯"从人与自然、人与人关系的历史考查出发，最后得出的必然结论是，只有共产主义才能完全合理地解决人与自然、人与人之间的矛盾。在社会主义、共产主义文明全面发展的这个科学预测中，包含着人的全面发展是人与自然、社会的全面协调发展的深刻内涵，这是人与自然和人与人之间和谐协调发展文明观的生态文明理论。"[2]45

马克思恩格斯关于社会主义、共产主义文明条件下人与自然和人与人之间和谐协调发展的深刻内涵，在本质上是生态文明观。如前所说，马克思恩格斯对社会主义、共产主义文明的科学设想中，始终强调的是人与自然之间和人与人之间的协调和谐，尽管他们当时没有使用可持续发展观念来概括他们生态文明观，但我们今天完全可以在这个科学设想中体察到生态文明观的基本思想。因此，我们通过解读马克思关于共产主义全面发展文明观中的人与自然和人与人之间协调和谐发展的光辉思想，不难看出当今生态文明观念与理论完全可以在马克思的科学社会主义学说中找到理论渊源。

依据唯物史观和人类文明的发展规律，马克思所设想的未来社会主义、共产主义文明社会，最根本的就是消除资本主义文明的人与自然和人与人之间双重不协调与不和谐，他用历史的逻辑预言并坚定地相信，在社会主义、共产主义文明全面发展框架中，人及整个社会和自然界是协调和谐的，整个社会中人与人、人与社会也是协调和谐的。这双重协调和谐，正是今天现代生态学所坚持的基本原则，或者说正是今天人类所追求的建设生态文明社会的基本原则；也正是今天我们党领导全国人民所要构建社会主义和谐社会的伟大目标，它体现可持续发展社会的真谛。这个原则和真谛完全可以用马克思生态哲学思想关于自然、人、社会有机统一的一段论述来表达："社会是人同自然界完成了的本质的统一，是自然界的真正复活，是人的实现了的自然主义和自然界的实现了的人道主义。"[4]马克思在这里，向我们提出，人的实现了的自然主义，这是人和自然之间的自然生态关系相协调和谐的生态原则；自然界的实现了的人道主义，这是人与人之间的社会生态关系相协调和谐的生态原则。而马克思所说的社会是人同自然界完成了的本质的统一，这样的社会就只能是社会主义、共产主义社会，这种社会用今天的

话来表述，社会主义、共产主义社会是自然、人、社会复合生态系统。这种复合
生态系统的协调和谐发展，主要表现为人的社会生态关系的协调和谐和人与自然
生态关系的协调和谐。只有这样，社会主义、共产主义文明社会，才能最终实现
"人与自然、人与人之间的矛盾的真正解决。"这正是马克思恩格斯对社会主义、
共产主义文明条件下人与自然和人与人之间协调和谐发展的生态文明设想的基本
点。它是社会主义、共产主义和谐社会的一个基本特征。胡锦涛总书记在构建社
会主义和谐社会的讲话中，把马克思恩格斯提出的社会主义、共产主义和谐社会
的科学设想作了精辟的新的概括，其中特别强调指出："实现每个人自由而全面
发展，在人与人之间、人与自然之间都形成和谐关系。"[5] 这就告诉我们，马克思
恩格斯所设想的社会主义、共产主义和谐社会的本质特征，确实包含人与人之
间、人与自然之间协调和谐的生态文明；换言之，马克思恩格斯关于社会主义、
共产主义和谐社会中的人与自然和人与人之间协调和谐的生态文明设想，是他们
关于社会主义、共产主义和谐社会本质内涵的一个基本点。

马克思恩格斯的生态文明思想是马克思主义的理论体系中人类文明结构的基
本要素之一。因此，马克思主义的理论体系中就必然蕴藏着丰富的四大文明的思
想先声，内在形成了马克思主义文明观和生态文明观。当今人类文明发展正在进
入生态时代，生态文明建设越来越重要，就必然会凸显出马克思恩格斯关于社会
主义、共产主义文明全面发展的文明思想中的生态文明理念。这是全面落实科学
发展观，构建社会主义和谐社会的本质要求。

改革开放以来，中国学者从当今世界和当代中国发展的实际出发，不仅明确
提出了生态文明的新概念，而且明确提出社会主义生态文明是社会主义的本质表
现和重要特征的新命题，并与社会主义物质文明、政治文明、精神文明一起构成
社会主义现代文明的整体形态。其后，中国学者站在当今世界马克思主义研究的
学术前沿，从马克思主义理论的整体性解读马克思恩格斯的生态学与生态经济思
想，全面挖掘马克思主义理论体系中尤其是共产主义学说中的生态文明意蕴，创
立了马克思主义全面发展文明观是社会主义物质文明、政治文明、精神文明、生
态文明和谐统一与协调发展的新理论，从而揭示了社会主义现代文明和生态文明
发展的客观规律。这是中国学者对马克思主义生态文明观的创造性继承和重大发
展，是生态马克思主义在当代中国发展的新境界。

二、生态文明是人类文明发展史上一种崭新的现代文明形态

确立生态文明的相对独立性，提出社会主义生态文明的新命题，是对现代文
明与社会主义文明理论的创新，是马克思自然—历史观在当代中国的新发展。长

期以来，我们对现代文明和社会主义文明的结构与内容的理解，基本上局限于两个文明即物质文明和精神文明的认识；对于政治文明主要是以精神文明范畴涵而盖之。尤其是对生态文明则是用人与自然的和谐或以物质文明与精神文明范畴涵而盖之，附属在两大文明形态之中。一直到2005年底，我们党的重要文献中，还没有采用生态文明和社会主义生态文明的新命题，没有把生态文明从其他三大文明范畴中分离出来。因此，中国学术界早已提出了这个重大问题。首先是确立生态文明的相对独立性。早在1991年，朱铁臻先生指出："有人把生态环境建设仅仅视为精神文明建设，这是不够的。当然，提高生态意识可以说是属于精神文明建设的范畴，但是作为生态建设，它有自己独立的内容。最近有的同志提出，现代文明应该是物质文明、精神文明、生态文明的高度统一，社会主义现代化建设应该是社会主义物质文明、精神文明、生态文明建设的有机统一和协调发展。我认为这有一定道理。"[6]生态文明有其自身的独立的内容，它对于物质文明和精神文明来说，是具有其相对独立性的，它应该也必须从物质文明和精神文明范畴中分离出来。这主要可以从以下四个方面来看：

1. 精神文明往往要通过一定具体物质形态来表现出来，有些精神产品要物化为一定的具体物质形式；而精神文明的"物质形态"和精神产品的"物化形式"的产生过程都需要一定的物质条件。因而，一般来说，精神财富的载体是物质的。虽然如此，它并非物质文明的附属品，并非物质文明建设的派生物；而是具有相对独立性的现代文明形态。同样的道理，生态文明往往要通过一定具体的物质形态表现出来，有些生态产品要物化为一定的具体的物质形式；而且生态文明的"物质形态"和生态产品的"物化形式"的产生过程，还需要投入人类劳动和物资。因此，生态财富的载体是物质的，但与精神文明一样，不能以此否定它的相对独立性。生态文明也是一项具有自身独立内容的现代文明形态。

2. 生态文明建设的一个重要内容就是恢复和保持生态系统的整体有用性。我们既不能把它仅仅看成为物质生产，又不能把它仅仅看成精神生产；而它在本质上是生产生态产品的生产与再生产。因此，我们必须把它当作一项新的文明建设即生态文明建设。所以，从一般意义上说，凡是人们按其固有自然生态规律，或多或少投入一定量的人类劳动（包括活劳动和物化劳动），恢复和改善生态环境，再生产出达到维持生态环境具有人类生存和经济社会发展所需要的使用价值，尤其是保持生态系统的整体有用性的生态环境保护与建设，都是生态文明建设。

3. 当今人类生存与发展的实践活动已不仅仅是物质生产实践、创立和改造社会关系的实践和创造精神生活的实践这样三种基本形式，还包括保护与建设生态环境的实践这种基本形式。"这四种实践产生了社会的基本领域，即生态系统、经济系统、政治系统和文化系统。人类社会就是由这四个系统所组成的大系统。"[7] 这种认识,使中国学者论证了在当代,马克思恩格斯关于人类社会形态的社会结构与社会生活的三分法则已经发展到了四分法则。按照四分法理论,现代社会形态是一定经济、政治、思想文化和自然生态的统一整体;而现代社会文明就相应内含有物质、政治、精神和生态四大文明形态的划分,使现代社会文明成为四大文明的统一整体,社会主义现代文明的结构与内容也不例外。这就把生态文明范畴建立在马克思自然—历史观关于人类社会形态的社会结构和社会生活的四分法则的坚实基础之上,使社会主义现代文明理论增添了生态文明范畴的新内容,更能反映社会主义现代文明发展的客观实践与生态时代的本质要求,对于加强社会主义现代文明建设的全面性、协调性、可持续性具有重大的理论与实践意义。

4. 生态文明是一种崭新的现代文明形态。中国学者论证了生态文明兴起的历史必然性,阐述了生态文明的理论与实践基础。现代社会是一种工业文明社会,工业文明发展到今天,已经陷入难以自拔的种种危机之中。"从总体上讲,工业文明已经完成它的历史使命,正从兴盛走向衰亡;生态危机正是工业文明走向衰亡的基本表征;一种新的文明——生态文明——将逐渐取代工业文明"。生态文明"是人类社会发展过程中出现的较工业文明更先进、更高级、更伟大的文明"。生态文明既是工业文明的继承,又是工业文明的发展,"生态文明将脱胎于工业文明(正像工业文明脱胎于农业文明一样),在工业文明和现代科学的基础上发展自己,并不断地完善自己,最后进入生态文明时代。"[8] 这是因为,"工业化的发展铸造了现代工业文明,同时也在呼唤着新的社会文明形态。沉重的生态环境危机必将导致人类价值取向的再度深刻转换,促使人类社会文明的发展超越工业文明,指向人与环境协调发展的新的文明形态——生态文明。"[9]3 因此,生态文明是人类对传统工业文明进行理性反思的产物,是人类文明发展的必由之路。

生态文明之所以是一种崭新的文明形态,就在于它体现了 21 世纪现代社会经济发展和现代人类文明发展的实质与方向。信息化(或知识化)和生态化是21 世纪现代社会经济发展的两大趋势,21 世纪现代社会经济发展的巨大变革实质上是人类文明结构的信息化与生态化的相互协调与融合发展。而"生态文明是信息时代的范型,是实现人口、资源、环境、生态相互协调的新的社会结构范型,是人类为了可持续发展,在经过农业文明、工业文明两次选择后进行的第三次选择。""与农业文明和工业文明不同,它是生态与信息相统一的全球性复合文明模式。人类已经走出依靠土地资源的农业文明,又即将走出依靠自然资源的工业文明,现正站在生态文明的门槛上,即将步入依靠自身智慧资源而实现信息增殖的全球生态文明。"[10]

三、生态文明的本质内涵与基本特征

由于中国学者对生态文明的理解不同，因而对这个新概念的本质内涵与基本特征的表述也各不相同，总的来说，可以归纳为以下三种观点：

1. "窄派说"，主要是从人与自然之间关系的和谐发展的层面去认识生态文明的，这是一种狭义的生态文明论。叶谦吉先生就是持有这种见解。他说："所谓生态文明，就是人类既获利于自然，又还利于自然，在改造自然的同时又保护自然，人与自然之间保持着和谐统一的关系。"[11]这种狭义的生态文明论界定了以下几个问题：

首先，揭示了它的核心问题。"所谓生态文明，其核心是人类经济活动与社会发展必须保持在地球资源环境的承载力的极限以内，将现代经济社会发展建立在生态环境良性循环的牢固基础之上，为人类生存与发展提供一个可持续利用的资源环境基础。"[12]404

其次，规定了生态文明的两方面的基本内容。邱耕田先生认为，"所谓生态文明，是指人类在改造客观世界的同时又主动保护客观世界、积极改善和优化人与自然的关系、建设良好的生态环境所取得的物质和精神成果的总和"。生态文明包括两方面的内容：一是人们"对生产方式和生活方式进行生态化的改造以改善人与自然的关系"，"提供一个可持续利用的资源环境"，被称作生态文明的"物质成果"；二是"人们思维方式的绿化，生态意识的觉悟和一系列生态化的大科学群的崛起"，被称作生态文明的"精神成果"[13]。

最后，规定了生态文明的实践内容。青年学者徐春认为，"所谓生态文明，概括地说，就是用文明的态度去对待自然界，努力改善和优化人与自然的关系，认真保护和积极建设良好的生态环境。"[9]3

因此，"缓解人与自然的矛盾，必须从人类文明发展的高度，把社会经济发展与资源环境协调起来，即建立人与自然相互协调发展的新文明——生态文明。"[14]对此，我们要强调指出，从科学发展观来看，人与自然的协调和谐发展，是马克思主义全面发展文明理论及社会主义、共产主义生态文明发展的一个根本论点。

2. "中派说"，主要从人与自然之间和人与人或人与社会之间关系的和谐发展的层面去认识生态文明的，从而揭示社会进步与文明发展的基本特征。傅先庆先生认为，生态文明就是地球生态系统中的社会生态系统的良性运行，既指人与自然的关系、人与社会的关系的和谐相济，又包括处在这样的自然与社会环境中的所取得的物质文明和精神文明的一切成果[15]。有的学者也认为，人类社会的

文明状态必将超越工业文明，培育出一个全新的人与自然、人与人双重和谐的社会主义生态文明。中国社会科学院邓小平理论和"三个代表"重要思想研究中心在《论生态文明》一文中明确提出："人与人、人与自然之间的协调发展，是生态文明的基本理念。"[16]

3. "宽派说"，主要从人、社会、自然有机整体发展关系即自然生态系统和社会经济系统之间的良性循环与和谐、协调发展来认识生态文明的，从而揭示社会进步与文明发展的总体特征。生态文明是一种超越工业文明的现代文明建设模式。这是从"人—社会—自然"复合系统的整体出发，以人类与其生存的生态环境的协调进化与协调发展为价值取向，来建设现代新文明。它必须也应该是与三大文明建设高度统一与协调发展的，只有这样的发展才能促进"生态—经济—社会复合系统健康运行与可持续发展"[12]525。而廖福霖先生对广义生态文明论作了另一种表述："生态文明是指人类在物质生产和精神生产中充分发挥人的主观能动性，按照自然生态系统和社会生态系统运转的客观规律建立起来的人与自然、人与社会的良性运行机制和协调发展的社会文明形式。这是人类物质、精神和制度的成果的总和。"[17]这实际上是说生态文明是人类物质、精神和政治文明的成果的总和。

这三种意见都有它的道理，鉴于加强社会主义和谐社会建设，实现四大文明建设全面协调发展，已成为中国社会主义文明理论发展的必然趋势和中国特色社会主义建设的基本实践，我们主张把这三种意见统一起来，这就是人与自然的和谐发展是生态文明的本质内涵。人与自然、人与人的和谐发展是生态文明的基本理念，人与自然、人与人、人与社会、人自身的和谐发展是生态文明的总体特征。因此，无论是狭义的生态文明还是广义的生态文明，社会主义生态文明的本质特征是：在社会主义条件下自然生态系统和社会经济系统的高度整合、整体优化、良性运行与协调发展，达到人与自然双盛、人与社会的双赢、社会与自然双荣，实现"生态—经济—社会"复合系统全面、协调、可持续发展。社会主义生态文明这个主旨同社会主义和谐社会的主旨完全一致，同样也是科学发展观的主旨。

四、社会主义物质文明、政治文明、精神文明、生态文明全面协调发展，是社会主义现代文明发展与生态文明建设的一条重要规律

社会主义物质文明、政治文明、精神文明、生态文明全面协调发展，这是中国学者总结了改革开放以来中国特色社会主义现代文明发展与建设的实践经验，吸取了 20 世纪现代人类文明和世界发展进程中的宝贵经验和惨痛教训，运用

马克思自然—历史观科学地揭示的社会主义现代文明发展的客观规律，也是中国特色社会主义的生态经济协调可持续发展的一条重要规律。这是因为，生态文明与其他三大文明具有密切的内在联系。

1. 社会主义现代社会文明是一个综合性、整体性的概念。它包括整个社会的经济、政治、文化、生态等各个领域的进步状态，即是整个社会生活的各个领域整体进步状态的反映。因此，当今社会主义现代文明形态的整体，不仅是社会经济系统的物质、政治、精神三种文明形态，而且是包括自然生态系统的生态文明四种形态在内的互为条件、互为目的、互相依存、互相促进的有机整体。这四大文明在不断互相作用、互相适应、互相促进中，使自身得到发展，并共同推动着人类文明的进步与发展，从而科学地反映了社会主义现代文明发展的客观规律。

2. 社会主义四大文明是社会主义和谐社会建设的历史进程中社会进步与发展的成果标志。其中，社会主义物质文明是广大人民群众在改造自然界过程中获得的物质成果的总和；社会主义政治文明是广大人民群众在改造社会过程中获得政治成果的总和；社会主义精神文明是广大人民群众在改造客观世界的同时改造主观世界的过程中获得的精神成果的总和；社会主义生态文明是广大人民群众在改造客观世界的同时保护大自然与建设良好的生态环境过程中获得的生态成果的总和。这四大文明相辅相成、相得益彰，呈现出社会主义现代文明内在的逻辑演进规律与互动发展规律。因此，社会主义现代文明是四大文明的有机统一；只有四大文明并举共建与协调发展，才是科学意义上的社会主义现代文明，也才是中国特色的社会主义现代文明。

3. 社会主义四大文明全面发展是中国特色社会主义的整体发展目标，是社会主义社会发展与进步的基本尺度。正如姜建成先生所指出的："社会主义社会是全面发展、全面进步的社会。物质文明、精神文明、制度文明、生态文明是衡量社会发展与进步的基本尺度。有中国特色的社会主义的目标是建立一个高度物质文明、高度精神文明、高度制度文明、高度生态文明的社会，实现经济、社会和生态的相互和谐与相互促进，实现人的全面发展，社会的全面进步和未来人类的可持续生存。"[18]

4. 中国学者在阐述科学发展观和社会主义和谐社会理论时，更加感到四大文明全面协调发展理论是马克思社会主义文明发展理论在当代中国的新诠释。方世南先生指出，科学发展观"蕴涵着全面发展、协调发展、均衡发展、可持续发展和人的全面发展的科学的发展内涵，表明我们党对中国特色社会主义现代化建设的认识已经从一般的经济、技术的层面上升到了经济社会和人的全面发展，物质文明、政治文明、精神文明以及生态文明等文明系统的全面进步的新高度。"[19]刘思华先生在《生态马克思主义经济学原理》一书中，提出了"社会主义和谐社会是四大文明全面协调发展的社会"的新论断。他说："社会主义和谐社会应当也必须体现于物质文明、政治文明、精神文明、生态文明的全面协调发展之中，它是一个物质生活不断提高、政治生活不断进步、精神生活不断丰富、生态生活不断改善的良性互动的发展过程。因此，四大文明建设同构建和谐社会是完全一致的。"于是，"按照马克思自然—历史观来看它们的关系，应当说，构建社会主义和谐社会，同建设社会主义物质文明、政治文明、精神文明、生态文明是有机统一的。"[2]488~491

　　马克思恩格斯的生态文明观的最大的现实意义，就在于它跟当今人类文明发展与环境保护、生态建设紧密相连。它的现代含义集中到一点，就是建设社会主义生态文明，贯彻保护生态环境的基本国策。我们落实科学发展观，建设社会主义和谐社会，实施可持续发展战略，实现生态经济社会有机整体的全面协调可持续发展，正是社会主义四大文明全面协调发展的伟大实践。党的十七大开启了建设社会主义生态文明的新航程，必将推动中华民族走向高度发达的中国特色社会主义现代文明的美好明天。这将会激励我们深入研究和践行中国特色社会主义现代文明创新理论，用新的创造、新的成果、新的建树来不断开拓马克思主义文明理论中国化的新境界。

参考文献

[1] 马克思恩格斯全集：第 3 卷 [M]. 北京：人民出版社，1960：48.

[2] 刘思华. 生态马克思主义经济学原理 [M]. 北京：人民出版社，2006.

[3] 叶险明. 马克思的工业文明理论及其现代意义 [J]. 马克思主义研究，2000，(4)：27.

[4] 马克思恩格斯全集：第 42 卷 [M]. 北京：人民出版社，1979：122.

[5] 胡锦涛. 构建社会主义和谐社会 [N]. 光明日报，2005 - 6 - 27.

[6] 王克英，朱铁臻. 生态时代的城市抉择 [M]. 北京：经济管理出版社，1991：179.

[7] 田启波. 科学与价值：科学发展观的双重哲学制度 [J]. 马克思主义研究，2005，(1)：32.

[8] 申曙光. 生态文明及其理论与现实基础 [J]. 北京大学学报，1994，(3)：28.

[9] 徐春. 可持续发展与生态文明 [M]. 北京：北京出版社，2001.

[10] 刘宗超. 生态文明观与全球资源共享 [M]. 北京：经济科学出版社，2000：6.

[11] 叶谦吉. 真正的文明才刚刚起步 [N]. 中国环境报，1987 - 4 - 23.

[12] 刘思华文集 [M]. 武汉：湖北人民出版社，2003.

[13] 邱耕田. 三个文明的协调推进：中国可持续发展的基础 [J]. 福建论坛，1997，(3)：27.

[14] 李红卫. 生态文明——人类文明发展的必由之路 [J]. 社会主义研究，2004，(6)：32.

[15] 傅先庆. 略论"生态文明"的理论内涵与实践方向 [J]. 福建论坛，1997，(12)：47.

[16] 中国社会科学院邓小平理论和"三个代表"重要思想研究中心. 论生态文明 [N].光明日报，2004 - 4 - 30.

[17] 廖福霖. 生态文明建设理论与实践 [M]. 北京：中国林业出版社，2001：26.

[18] 姜建成. 试论 21 世纪马克思主义发展的实践取向 [J]. 马克思主义研究，2002，(5)：20.

[19] 方世南. 马克思社会发展理论的深刻意蕴与当代价值 [J]. 马克思主义研究，2004，(3)：41.

（原载《学习与探索》2008 年第 5 期）

马克思恩格斯自然—人—社会有机整体发展理论与当代意义

马克思理论体系中关于自然、社会和思维发展的规律性的一个基本看法，就是自然—人—社会是一个统一的有机整体。马克思曾对人与自然、人与社会、社会与自然、历史与自然的种种关系作过多层次的研究与阐述。马克思学说中的这些思想，不仅已成为当今马克思主义生态经济学的主要思想渊源，而且为生态内生的生态经济协调可持续发展理论提供了科学依据。

一、马克思的自然概念

有学者认为马克思自然概念有三个基本含义：一是最广义的概念，是指自然是一切存在物的总和，它包括存在于人之外的自然和作为自然存在物的人自身的自然，相当于客观世界和物质的概念；二是指自然是人和人类社会的外部自然环境，是人和人类社会存在的生态自然条件的总和；三是指自然是人的实践活动，首先是物质生产活动的内在要素，是科学活动的对象，它存在于人类社会的经济社会的生活与实践之中。① 马克思在创立唯物史观和剩余价值学说的过程中，虽然大量使用自然概念的第二、第三个基本含义，但是，他的自然概念的第一个基本含义也贯穿其中。这是因为，马克思的全部理论始终认为，现实的人所面对的现实的自然界，是人自身的自然与人的身外的自然的统一。马克思在《1844年经济学哲学手稿》中提出了自然界"是人的无机的身体"的科学概念。如果说把人的血肉之躯称之为人的有机的身体的话，那么"自然界，就它本身不是人的身体而言，是人的无机的身体。"② 这就表明马克思把人的自然界的无机身体看作人的血肉之躯的有机自身的基础，将整个自然界看作人类存在的基础。因此，

---

① 周义澄：《自然理论与现时代》，上海人民出版社1988年版，第92页。
② 《马克思恩格斯全集》第42卷，人民出版社1979年版，第95页。

人首先必然是以自然为根源和前提的自然存在，马克思的这一见解还贯穿在他以后的一系列重要著作之中，从马克思、恩格斯的《德意志意识形态》到恩格斯的《政治经济学批判大纲》，从恩格斯的《自然辩证法》到《路德维希·费尔巴哈和德国古典哲学的终结》，从马克思的《资本论》到《哥达纲领批判》，虽然强调了人的主体性和劳动的能动性创造作用，但马克思、恩格斯都没有忘掉自然的根源性，外在自然的制约性与"优先地位"，"先于人的存在的自然界"始终是马克思学说的理论前提。尤其是马克思始终坚持的自然既包括"人本身的自然"，又包括"人的周围的自然"，是"主体的自然"和"客观的自然"的内在统一，是"生产者生存的自然条件"的双重性质。

二、马克思的一元论人学

马克思主义坚持人是生态自然属性和社会历史属性内在统一的一元论人学。马克思、恩格斯的一元论人学的出发点是从事物质和生产实践的现实的人，他们在《德意志意识形态》《路德维希·费尔巴哈和德国古典哲学的终结》等书中阐明了"现实的人"这个唯物史观的基本概念。在马克思、恩格斯的视野内，现实的人具有三个基本特征。

在唯物主义自然观关于地球自然界和人类发生学关系的前提下，马克思首先把人规定为自然的人，是"自然存在"，还使用了"直接"二词来表达对这个理念的特别的认定。人之所以首先是自然存在，是自然人，就在于人产生于自然界，是自然界演化的一个阶段，马克思、恩格斯把人首先规定为自然人，是与自然同质的生命存在即是与自然具有根本统一性的自然存在，这就意味着人和动物相比没有什么特别之处，人也是整个自然界的一个成员，必须按照生态系统运行的规律进行活动，遵守生态自然规律参与生态自然循环并与自然和谐相处。

马克思、恩格斯关于"现实的人"概念的本质特征，就是人不仅是自然存在物，而且其本质是社会存在物。马克思极其明确地指出："人是最名副其实的政治动物，不仅是一种合群的动物，而且是只有在社会中才能独立的动物。"[①] 这就告诉我们人是社会存在，存在于一定的社会形式之中。无论是马克思还是恩格斯都强调人与动物的根本区别就在于人的社会属性从而揭示了人的本质，"人的本质不是单个人所固有的抽象物，在其现实性上，它是一切社会关系的总和。"[②] 在马克思看来，人是在历史过程中实践着的感性存在物，从其现实性上说，人是

① 《马克思恩格斯全集》第46卷（上），人民出版社1979年版，第21页。
② 《马克思恩格斯选集》第1卷，人民出版社1995年版，第60页。

一种包含理性在内的感性活动的存在，即实践的存在。实践是人所特有的存在方式，人在实践活动中创造出了人之为人的一切本性。马克思强调人作为自然存在物又不同于其他自然物，人"是能动的自然存在物"。马克思揭示了这种能动性就是人具有自我意识而自由自觉活动的特征，这种自由自觉的活动，就是现实的实践创造活动。人正是通过不断的实践活动，改变着人与自然、人与人、人与社会的关系，而被其决定的人的本性与本质，也就随之变化发展。马克思在《资本论》中说得极其明白："想根据效用原则来评价人的一切行为、运动和关系等等，就首先要研究人的一般本性，然后要研究在每个时代历史地发生了变化的人的本性。"① 人是历史的人，这是马克思人学的基本观点。人作为社会的人，历史的人，使人成为认识的主体和实践的主体，这是人的实践的存在物的核心，从而决定了人的主体地位。在此基础上，马克思的唯物史观牢固确立了人民群众在社会历史发展中的主体地位。

　　总之，按照马克思、恩格斯的基本观点，人作为一种生命物种，既是自然的人，属于自然界，是自然存在物，成为自然生态系统的一个成员；又不是一种纯粹的生物，而是一种社会性的生物，是社会的人，属于社会，成为社会经济系统的主体。这是人的本性的双重性的统一，人就是生态自然因素和经济社会因素的有机统一体。正是自然属性和社会属性的统一，才构成了人的本性，这两种属性是相互依存、相互制约、相互作用的。它在本质上就是自然—人—社会的有机统一整体。这就是马克思主义的一元论人学。

三、马克思的社会概念与社会历史理论

　　马克思社会有机体发展理论是他的社会历史理论的重要组成部分。马克思在《哲学的贫困》中首次明确提出了"社会有机体"的概念，他说："谁用政治经济学的范畴构筑某种思想体系的大厦，谁就是把社会体系的各个环节割裂开来，就是把社会的各个环节变成同等数量的依次出现的单个社会。其实，单凭运动、顺序和时间的唯一逻辑公式怎能向我们说明一切关系在其中同时存在而又互相依存的社会机体呢？"② 在《资本论》第一版序言中，马克思更明确指出："现在的社会不是坚实的结晶体，而是一个能够变化并且经常处于变化过程中的有机体。"③ 可见，在马克思看来，社会有机体是指由"社会体系的各个环节"、各种要素构成，并"同时存在而又相互依存"的连续发展过程的有机整体。恩格斯也

---

　　① 《马克思恩格斯全集》第 23 卷，人民出版社 1972 年版，第 669 页。

　　② 《马克思恩格斯选集》第 1 卷，人民出版社 1995 年版，第 143 页。

　　③ 《马克思恩格斯选集》第 2 卷，人民出版社 1995 年版，第 102 页。

认为，人类社会整体是一个多层次、多环节构成的复杂的活的有机体，并明确指出社会有机体的发展动力是多种因素结合的整体的、辩证运动过程，即是"整个伟大的发展过程是在相互作用的形式中进行的"①。因此，马克思、恩格斯社会有机体实质是一个反映人类社会诸多要素之间的全面性联系与有机性互动的充满生机与活力的整体性、辩证性范畴。马克思、恩格斯在阐明自然与人的不可分割性的同时，阐明社会与人的不可分割性。人作为社会存在物，其社会存在的本性在于，人是社会的人和社会是人的社会的内在统一。一方面，人是社会的主体，每个人都同他人相联系，都生活在社会关系中。马克思认为，人的全部活动和享受，无论就其内容或就其存在方式来说，都是社会的，是社会的活动和社会的享受。因此，人本身的存在就是社会的活动，人无论是个人还是群体，都只有在社会中才能得以存在和发展。马克思在揭示人与社会的内在统一时说过："社会性质是整个运动的一般性质；正象社会本身生产作为人的人一样，人也生产社会。"② 这就告诉我们，人是社会成员，离开了社会，人就失去了自己的本质，人就不成为其人，社会规定着人的本质；另一方面，社会是人的存在方式，社会是由人组成的共同体，是以人的存在为前提与标志的，马克思指出，社会——不管其形式如何——是什么呢？是人们交互作用的产物。在生产、交换和消费发展到一定阶段上就会有相应的社会制度，相应的家庭、阶级或阶级组织，一句话，就会有相应的市民社会。马克思深刻地揭示了社会发展与人的发展的本质的、内在联系，社会是人存在与发展的形态，人是一定社会结构的整合的社会存在物，离开了人，社会就失去了自己的本质与发展的目标，社会就不成其为社会。人的发展规定着社会的发展。

在马克思的全部社会历史理论中，作为一般社会学范畴的社会概念，同时也是唯物主义历史观和唯物主义自然观的社会范畴。马克思认为人的自主性和能动性的发挥是一个社会化的过程，人只有同他人结成一定的社会关系，才能把自身自然中的潜能发挥出来。因此，在马克思的视野里，人与自然的关系在现实生活中表现为人类社会与自然界的关系，也只有在社会中才能得到和谐统一。他曾经精辟地指出："只有在社会中，自然界对人说来才是人与人联系的纽带，才是他为别人的存在和别人为他的存在，才是人的现实的生活要素；只有在社会中，自然界才是人自己的人的存在的基础。只有在社会中，人的自然的存在对他说来才是他的人的存在，而自然界对他说来才成为人。因此，社会是人同自然界的完成了的本质的统一"③。社会是人同自然界本质的统一，这个马克思主义的科学论点，充分表达了马克思的唯物史观和自然观相统一的思想。人与自然界在美好的

---

① 《马克思恩格斯选集》第 4 卷，人民出版社 1995 年版，第 705 页。
② 《马克思恩格斯全集》第 42 卷，人民出版社 1979 年版，第 121 页。
③ 《马克思恩格斯全集》第 42 卷，人民出版社 1979 年版，第 122 页。

理想社会中完成了本质的统一，社会和谐寓于人与自然的和谐统一之中，这是马克思对人类理想社会中人与自然和谐关系的经典描述，也是马克思把自然—人—社会看成一个有机统一整体的自觉的理论表达。

四、马克思、恩格斯自然—人—社会有机整体发展理论的现实意义

马克思、恩格斯关于自然—人—社会有机整体发展的自然辩证法和历史辩证法思想，其根本精神在于不是把人类社会生产和生活的各个领域视为分散的和封闭孤立的存在，而是视为自然—人—社会有机体系统中的各个要素相互依存、相互制约、相互作用的有机统一整体。这样，它就必然强调人类文明的发展取决于有机系统内部各要素以及有机系统与现实环境之间多因素的非线性的相互作用与相互影响，关注人类文明发展的整体性、辩证性以及全面性、协调性与可持续性。

科学发展观是人、社会、自然有机整体发展观，社会主义和谐社会是人、社会、自然整体和谐发展的社会。因此，马克思、恩格斯自然—人—社会有机整体发展理论，不仅为当今生态经济学和可持续发展经济学提供了坚实的理论基础，而且为我们落实科学发展观和建设社会主义和谐社会提供了科学依据。党的十七大要求我们"深入贯彻落实科学发展观"，"积极构建社会主义和谐社会"，强调科学发展与和谐发展是内在统一的，从而把科学发展与和谐发展放在自然—人—社会有机整体发展的基础之上。科学发展观对我国实践发展的指导作用是全方位的。因此，党的十七大按照中国特色社会主义事业总体布局对我国现代化建设进行了新的全面部署，提出"要按照中国特色社会主义事业总体布局"全面推进经济建设、政治建设、文化建设、社会建设，促进现代化建设各个环节、各个方面相协调，促进生产关系与生产力、上层建筑与经济基础相协调。坚持生产发展、生活富裕、生态良好的文明发展道路，建设资源节约型、环境友好型社会，实现速度和结构、质量、效益相统一，经济发展与人口、资源、环境相协调，使人民在良好的生态环境中生产生活，实现经济社会永续发展。这就把人的发展、社会发展和自然生态发展紧密联系起来，作为一个统一发展整体来考虑，使科学发展与和谐发展落实到现代化建设的各个环节、各个方面，即是人、社会、自然有机整体的各个环节、各个方面，促进全面协调可持续发展。

我们从人—社会—自然有机整体的新视角，用马克思、恩格斯的社会历史观和自然生态观相统一的理论，来解读党的十七大提出的全面建设小康社会的发展蓝图、奋斗目标和更高要求，就必然使它所蕴涵的人—社会—自然有机整体发展图像凸显出来。党的十七大报告根据党的十六大以来国内外形势的新变化，我国

经济社会的新发展，社会结构、社会生活、社会利益格局变动的新情况，人的可持续生存与全面发展和自然生态发展面临的新问题，广大人民群众的新期待、新要求，对全面建设小康社会的发展蓝图和奋斗目标提出了五个方面的更高要求：增强发展协调性，努力实现经济又好又快发展；扩大社会主义民主，更好地保障人民权益和社会公平正义；加强文化建设，明显提高全民族文化素质；加强发展社会事业，全面改善人民生活；建设生态文明，基本形成节约能源资源和保护生态环境的产业结构、增长方式、消费模式等。在这里，我们清楚地看到党的十七大报告是把经济发展、政治发展、文化发展、社会发展、生态发展紧密联系起来作为一个有机统一整体，揭示了 21 世纪中国社会主义文明是人、社会、自然复合系统的整体性，反映了我们党把全面建设小康社会的发展蓝图、奋斗目标和更高要求，放在人、社会、自然有机统一的整体发展观中。这是对马克思、恩格斯自然—人—社会有机整体理论的创新与发展，为我们指明了在新历史起点上实现科学发展与和谐发展的康庄大道。

（原载《马克思主义研究》2008 年第 6 期）

以生态文明为基点转变经济发展方式[*]

　　转变发展方式刻不容缓，如何转变？当前学术界对发展方式及其转变的分析陷入了就经济发展论经济发展的"窠臼"，主要关注劳动力、资本、技术等要素的配置方式与配置效率，主要关注经济增长"三驾马车"的动力结构，相对忽视经济发展系统与生态系统的关联。伴随生态要素日渐资源化，生态环境日渐成为发展的内生变量，生态环境因素与生态发展作为经济增长与经济发展的最基础的决定作用日益彰显，尤其是21世纪人类文明发展和经济发展已经进入了生态文明和绿色经济发展时代，如果把转变经济发展方式所推动的变革仅仅理解为工业文明自身的变革，就没有抓住转变经济发展方式的实质与方向，仍然无法摆脱工业文明发展模式陷阱的困扰，加快转变经济发展方式难以取得实质性进展。只有以生态文明为基点推进经济发展方式转变，才能真正树立绿色低碳发展理念，从而促进国家经济社会的健康运行与可持续发展。

一、生态文明与经济发展方式转变的关联

　　生态文明是现代人类社会继原始文明、农业文明、工业文明后的新型的文明形态。如何定义生态文明？学术界有近200种概念。最早提出生态文明理论之一的刘思华教授曾这样概括："人们为实现人与自然和谐发展的成果，以及在此条件下所建立的伦理、规范、原则和方式及途径等成果的总和，可以称为之狭义的生态文明；人们实现'四大和谐'发展的成果，以及在此条件下所建立的伦理、规范、原则和方式及途径等成果的总和，可以称之为广义的生态文明，也可以称之为绿色文明。"这里所说的"四大和谐"是指人与自然、人与人、人与社会、人与自身的和谐协调发展。转变经济发展方式，必须树立生态文明的全新理念，把生态文明建设作为抓手，大力发展生态经济。生态文明建设与经济发展方式转

　　* 基金项目：国家社会科学基金项目"生态文明视角下的中国经济创新驱动道路研究"（10BJL005）。

变的关联作用主要表现在以下几个方面:

（一）生态文明建设是经济发展方式转变的方向标与导航仪

新中国成立以来，特别是改革开放以来，我国经济社会发展取得巨大的成就，实现了历史性跨越。但我们也应该看到，在这些成就取得的同时却又付出了沉重的生态环境代价。实践证明，生态文明为经济发展方式的转变树立了全新的思想理念，指明了前进的方向与奋斗目标，提供了新的价值评判标准与路径选择。科学的经济发展方式必须体现生态文明的精神，只有这样，才能有利于生态环境的保护，有利于资源的节约集约利用，有利于人与自然和谐相处关系的建立，以实现人类的经济、政治、文化权益与生态权益的有机统一，走经济社会可持续发展之路。

（二）生态文明建设是转变经济发展方式的重要基础与着力点

建设生态文明蕴藏新的经济增长点。生态文明的建设有利于拓展新兴生态产业的成长空间，有利于拓展经济社会发展的承载空间，也有利于突破贸易壁垒的国际市场空间。加强生态文明建设对国家与地方生态环境项目的整治、新能源项目的开发、农村环境基础设施项目的投入有重要的推动作用，既能拉动当前的经济增长，又能增强可持续发展后劲，起到了转变经济发展方式的基础支撑作用与着力点作用。

（三）生态文明建设，是转变经济发展方式的支撑条件与重要保障

经济发展方式转变的成效，通常可以用经济发展的质量、生态环境改善的状况和人们生活水平的提高三大标准来检验与衡量。经济发展方式实现了根本性转变，产业结构实现了转型升级，经济发展从粗放增长转变为集约增长，必然要求从主要依靠物质资源的消耗向主要依靠科技进步、劳动者素质提高、管理创新转变。资源节约、环境友好、人与自然和谐相处，体现了生态文明的建设成果，也为转变经济发展方式提供了支撑条件与重要保障。当然，经济发展方式转变的程度，反过来也将体现生态文明建设水平的高低。从某种意义上讲，没有经济增长方式的根本转变，也就不可能真正体现生态文明建设成果，生态和谐社会建设也就无从谈起。

二、现行经济发展方式转变中的生态约束问题剖析

现行的经济发展方式实际上还是一种工业文明的传统发展方式。由于传统发

展方式是一种高生态损耗，低生态涵养的发展方式，其生存与发展的生态空间越来越小，面临着的生态约束也越来越大，主要表现在如下几个方面：

（一）资源承载空间日趋狭窄，资源约束日趋紧张

首先是耕地规模下降已经接近红线。2009 年，中国耕地 18.26 亿亩，离 18 亿亩红线仅一步之遥；其次，矿产资源短缺压力日渐增大。以 2004 年为例，中国 GDP 占世界的 4% 左右，但消耗了全世界 8% 的石油、38% 的煤炭、28% 的铁矿石、28% 的钢、23% 的氧化铝、21% 的铝、20% 的铜、20% 的铅、22% 的锌、9% 的镍、29% 的锡、40% 的水泥。根据情景分析，到 2020 年，国内石油、铀、铁、锰、铝土矿、锡、铅、镍、锑、金等 10 种矿产品的可供能力将下降到 40% ~70%；铬、铜、锌、铂族金属、镍、硼、金刚石等 9 种矿产品可供能力将小于 40%，可供储量严重短缺。2000 年以来，资源性缺水日趋严重，全国每年因缺水造成的直接经济损失已超过 2000 亿元。北方地区，水资源开发利用程度普遍超过 50%，最高的接近 100%，已经超过水资源承载力。

（二）能源支撑能力日益弱化，能源约束日趋紧张

新中国成立以来，随着能源工业的发展，中国曾经在较长时期内实现了能源的自给，甚至可以出口部分能源。近 30 年来，随着我国经济的高速增长、经济总量的迅速扩大以及粗放型经济增长方式的延续，我国能源需求急速增加。尤其是 20 世纪 90 年代以来，能源需求总量开始超过生产总量，供需缺口呈不断扩大趋势。部分能源进口依存度不断提高。以石油为例，1993 年中国成为原油净进口国，石油进口依存度逐年提高，到 2009 年，已提高到 52%，突破 50% 的国际警戒线。随着能源进口依存度的提高，能源短缺已成为制约中国经济发展的一大瓶颈。譬如，由于电力短缺，2004 年 8 月，全国共有 24 个省级电网拉闸限电；仅国家电网公司就累计拉限电 84.37 万条次，损失电量 224.17 亿千瓦时。2004 年，中国 90% 的经济总量受到电力供应不足的影响。2005 年，由于受能源短缺影响，全国有 24 个省的炼铝企业被迫削减产量，一些铝项目被迫停止或拖延。其中，有 147 万吨新建产能被停止，另有 90 万吨被迫延期。能源进口依存度的提高，使中国经济容易受到国际能源价格上涨的影响。据专家估计，国际油价每上涨 1% 并持续一年时间，中国 GDP 增长率将平均降低 1%。

（三）环境承载力严重下降，污染排放空间约束日渐紧张

根据估算，在全国能源结构、产业结构、城市布局、气象条件等没有发生重大变化的前提下，要使污染物排放处在生态系统所能承受的降解能力之内，全国

最多能容纳 1620 万吨左右的二氧化碳年排放量、1000 万吨左右的化学需氧量年排放量。实际情况是，自 1991 年以来，中国二氧化硫的排放量就开始高于这一水平，且呈现出逐步扩大的趋势，2007 年仅工业废气中的二氧化硫排放量就高达 2119.75 万吨，高出可容纳量的 31%。1990 年开始，化学需氧量排放开始超过这一容纳量，1995 年，排放量超过环境承受能力的 30%。2001 年，化学需氧量排放总量达到 1405 万吨，高于环境承受能力的 40% 左右。此外，进入 21 世纪以来，二氧化碳、氮氧化物年排放都超出承载范围 40% 以上。可见，一些主要污染物排放量早已突破环境承载力。2005 年，瑞士达沃斯发布的世界各地环境质量"环境可持续指数"（ESI）显示，在全球 144 个国家和地区，中国位居 133 位。

（四）生态损失逐渐上升，可持续经济发展成本约束加大

生态损失即生态破坏带来的经济损失。改革开放以来，伴随生态破坏的加剧，开始出现严重的生态损失。1985 年，全国生态破坏经济损失达到 1072.92 亿元，占同期 GDP 总量的 11.97%。据全国各省、自治区提供的资料，20 世纪最后 10 年间，全国生态破坏造成的经济损失占 GDP 总量的 4%～13%。有些地区甚至更高，例如，根据中国环境报 2004 年 8 月 20 日报道，山西省环境污染损失大约已占到当地 GDP 的 15%。根据 2008 年国家环境保护部编制的《全国生态脆弱区保护规划纲要》的分析，由于长期以来生态保护和生态涵养不够，中国已经成为世界上生态脆弱区分布面积最大、脆弱生态类型最多、生态脆弱性表现最明显的国家之一，各种自然灾害每年给全国八大生态脆弱区造成 2000 多亿元的经济损失，自然灾害损失率年均递增 9%，普遍高于这些生态脆弱区的 GDP 增速。由于中国生态损失总量大，导致中国可持续发展成本约束加大。1949～1999 年 50 年间，按照 1990 年不变价格计算的自然灾害总损失为 25000 多亿元，平均占 GDP 的 3%～6%，大大高于同期美国 0.27%、日本 0.5% 的水平，占财政收入的 30%，大大高于同期美国 0.78% 的水平。另外，根据中国科学院可持续发展研究课题组研究结果显示，中国的平均综合发展成本是全球平均综合发展成本的 1.25 倍。其中，自然保护成本是 1.25 倍，生态恢复成本是 1.27 倍，自然灾害频率是 1.28 倍。20 世纪 80 年代中后期，小造纸、小制革、小化工、小酿造是污染淮河流域的主要行业，创造的产值约为 30 亿元。但若将受污染的淮河恢复到 20 世纪 60～70 年代水体环境质量状况，治理投入至少需要 150 亿～200 亿元。污染环境获得的经济利益尚不到经济损失的 1/5。可见，环境损害造成的经济损失是非常巨大的。而且，随着突破环境承载力的污染物的不断累积和环境污染程度的加深，自然环境消解污染物的能力将会下降，环境损害损失将会以更快的速度上升。

三、以生态文明为基点，推进经济发展方式转变的对策思路

以生态文明为基点，换言之，就是完全按照建设社会主义生态文明的新要求，加快我国经济发展方式的绿色、低碳转型步伐。加快转变经济发展方式再不能继续走西方工业文明与后工业文明的黑色、高碳发展之路，而是要变工业文明的黑色崛起和黑色、高碳发展为生态文明的绿色崛起和绿色、低碳发展。这是加快经济发展方式转变的实质与方向。现存的工业文明的黑色、高碳经济发展方式，使我国生态与经济发展中的不平衡、不和谐、不协调、不包容、不可持续性问题十分突出，因此，以生态文明为基点的经济增长与发展方式应当是使生态与经济发展具有很强的平衡性、和谐性、协调性、可包容性和可持续性，真正实现科学发展的绿色、低碳经济发展方式。

转变现行经济发展方式的过程，实际上是生态文明建设的过程，也是在建设生态文明的过程中重构社会经济发展体系的过程。因此，以生态文明为基点转变经济发展方式应加强与重视以下几方面的工作：

（一）树立全新的生态文明理念，大力发展生态文化产业

要在全社会牢固树立生态文明理念，这是生态文明建设的基础条件，也是转变现行经济发展方式的重要保障。树立生态文明理念，发展生态文化产业，要充分利用报纸、杂志、广播、电视等宣传媒体，开展以提高人的素质和全社会文明程度为主要内容的宣传活动，强化全社会生态文明意识；要加强对各级领导干部的生态文明教育，帮助其树立正确的政绩观，把各级领导干部的思想统一到科学发展观上来，紧紧围绕生态环境建设大局，又好又快地实现经济社会的可持续发展；要加强生态文明建设的基础教育，从幼儿园开始，倡导全新的生态文化教育模式，实现生态文明和谐、生态社会和谐、生态文化和谐与经济社会和谐的可持续发展；要树立生态消费理念，强化"消费对环境负责"的思想，倡导生态文明的节俭生活方式，减少消费过程产生的废弃物和污染物；要提高企业法人的生态环境保护意识，增强企业法人生态保护环境的责任感和使命感，大力培育企业生态文化，努力开创创建环境友好型生态企业工作新局面；要建立与完善社会公众参与生态文明建设的有效机制，保护社会公众享有的生态权益，为促进经济发展方式转变提供生态文化产业发展基础。

（二）正视转变现行经济发展方式中的生态约束，保持生态资本存量非减性

在我国经济发展的实践中，党和政府非常重视经济建设的质量，从 20 世纪

80 年代初提出经济增长方式的转变到 2007 年提出转变经济发展方式，以期实现经济又好又快发展。但是，传统发展方式到目前为止还没有实现根本性转变，在某些地方还有越来越强化的趋势。其所以如此，是因为在理论上将发展方式转变片面理解为要素的组合与配置问题，理解为经济结构问题，在实践上则主要关注结构调整、产业升级，较少从这种发展方式赖以构建的文明视角切入考虑问题，更没有将生态文明建设与经济发展方式转变结合起来考虑。由于在实践中没有考虑经济发展方式转变过程中的生态约束，因而出现了一方面强调推进发展方式转变，另一方面加剧环境污染和生态破坏的矛盾。如 2008 年下半年以来，在应对金融危机冲击的进程中，一些"两高一资"企业恢复生产，一些项目开工没有经过严格环评，一些项目开工后加剧整体节能减排压力。此外，"绿色 GDP"指标体系的推广因为一些地方的抵制搁浅，也表明一些人不自觉地将发展方式转变与生态文明对立起来。转变经济发展方式要正视经济发展方式转变过程中的生态约束，特别是要消除与缓解资源承载空间日趋狭窄的资源约束、能源支撑能力日益弱化的能源约束、环境承载力严重下降与污染排放的空间约束、生态损失逐渐上升的成本约束等多个方面，要采取得力措施保持生态资本存量非减性，为推进传统经济发展方式向现代经济发展方式转变指明方向，促进经济社会健康运行与可持续发展。

（三）以生态文明为基点，将生态发展作为转变经济发展方式的内核

所谓生态发展就是用生态的观念去评价人类的经济活动，制定经济政策和经济发展战略，其内涵包括：一是生态发展包括经济目标和生态目标，即不仅要取得经济增长，而且包括环境质量的不断改善；二是生态发展必须保证人类对环境资源的永续利用，这是未来发展的基础，也是转变现行经济发展方式的基础；三是生态发展是经济与环境的协调发展，只有生态发展了，经济发展才能满足人的基本需要，又不能危害环境，保证当代人和子孙后代的利益。这也是新的社会—经济发展的原则。以生态文明为基点，要把生态发展作为转变经济发展方式的内核，以推进传统发展方式的转型，这也是转换符合生态文明要求的经济发展方式的思想基础和前提条件。

以生态文明为基点，转变经济发展方式，当前重要的是要在实践中着力推进"五大根本转变"：一是大力发展绿色产业（包括传统产业绿化），着力推进产业结构由工业文明的黑色产业结构向生态文明的绿色产业结构的根本转变。在全球经济绿色复苏中，我们看到绿色产业革命正在悄然兴起，这是世界新一轮产业革命的方向和潮流。我国应当抓住这个最好时机，推进产业结构的优化与升级，加快向绿色产业结构转变的步伐；二是认真发展低碳经济，着力推进能源结构由高碳黑色能源结构向低碳与无碳绿色能源结构的根本转变。工业文明的发展方式是

以碳基能源为基础的黑色经济，生态文明的发展方式是以低碳与无碳能源为基础的绿色经济。因此，推进能源生产与消费生态化，形成绿色能源经济体系，才能在转变经济发展方式中取得实质性进展；三是积极发展循环经济，着力推进经济发展模式由工业文明的最高代价生态外生模式，向生态文明的最低代价生态内生模式的根本转变。我们必须从宏观、中观、微观三个层面，推进企业经济发展的绿色转型，最终形成生态自然和经济社会和谐、协调、双赢的经济发展方式；四是全力发展创新经济，着力推进经济发展从过于依赖要素驱动、黑色增长，向创新驱动、绿色增长的经济发展方式的根本转变。推进这个转变的关键所在是提高自主创新能力和核心竞争力，其着力点和突破口是使科技创新尤其是绿色科技创新，成为支撑和引领经济发展的主导力量；用科技创新带动产业创新，产业创新促进科技创新，只有在两者互动上实现突破，才能在转变经济发展方式上取得实质性进展；五是努力发展生态市场经济，着力推进市场经济体制由中国特色社会主义市场经济体制，向中国特色社会主义生态市场体制的根本转变。这是我们调结构、转方式、创模式，沿着生态文明发展的绿色方向与生态路标前进的体制保障。因此，我们必须继续进行制度创新，尤其是在绿色制度创新上实现新突破，才能保障转变经济发展方式取得实质性进展，使我国真正走上以创新发展、和谐发展、绿色发展、可持续发展为基本内容的科学发展之路。

参考文献

[1] 崔民选. 2006 中国能源发展报告 [R]. 北京：社会科学文献出版社，2006.

[2] 方时姣. 对社会主义可持续发展经济体制的理论思考 [J]. 济南：中国人口、资源与环境，2008，(6).

[3] 国家环境保护总局编著. 全国生态现状调查与评估（综合卷）[R]. 北京：中国环境科学出版社，2005.

[4] 刘思华. 生态马克思主义经济学原理 [M]. 北京：人民出版社，2006.

[5] 彭水军. 环境、贸易与经济增长——理论、模型与实证 [M]. 上海三联书店，2006.

[6] 王金南，曹东等. 能源与环境（中国 2020）[M]. 北京：中国环境科学出版社，2004.

[7] 谢振华. 国家环境安全战略报告 [R]. 北京：中国环境科学出版社，2005.

[8] 徐嵩龄. 中国环境破坏的经济损失计算：实例与理论研究 [M]. 北京：中国环境科学出版社，1998.

[9] 张文驹. 中国矿产资源与可持续发展 [M]. 北京：科学出版社，2007.

[10] 中国社会科学院环境与发展研究中心. 中国环境与发展评论（第二卷）[M]. 北京：社会科学文献出版社，2004.

[11] 中华人民共和国环境保护部. 第一次全国污染源普查公报 [N]. 北京：经济日报，2010－2－10.

（原载《经济管理》2011 年第 8 期）

绿色发展与绿色崛起的两大引擎

——论生态文明创新经济的两个基本形态

21 世纪是生态文明与绿色经济时代。绿色经济与绿色发展的实现形式具有多样性，其中最基本的形式就是循环经济与循环发展和低碳经济与低碳发展。循环经济与循环发展和低碳经济与低碳发展，都是绿色经济与绿色发展的范畴与形态，这就决定了生态文明创新经济的载体与实现形式具有多样性，而循环经济和低碳经济则是它的两个基本形态。历史经验表明，一个国家和民族真正的崛起，既要在经济上崛起，又要在文化上崛起。21 世纪生态文明与绿色经济时代的大国崛起，还要在生态上崛起，大力发展生态文明创新经济。

一、生态文明创新经济的重要载体与基本形态之一——低碳经济

自 2008 年国际金融危机爆发以来，以低碳革命为主要标志的生态革命进入一个新阶段，人类文明与经济社会的发展从此进入绿色、低碳发展时代。因而，向绿色经济、低碳经济转型已经成为世界经济发展的大趋势。2009 年，《中美联合声明》中指出，气候变化是我们时代的重大挑战之一，应对气候变化和国际金融危机，"向绿色经济、低碳经济转型十分关键".[1] 因此，发展绿色经济、低碳经济是世界各国经济创新发展的新方向和共同的目标与使命，低碳经济必然成为生态文明创新经济的重要载体与基本形态。

（一）低碳经济的科学内涵和本质特征

2003 年，英国能源白皮书《我们能源的未来：创建低碳经济》中最早使用了 "低碳经济" 这个词，其核心内容是 "低能耗、低污染、低排放"，虽然提出了低碳经济的基本特征，但是没有对这个新概念作出科学界定。近几年来，国内外学者对低碳经济做了各种定义和诠释，到目前为止，还没有形成广泛认同的统一定义。学者们提出了几种观点，代表了对低碳经济理论本身的几种理性认知，

　　在此基础上，我们把它们概括为"三论"：

　　一是"模式论"，认为低碳经济是一种新的经济模式。这是目前国内外主流的理性认知和理论含义。现在被人们广泛引用的是英国环境专家鲁宾斯的观点："低碳经济是一种正在兴起的经济模式，其核心是在市场机制基础上，通过制度框架和政策措施的制定和创新，推动提高能效技术、节约能源技术、可再生能源技术和温室气体减排技术的开发和运用，促进整个社会经济向高能效、低能耗和低碳排放的模式转型。"[2]我国有些学者都强调低碳经济是相对于高碳经济模式而言的一种经济发展模式。如，付允等认为："低碳经济是针对新能源及可再生能源而言，是相对于基于碳基能源的经济发展模式而言的一种新的经济发展模式。"这是一种绿色经济模式。[3]

　　二是"方式论"，认为碳排放量已经成为衡量人类经济发展方式的新标识。如，鲍健强等指出，从表面上看，碳排放量的高低是人类能源利用方式和水平的反映，但是从本质上讲，更是人类经济发展方式的新标识。低碳经济涉及人类传统的生产方式、生活方式和消费方式等问题，从本质上触动了人类经济发展方式变革的问题。[4]

　　三是"形态论"，认为低碳经济是一种新经济形态。如刘细良认为："现代意义上的低碳经济是对人与自然、人与社会、人与人和谐关系的一种理性认知，是一种低能耗、低物耗、低污染、低排放、高效能、高效率、高效益的绿色可持续经济；是继人类社会经历过原始文明、农业文明、工业文明之后的生态文明；是人类社会继工业革命、信息革命之后的新能源革命。"[5]我们认为，这种新能源革命是低碳革命的表现形式，其本质上是生态革命。潘家华认为，低碳经济相对于农业经济、工业经济等来说，是一种新的经济形态。在我们看来，它在本质上是生态经济形态。

　　进入21世纪后，英国率先发起了世界低碳革命。近年来，西方发达国家的低碳发展战略逐步进入了实践层面，使人感到世界经济进入了一个低碳时代。因此，"模式论"和"方式论"，应当说是从实践层面上讲的。而"形态论"则是从学理层面上讲的，认为低碳经济是从工业文明（包括后工业文明）走向生态文明的一种经济形态。我们把"三论"统一起来，就不能仅仅是低碳经济现象的概述，而是要给予理论内涵。因此，我们必须运用生态经济协调可持续发展理论对低碳经济概念进行重新界定。

　　对低碳经济的本质内涵与根本特征的诠释应在可持续发展经济学的理论框架中进行。[6]低碳经济是经济发展的碳排放量、生态环境代价及社会经济成本最低的生态经济，是一种能够改善地球生态系统自我调节能力的可持续性很强的可持续经济。低碳经济有两个基本点：其一，它是包括生产、交换、分配、消费在内的社会再生产全过程的经济活动低碳化，把二氧化碳排放量尽可能减少到最低限度乃至零排放即脱碳化，获得最大的生态经济效益；其二，它是包括生产、交换、分配、消费在内的社会再生产全过程的能源消费生态化，形成低碳能源和无碳能源的绿色知识经济体系，保证生态经济社会有机整体的清洁发展、绿色发展、可持续发展。这就把低碳经济纳入了生态文明的生态经济协调可持续发展的理论框架，准确地揭示了低碳经济的科学内涵、本质特征，突出地体现了它的经济本质是生态经济与可持续经济，它是生态文明时代的一种经济形态、经济模式、经济发展方式的内在统一。

（二）低碳文明具有生态文明的本质属性

自低碳革命在我国兴起之后，学术界出现一种所谓低碳革命是第四次工业革命的思潮，极大地歪曲了低碳革命与低碳经济的文明属性和经济本质。在此，我们强调几点：

第一，人类社会发展的三次技术革命引起了人与自然之间物质变换关系与方式的三次伟大飞跃。农业技术的发明与使用是人类历史上第一次技术革命，是人与自然之间物质变换关系与方式的第一次飞跃。这就是人们常说的农业革命，使人类获得了手工生产力。蒸汽机的发明与使用，引爆了震撼世界的工业技术革命，这是人类历史上第二次技术革命，是人与自然之间物质变换关系与方式的第二次飞跃。这就是人们常说的工业革命，使人类获得了机器生产力和信息生产力。从1770年开始的资本主义工业革命到20世纪80年代，整个工业革命经历了三个阶段，这就是所谓的第一、第二、第三次工业革命。工业革命最终使人类文明发展陷入生态危机的困境之中，导致生态与生物技术革命兴起，这是人类历史上第三次技术革命，是人与自然之间物质变换关系与方式的第三次飞跃。这次革命可以称之为生态革命，它将使人类获得以生态生产力为基础并与经济生产力内在统一的生态经济生产力。它是比机器生产力、信息生产力更加完备、更高层次的绿色生产力。

第二，三次技术革命引起人类经济社会发展的三次巨大变革，即人类文明形态的三次更替。农业革命引起人类经济社会出现第一次巨大变革，创造了灿烂的农业文明；工业革命引起人类经济社会出现第二次巨大变革，创造了辉煌的工业文明；生态革命将会引起人类经济社会的第三次巨大变革，一定会比工业文明在人类文明历史上创造更加辉煌灿烂的生态文明。

第三，人类文明形态的三次更替与人类社会形态的三次更替具有高度一致性，或者说它们是同一个问题的两个方面。第一次巨大变革使人类社会由原始文明进入农业文明社会即农业社会；第二次巨大变革使人类社会由农业文明进入工业文明社会即工业社会；当今人类文明面临的第三次巨大变革，将使人类社会由工业文明与后工业文明进入生态文明时代，走向未来的生态社会。

第四，低碳文明在本质上是生态文明。发展低碳经济，推进低碳发展的过程，也就是铸造低碳文明的过程。现阶段人类文明发展正在由工业文明向生态文明转变。发展低碳经济，建设低碳文明，不仅要克服工业文明时代的黑色经济与高碳文明的各种弊端，而且要超越工业文明，铸造现代文明的新形态，即成为生态文明形态的重要组成部分。因此，从学理层面上说，低碳文明在本质上是生态和谐、经济和谐、社会和谐一体化的生态文明社会经济形态。这就揭示了低碳文明的生态文明属性及其历史地位。[7]

通过以上分析，我们可以作出符合客观事实和逻辑分析的基本结论：低碳革命不是第四次工业革命，而是生态革命的一种现实形式；低碳经济不是工业经济范畴，而是生态经济范畴；低碳文明不是工业文明发展的最高阶段，而是属于生态文明的范畴。因此，我们必须按照建设生态文明与发展绿色经济的方向、目标与要求，走出一条符合我国国情的低碳绿色的创新经济发展道路，这才是加快经济发展方式转变的实质与方向。

（三）低碳经济与低碳发展本身就是创新经济与创新发展

第一，低碳经济是继农业文明即"原生态"低碳文明的农业经济形态、工业文明即高碳文明的工业经济形态、信息文明即高碳文明的最高阶段的后工业经济形态之后的人类文明形态，是经济社会形态的深刻变革和巨大创新。这就是说，低碳经济是人类文明进步和社会经济发展历史的新阶段，意味着人类文明形态的变迁与创新。[8]

第二，发展低碳经济不仅是人类文明形态及经济社会形态的根本变迁，而且是经济发展模式的深刻变革，尤其是能源结构、产业结构、经济结构乃至生存与发展观念的彻底变革与创新。因此，低碳经济与低碳发展作为新的经济发展模式的选择，就在于对工业文明时代的黑色高碳经济发展模式与方式的否定和扬弃。构建生态文明创新绿色经济发展模式，是生态文明经济发展方式的目标模式。

第三，低碳经济之所以是创新经济，其关键是能源结构和能源生产与使用技术的创新，这是对工业文明时代的黑色高碳能源结构和能源生产与使用技术的变革与创新。因此，发展低碳经济的关键所在，是对现代经济运行与发展方式进行一场深刻的生态革命。[9]这场革命的核心技术突破来自新的能源生产技术和能源使用技术领域的科技创新，它是以风能、太阳能、生物能等低碳与无碳能源代替煤炭、石油、天然气等高碳碳基能源的生态革命。也就是说，低碳经济要实现能源消费结构由黑色高碳能源结构向绿色低碳经济与能源结构的转型，体现着工业文明增长经济向生态文明创新经济的转型。这是发展低碳经济的根本方向。

二、生态文明创新经济的重要载体与基本形态之二——循环经济

进入 21 世纪，循环经济在我国迅速兴起，这是我国经济创新发展绿色转型的一个重要标志。从实践上看，2005 年 7 月，国务院发布了《关于加快发展循环经济的若干意见》，并在全国各地组织开展循环经济试点工作，一些地方政府提出了循环经济发展规划，树立了一批先进典型，为加快发展循环经济提供了示范。党的十七大提出了"循环经济形成较大规模"的新要求。2009 年 1 月正式实施《循环经济促进法》。其后，我国的"十二五"发展规划，进一步提出了大力发展循环经济，推广循环经济典型模式的规划。循环经济的发展将成为推动我国文明形态及经济社会形态变革与创新的重点领域和基本内容。

党的十七大以后，我国学术界有一个共识："循环经济是生态文明的经济模式"，也就是说，"生态文明时代的经济是循环经济"。[10]虽然循环经济是 20 世纪 90 年代中期至 21 世纪初，由日本、德国等发达国家提出的一种崭新的经济形式，但它们没有生态文明的理论自觉，不可能获得循环经济是一种生态文明创新经济形式的理性认知。对此问题，本文加以论证。

（一）循环经济是人类文明从工业文明向生态文明转型和创新经济发展的必然趋势

从循环经济兴起的时代背景看，工业文明的高度发展和经济的极大增长，无论在资本主义还是在社会主义条件下，都严重破坏了人与自然之间的物质变换关系，使其出现"无法弥补的裂缝"，这就是人与自然的尖锐对立、自然生态系统与社会经济系统的巨大分离。突出表现在现实的自然生态环境和社会生态环境都在不断恶化，自然资源短缺日益严重，地球正在遭受着工业文明片面、畸形发展带来的各种灾难，已经危及人类文明的延续。基于对以往文明尤其是工业文明多重效应的深刻反思，当今世界文明迫切需要进行一次文明形态的变革与创新，来解决工业革命以来经济发展与生态恶化之间的尖锐冲突，进行深刻的生态革命、经济革命、技术革命，从而拯救地球、拯救人类及整个世界。

文明形态转型与创新，首先是要在价值观和思维方式转变的基础上，改变工业文明的工业经济形态，创建生态文明的经济形态。它的最基本的实现形态，就是低碳经济和循环经济。而循环经济正是连接自然生态系统和社会经济系统之间的桥梁。循环经济是在工业文明经济基础上的变革与创新。生态文明形态所要求的变革与创新，是在反思其主流经济增长和主流生产与生活方式的基础上提出来的，认为工业文明经济是不协调、不和谐、不可持续的，需要经济社会形态的绿

色转型与创新。因此，循环经济是工业文明危机及经济增长危机的产物，是人类文明从工业文明向生态文明转型和经济发展模式创新的必然趋势。

（二）循环经济是生态环境与经济社会和谐协调的全新的经济发展模式

循环经济本质上是现代生态经济发展模式，属于生态文明的经济发展模式，是对工业文明经济增长模式的批判、否定和扬弃。这是学术界的共识。有的学者指出，"循环经济是一种运用生态学规律来指导人类社会的经济活动，是建立在物质不断循环利用基础上的新型经济发展模式。它以资源的高效利用和循环利用为核心，是对'大量生产、大量消费、大量废弃'的传统增长模式的根本变革。"[11]这里的"传统增长模式"就是工业文明经济增长模式或形式。它以经济增长为唯一目标，既没有社会目标，排除社会考虑，从而使财富只为少数人所拥有，也没有环境目标，排除生态考虑，从而导致环境污染和生态破坏。这种经济模式称为"用后即弃"的模式（也就是美国著名学者布朗先生所说的以化石燃料为基础、以汽车为中心的用后即弃型经济）。它的技术路线和组织路线是线性的、非循环的。[12]循环经济的技术路线和组织路线是非线性的、循环的，是实现经济社会发展生态化，是一种全新的经济形式，是对工业文明的线性经济增长模式的巨大变革与创新。因此，循环经济是一种追求生态、经济、社会三大目标和三大效益有机统一与最佳优化的经济发展方式，是实现社会经济发展全过程的人类生产、生活与消费方式的自我超越和创新，是促进人与自然、生态与经济的和谐协调与可持续发展的经济发展方式。它能够弥补工业文明经济增长造成的"三个裂缝"，做到三个有机统一与协调发展，即经济循环与生态循环的有机统一与协调发展、经济有效性和生态安全性的有机统一与协调发展、经济社会效益与生态环境效益的有机统一与协调发展。[13]

（三）循环经济是生态文明创新的最重要载体

循环经济之所以成为生态文明创新经济的最重要载体，就在于其将生态环境由经济发展的外在因素转化为内在因素即生产力发展的一个核心要素。可持续发展经济学告诉我们，工业文明经济增长带来环境污染，资源耗竭的生态环境危机的根源就在于，自然生态环境不是经济增长与发展的内生变量，而是外生变量即现实生产力发展的外部条件，自然生态环境只是被视为一个提供资源、容纳废弃物的载体。这就否定了自然生态环境是现实生产力发展的一个根本源泉。循环经济遵循生态学规律，以提高资源利用效率为基础，其核心是提高生态环境因素的利用效率；以资源再生循环利用和无害处理为手段，使经济社会系统和谐地纳入自然生态系统的物质循环过程中；以经济社会可持续发展为目标，实现经济社会系统的生态化与知识化。大力发展循环经济，将生态环境纳入现代经济社会的生产要素体系之中，使之成为一个与土地、劳动、物质资本、技术、制度等要素并重的新的生产要素，真正成为现代经济良性运行与健康发展的内生变量与内在机制，从而促进经济增长与发展的生态代价和社会成本减少到最低限度。[14]这样，就可以构建出一个全新的现代经济发展模式，即最低代价内生经济发展模式。

三、循环经济和低碳经济是生态经济及绿色经济的实现形态

循环经济与低碳经济相互融合、协同发展的循环低碳经济发展模式，不仅是经济发展模式的根本性变革，而且是从工业文明时代黑色经济形态向生态文明绿色经济形态转型的根本性标志。

首先，必须正确认识循环经济和低碳经济并作出准确的理论概括。我国学术界有些学者认为，循环经济是一种新型的、先进的经济形态，[15]是建立在人类存在条件和福利平等基础上的以全体社会成员生活福利最大化为目标的一种新的经济形态，"循环经济必将成为未来人类社会一种新的经济形态。"[16]对于低碳经济的界定，也有一些学者把它说成是一种新的经济形态，有些学者把这种观点称为"形态论"。[17]无论是循环经济还是低碳经济的"形态论"，其本质内涵是"一种新的经济形式"，或者说是"一种新的经济发展模式"。这种表述并不准确。如果说"形态论"所指的本质含义是同文明形态的社会形态相对应的经济形态概念，甚至是指马克思所提出的第三大形态即未来人类社会形态的经济形态，那就是概念模糊。"形态论"告诉我们，循环经济和低碳经济同生态文明的生态经济形态及其形象概括的绿色经济形态完全是一回事。其实，它们同生态经济形态在理论上不是同一层次的问题。包括"形态论"在内，大家都一致界定它们本质上是一种生态经济及绿色经济，因而它们就不应当同生态经济及绿色经济是同层次的理论范畴，而是生态经济及绿色经济的一种表现形式或实现形态。绿色经济作为生态文明时代的生态经济与可持续经济的形象概括，它的实现形式具有多样性，其中最基本的形态，就是循环经济和低碳经济。可以说，在工业文明向生态文明转型的历史时期，循环经济和低碳经济是生态经济及绿色经济的最重要的、最基本的现实形态，实质上是生态文明创新与创新经济发展的最重要的、最基本的现实形态。

其次，从循环经济和低碳经济的实践形态来看，循环经济和低碳经济作为全新的经济发展方式或模式的创新选择，就在于对工业文明时代黑色经济发展方式或模式的否定和扬弃，创造出生态文明的绿色经济发展方式或模式。自2009年

以来，世界各国都在努力实践绿色新政，发展绿色经济。2010 年中国绿色产业和绿色经济高科技园博览会，展示了当前世界范围内绿色产业和绿色经济领域的最新成果，"引导中国企业向清洁能源、节能减排、环境保护、低碳技术、循环经济等绿色经济的重点领域转移，为国际国内企业开辟新的合作领域。"[18] 这表明，当今世界和当代中国经济发展实践中，低碳经济和循环经济已构成绿色经济发展的重点领域与基本内容。循环经济与循环发展、低碳经济与低碳发展，都是绿色经济与绿色发展的范畴。因此，积极发展循环经济和低碳经济，就必然成为创新经济发展的重点领域与基本现实形态。

最后，循环经济和低碳经济都是生态经济与可持续经济的具体的现实形态，这意味着两者的内在属性和绿色经济内涵是一致的，但其外在形式与生态功能又是有所不同的。发展低碳经济是发展循环经济的必然选择，同时又向循环经济发展提出了新要求。在发展循环经济的目标中，"最少废物排放"，首先是碳排放最小化与无碳化。因此，发展循环经济要求发展低碳经济，低碳经济发展是循环经济的重要特征。在一般情况下，循环经济和低碳经济应当是两个不同的概念，循环经济模式并不一定以低碳为条件，它强调物质资源循环利用，并突出非线性和可循环，如果不以非碳基能源替代高碳能源，就形成高碳循环经济模式。反之，低碳经济模式也未必就是非线性和可循环的，如单纯实现低碳化，就形成低碳非循环经济模式。

因此，很有必要将两者从生态经济系统层面上予以统合，相互补充、相互促进与相互融合，形成低碳循环经济，构建绿色创新经济发展模式。按照建设社会主义生态文明与绿色经济发展的方向、目标与要求，走出一条符合我国国情、有中国特色的低碳、低熵、低代价的绿色低碳循环经济发展道路。

参考文献

[1] 中美联合声明 [N]. 光明日报，2009 – 11 – 18.

[2] 刘学谦，等. 可持续发展前沿问题研究 [M]. 北京：科学出版社，2010：216.

[3] 付允，马永欢，刘怡君，牛文元. 低碳经济的发展模式研究 [J]. 中国人口、资源与环境，2008，(3).

[4][8] 鲍健强，苗阳，陈锋. 低碳经济：人类经济发展方式的新变革 [J]. 中国工业经济，2008，(4).

[5] 刘细良. 低碳经济与人类社会发展 [N]. 光明日报，2009 – 06 – 02.

[6][9] 方时姣. 也谈发展低碳经济 [N]. 光明日报，2009 – 05 – 19.

[7] 刘思华. 发展低碳经济与创新低碳经济理论的几个问题 [J]. 当代经济研究，2010，(11).

[10] 褚大建. 生态文明与绿色发展 [M]. 上海：上海人民出版社，2008：94.

[11] 秦书生，邓文钱. 生态文明观视野中的循环经济 [J]. 江南论坛，2007，(7).

［12］黄承梁，余谋昌．生态文明：人类社会全面转型［M］．北京：中共中央党校出版社，2010：96.

［13］刘思华．生态马克思主义经济学原理［M］．北京：人民出版社，2006：325.

［14］方时姣．最低代价生态内生经济发展［M］．北京：中国财政经济出版社，2011：194.

［15］毛如柏，冯之浚．论循环经济［M］．北京：经济科学出版社，2003：7.

［16］解振华．关于循环经济理论与政策的几点思考［N］．光明日报，2003 – 11 – 03.

［17］邢继俊，黄栋，赵刚．低碳经济报告［M］．北京：电子工业出版社，2010：37.

［18］李鑫燊．绿博会：展示绿色产业新成果［N］．光明日报，2010 – 8 – 12.

（与刘思华合作完成，原载《经济纵横》2012 年第 7 期）

熊彼特创新理论的工业文明本质探究[*]

　　自从我国提出"建设创新型国家"的战略目标与任务以来，一些人从西方经济学中的创新理论中寻找指导思想，使熊彼特创新理论在我国受到前所未有的重视和传播。然而，长期以来，我国学术界、理论界侧重于研究熊彼特"创新"经济创新属性，对其所反映的人类文明形态属性问题少有涉及，这就使得熊彼特创新理论的文明属性问题直至今日还没有定位。党的十八大报告继十七大报告后再次强调建设生态文明的重大战略思想，同时深刻阐明了坚持走中国特色自主创新道路的创新发展的新思想、新论断，从而确立了实施创新驱动发展的战略，并发出了使科学发展"走向社会主义生态文明新时代"的新号召，这标志着一个发展中国特色社会主义的创新发展新时代的到来。这种时代的新特征和中国的新发展，迫切要求我们对熊彼特创新理论进行马克思主义文明理论研究，深刻认识熊彼特创新理论体系的工业文明本质和资本主义实质及其资产阶级烙印，只有这样，才能在建设、发展中国特色社会主义和实施创新驱动发展战略中不断坚定走向社会主义生态文明创新发展新时代的道路自信、理论自信和制度自信。为此，本文谈几点看法。

一、熊彼特的创新概念是工业文明的范畴

　　何谓创新，迄今为止，还没有一个统一的、人们公认的定义，仍有多种理解与界定。自创新理论的奠基人美籍奥地利经济学家约瑟夫·熊彼特在德文版《经济发展理论》一书中最先提出创新概念以来的100多年来，世界各国的主流经济学家不断丰富熊氏创新理论，但都是沿着熊氏的学术思路来诠释熊氏创新概念与创新理论，从而解说20世纪及跨世纪时期的人类经济创新实践活动，因而创新的本质内涵和基本属性没有根本性的突破。

---

　　* 基金项目：国家社会科学基金项目"生态文明视角下的中国经济创新驱动道路研究"（项目编号：10BJL005）；中央高校基本科研业务费资助项目"当代西经济理论前沿问题及最新发展研究"。

　　熊彼特认为:"所谓创新,就是建立一种新的生产函数,也就是说,把一种从来没有过的关于生产要素和生产条件的'新组合'引入生产体系。"因此,他强调:"我们所说的发展,可以定义为执行新的组合。"这个创新定义的核心是"生产手段的新组合",这种新组合包括五个方面的内容:(1)引入产品;(2)引进新技术;(3)开辟新市场;(4)开拓并利用原材料的新供应来源;(5)实现工业的新组织(约瑟夫·熊彼特,1990:73~74,76)。这就告诉人们,生产要素的"新组合",实现工业的新组织,就能使经济获得持续不断的新发展。在熊彼特看来,创新或生产要素的"新组合",是经济发展最本质的特征。经济发展就是执行"新组合",没有创新即"新组合"就没有经济发展。因此,在世界经济学说史上,熊彼特首次把创新概念纳入经济学的理论框架,使创新成为经济范畴,并非技术范畴。熊彼特创新概念在本质上是经济创新。对此,1934年他在《经济发展理论》英文版中明确指出:资本主义经济增长的主要源泉不是资本和劳动,而是创新,"不同的使用方法(即创新)而不是储蓄和可用劳动数量的增加,在过去的50年中已经改变了经济世界的面貌"(约瑟夫·熊彼特,1990:73~74,76)。

　　继熊彼特之后,中外经济学家在熊彼特创新概念的基础上进行深入研究,虽然大体上都是按照熊彼特概念来展开,但也提出了许多有重要价值的观点(赵玉林,2006:12~14;纪玉山等,2001:149~151)。在此,我们要指出的是,创新经济学创始人之一的英国经济学家克利斯·弗里曼于1997年出版了《工业创新经济学》一书,对18世纪工业革命以来的重大产业创新进行了历史分析,比较全面系统地分析了资本主义工业文明发展主要的创新现象和基本规律,指出创新概念是指工业文明的经济创新(C. Freeman & L. Soete, 1997)。因此,熊彼特创新概念及弗里曼工业创新概念,在本质上都是工业文明经济创新观念的表现,是属于工业文明的范畴。正是从这个意义上看,我们认为,弗里曼的《工业创新经济学》应该命题为《工业文明创新经济学》就更能体现它的本质属性和真实内涵。

二、熊彼特创新理论是工业文明时代人类经济创新实践的理论概括与学理表现

　　熊彼特是把创新纳入经济学理论框架的第一人,其代表作有《经济发展理论》(1912),其中率先提出了创新概念和经济创新的基本思想,初步确立了工业文明的创新理论。其后是《经济周期》(1939)和《资本主义、社会主义和民主主义》(1942)两部著作,对创新理论加以完善、丰富,形成了资本主义工业

文明发展的独特的创新经济学理论体系。熊彼特创新理论在经济学中独树一帜，使工业文明时代的经济创新本身获得世人的重视，这是熊彼特经济发展理论的最大贡献。继熊彼特之后的追随者沿着熊彼特创新理论的学术路径，丰富发展熊彼特创新经济学理论，使其朝着两个主要方向发展：一是技术创新学派，构建了建设工业文明的技术创新理论，形成了以技术变革和技术推广为对象的技术创新经济学。二是制度创新学派，构建了建设工业文明的制度创新理论，形成了以制度变迁和制度形成为对象的制度创新经济学。因此，熊彼特创新经济学理论及其发展，都是工业文明及其最高阶段的信息文明时代的人类经济创新实践的反映与产物，是工业文明时代的必然的理论概括与学理表现。它既表现为人类对工业文明经济创新实践的理论自觉，又构成工业文明发展的 100 多年来人类经济创新实践活动的指导思想。这充分体现在熊彼特创新经济学理论的两个根本特质上。

特质之一：熊彼特创造性地提出了一个以技术创新为核心理念的经济创新理论，这是工业文明时代科技飞跃进步和经济迅速发展相结合的客观反映。从熊彼特创新概念所规定的"五新"内容来看，（1）和（2）是以技术为核心的创新，构成熊彼特创新概念的主要内容；（3）和（5）是属于适应技术变化所形成的创新；（4）是依赖于技术变化引起的创新。总之，熊彼特创新概念的"五新"，都属于技术创新范畴，当技术创新与变革被应用于经济实践活动，实现经济发展就是创新。尤其是熊彼特首次向人们展示了技术创新与变革对经济发展的巨大作用，甚至是至高无上的作用。熊彼特建立的以技术创新为核心创新模型，被后人提炼出了一个重要的技术创新模型，称之为熊彼特企业家创新模型。20 世纪 40 年代，熊彼特进一步发展了创新是资本主义经济体系及其发展的核心理念的观点，建立了熊彼特大企业创新模型，这是熊彼特创新模型 II。这两个技术创新模型后来被合称为"技术推动模型"。熊彼特这个技术创新理论向人们展示——经济发展的实质就是在市场中不断引入以技术为基础的创新。在当今世界和当代技术创新已被视为经济增长的发动机，它已经成为经济发展的决定性因素和根本动力，甚至是新的工业文明宗教。这应当说是熊彼特创新理论及其发展的不可磨灭的历史贡献。

特质之二：熊彼特创新理论实质是企业创新理论，开创了工业文明时代资本主义企业创新研究的先河。对此，本文作几点说明：第一，熊彼特提出创新理论的一个出发点和根本动机，就是用创新来解释资本主义企业与企业家利润的来源和资本主义企业的经济发展。他在《经济发展理论》一书中，把创新看成具有外生性，主要是指企业家的个人活动。其后在《资本主义、社会主义和民主主义》一书中，认为创新具有内生性，主要是企业自觉经济活动的结果，其直接目的是企业为了获取垄断利润即创新利润，并在市场竞争中维持企业的垄断地位。按照熊彼特的经济周期理论，企业创新发展过程中在垄断期创新者处于垄断地位，就获得大量的创新利润即超额利润；即使在扩散期，仍可获得丰厚的创新利润。因此，企业创新追求创新利润最大化，既是企业经济增长最大化的源泉，也是资本主义经济发展的目的。企业创新使潜在的利润变成现实的创新利润，它推动着资本主义经济和企业的发展，同时也使一批无法创新的企业在此过程中被淘汰。"创新对于资本主义经济和企业的发展来说是一种'创造性的毁灭'。一部分企业的创新，意味着另一部分企业的毁灭。"（赵玉林，2006：3）这是资本主义市场经济发展的内在规律，也是工业文明经济创新发展的内在规律。所以，弗里曼在《工业创新经济学》中说过一句振聋发聩的话："不创新就是死亡。"因为企业创新追求创新利润最大化是企业生产经营的直接目的，更是企业家创新活动的最终目的。这是资本主义市场经济发展无法超越的边界，也是工业文明经济创新无法超越的边界。

第二，熊彼特创新概念的"五新"之说，可以说都属于企业的技术经济实践活动，是企业发展的主旋律。熊彼特创新概念所涉及产品创新和生产技术创新属于企业技术经济范畴。市场创新（即销售市场创新和供应市场创新）直接由产品创新所决定，或者由产品和生产技术决定，所以，市场创新都是由企业内部技术经济创新所制约或派生，基本上是属于企业技术经济范畴。至于组织创新，实际上属于企业体制方面的创新。因此，熊彼特创新理论及其对创新界定，不仅将经济发展与创新视为一体，而且将企业发展与创新视为一体，称为经济与企业的发展，"可以定义为执行新的组合"。

第三，熊彼特创新理论的一个最基本的最重要的观点，就是创新的主体与主要推动力是企业家和企业。熊彼特指出："我们把新组合的实现称为'企业'，把职能是实现新组合的人们称为'企业家'。"（熊彼特，1990：83）因此，在他看来，所谓企业家，就是把"新组合"引入生产体系；所谓企业，便是"新组合"的实现；所谓资本家，就是为新组合提供"信用"的人。"资本主义信用制度在所有各国都是从为新组合提供资金而产生并从而繁荣起来的。"（熊彼特，1979：121）到了20世纪40年代，熊彼特特别强调大企业对企业创新的极端重要性，认为大企业在资本主义经济发展和工业文明经济创新过程中起决定性作用。他指出："一个现代企业……每个成员取得的面包和黄油取决于他所发明的改进方法的成功。"（熊彼特，1979：121）因此，人们必须接受的客观事实是，大企业"已经成为经济进步的最有力的发动机，尤其是已成为总产量增长期扩张最有力的发动机"（熊彼特，1979：134）。

熊彼特提出的"企业创新理论"的一个本质含义，就是企业创新或生产要素的新组合，实质是企业创新或"企业家对生产要素进行的新组合"。他把发明和创新看作为两个不同概念，发明不是创新。发明是科学家的天职，而创新则是企业家的天职。这就是说，企业家的职能就是要进行创新即进行生产要素的新组合，促使企业经济不断增长；不进行创新就是渎职，就没有资格当合格的企业家。这点无疑对当下中国走经济创新驱动发展道路颇有借鉴之处。

三、工业文明经济创新是资本主义发展的本质特征与核心理念

从农业文明走向工业文明，形成工业文明经济社会形态，在本质上是一个创新发展的历史过程。而建设工业文明主要是资本主义文明的确立与发展。因此，熊彼特在《社会主义、资本主义和民主主义》一书中发展其创新理论时，提出了创新是资本主义发展的本质特征与核心理念的创新思想理论。这不仅鲜明地反映了熊彼特创新理论体系的资产阶级与资本主义本质属性，而且真实地体现了它的工业文明的内在本性。对于前者，我国虽有少数学者给予关注，但大多数研究者不涉及；而后者至今却无人涉及，完全被忽略了乃至弃之不言。关于前者，本文认为，在熊彼特的视野内，虽然存在着逻辑矛盾，即一方面把技术看成是经济系统的一个外生的经济变量，另一方面又认为创新是经济系统的一个内在因素，经济发展是来自生产体系内部自身创造的一种变革。因此，我国经济学家纪玉山教授就指出：在熊彼特看来，"资本主义在发展着，这种发展的内在因素便是创新。创新是资本主义发展的本质特征。熊彼特不仅把创新看成是理解资本主义体系及其发展的核心概念，而且认为……资本主义经济发展过程是一个动态均衡过程，而不是瓦尔拉以来新古典经济学家着迷的静态均衡过程"。所以他特别强调"资本主义经济增长的主要源泉不是资本和劳动，而是创新"（纪玉山等，2001：21）。熊彼特把创新与资本主义的命运紧密联系在一起，并强调没有创新就没有资本主义，更为重要的是他把创新看作是资本主义发展的灵魂。资本主义发展到垄断阶段，"创新本身已降为例行事务"（熊彼特，1979：165），即资本主义发展的灵魂消失了。因而，特大企业的发展导致走向了自己的反面，给自己掘好了埋葬自己的坟墓。正因为如此，资本主义即将毁灭（甘德安，1998：117）。

关于后者，本文想根据生态马克思主义经济学理论做点探索。从人类文明发展史来看，18世纪资本主义工业革命开创了世界工业文明时代，西方资产阶级领导和创造的工业文明，把人类带入了工业社会。工业文明的技术社会形态便是工业社会，它的制度社会形态就是资本主义社会。也就是说，从农业文明向工业文明的转型，实质上是封建主义向资本主义的转型，这是技术社会形态和制度社会形态双重转型同步运动的一般规律，正是从这个意义说，工业文明社会同资本主义社会是同义语。工业文明的发展，实质上是资本主义的发展，这种发展的内在因素便是创新。与其说创新是资本主义发展的本质特征与核心理念，不如说工业文明经济创新是资本主义发展的本质特征与核心理念。没有工业文明经济创

新，也就没有资本主义。

资本主义工业革命不仅开创了世界工业文明发展的时代，而且开创了世界资本主义市场经济发展的时代。无论是从技术社会形态还是从制度社会形态来说，建设工业文明都是实行资本专制主义。资本的唯一动机是追求利润最大化，增值资本是资本主义与工业文明发展的根本动力和唯一目的。因此，市场经济既是资本主义又是工业文明实现资本增值、资本运动、资本权力的经济运行方式。这样，在工业文明社会，工业文明和市场经济的紧密结合，集中表现为资本的逻辑是整个经济社会运行的主导逻辑，使得利润最大化成为工业文明社会与资本主义社会无法超越的边界。在现实经济生活中是通过追求经济增长最大化而实现利润最大化。理论与实践充分证明，工业文明发展使人类进到一个经济实践活动至上的"经济霸权时代"，似乎一切实践活动都服务于经济增长，都是为了一个直接目标——实现经济增长最大化，这是工业文明与市场经济发展的主要动力与根本目标。它表现在一个企业、一个群体，就是追求实现利润最大化，即获取市场垄断地位和垄断利润最大化，构成工业文明经济创新的直接目的和根本动力。在工业文明时代，任何企业创新都无法跨越资本追逐经济增长和利润最大化的边界，因为工业文明始于西方资本主义文明的确立和践行。它的逻辑思路是：人类改造自然创新能力的无限性，决定了科学技术可以无限创新，物质生产力可以无限增长，经济社会也就可以无限发展。因此，可以这样说，熊彼特创新理论本质上是工业文明经济创新新理论，是直接为工业文明经济创新提供理论基础以及为资本主义经济发展服务的。我们不能无条件地全盘照收，无批判地盲目借鉴。

四、正确借鉴熊彼特创新理论，迎接人类文明从工业文明走向社会主义生态文明新时代的到来

我们基本赞同一位研究者对熊彼特创新理论的评述："如果我们把熊彼特的创新理论体系的资产阶级烙印加以革除，把他夸大资本主义企业家作用（实际上许多情况下是一身二任的资本家）、掩盖资本主义剥削关系的庸俗辩护加以扬弃，那么，他的创新思想，诸如创新对经济发展的作用、企业家对经济发展的作用、企业创新对经济发展的作用、技术创新和经济制度创新对经济发展的作用等，对我国今天的社会主义现代化建设都是有重要启迪和借鉴意义的。当前，我国正处在各方面都在创新的时代，我们不仅需要理论创新、思想创新，而且需要制度创新、体制创新，尤其是企业创新、技术创新。在这样的创新时代，研究熊彼特的创新理论，去其糟粕，取其精华，为我所用，是一件很有意义的事情。"（徐则荣，2006：87）

熊彼特创新理论体系及其发展的西方创新经济学具有二重性：它一方面反映了工业文明及其最高阶段信息文明发展和市场经济运行的某些创新规律，另一方面反映了发达资本主义的制度属性、垄断资产阶级的意识形态和根本利益要求及其资本主义市场经济运行的一些创新规律。因此，从总体上说，西方创新理论不能成为当今世界和当代中国的生态文明创新和经济创新的理论基础和指导思想，尤其是不能作为中国特色社会主义生态文明的创新和经济创新的理论基础和科学依据。我们必须以马克思主义生态文明观和当代马克思经济发展理论——中国特色社会主义经济发展理论为指导，并从当今世界和当下中国实际出发，正确借鉴、合理吸收西方创新理论中有用的合理内核，摒弃其中不科学的有害成分，努力创建生态文明创新理论和中国特色社会主义经济创新理论，以指导 21 世纪人类文明形态创新转型和探索中国特色社会主义经济创新驱动发展道路，迎接当今世界和当今中国社会主义生态文明创新发展新时代的来临。

参考文献

［1］ C. Freeman，L. Soete. (1997). *The Economics of Industrial Innovation*，London and Washington.

［2］甘德安：《知识经济创新论》，华中理工大学出版社 1998 年版。

［3］纪玉山等：《现代技术创新经济学》，长春出版社 2001 年版。

［4］熊彼特：《经济发展理论》，商务印书馆 1990 年版。

［5］熊彼特：《资本主义、社会主义和民主主义》，商务印书馆 2006 年版。

［6］徐则荣：《创新理论大师熊彼特经济思想研究》，首都经济贸易大学出版社 2006 年版。

［7］约瑟夫·熊彼特：《经济发展理论》，商务印书馆 1990 年版。

［8］赵玉林：《创新经济学》，中国经济出版社 2006 年版。

论社会主义生态文明三个
基本概念及其相互关系[*]

党的十八大在十七大首次使用建设生态文明和生态文明理念的基础上，又使用了生态文明建设的新概念，并使三者成为坚持和发展中国特色社会主义文明的三个关键词。据我们对国内外有关生态文明学术资料的考证，生态文明、建设生态文明、生态文明建设，是中国学者于 20 世纪 80 年代中后期在当今世界率先提出的新概念、新思想，并于 1986～1990 年纳入社会主义生态文明的理论框架，构成社会主义生态文明理论体系的三个基本概念。因此，世界生态文明思想发展史表明，从社会主义生态文明的理论自觉与理论自信来说，生态文明、建设生态文明、生态文明建设，是从中国语境中产生出来的话语词汇和科学思想理论，并非从西方传入中国的"外来词"；生态文明的新理念、新思想、新理论，不是源自西方发达资本主义国家，而是由中国学者自主创立的，是中国马克思主义学人的伟大创造。然而，近几年来，在我国学术界甚至理论界对生态文明观念的"非马克思主义"阐释颇为盛行，对于建设生态文明与生态文明建设的"非社会主义"解释日渐流行，这是无稽之谈。与此同时，在目前生态文明研究中还有一个突出现象，就是在"浩如烟海"的生态文明理论及有关论著中，大都用生态文明定义替代生态文明建设和建设生态文明的概念，使这三个基本概念混为一谈，形成生态文明理念的"三等式"：生态文明 = 建设生态文明 = 生态文明建设。在关于生态文明理论的基本诠释中，三者概念及其相互关系是其中一个基础性的理论问题，涉及中国特色社会主义文明发展，尤其是经济发展的现实与未来的重大问题，迫切需要作深入的理论探讨。鉴于刘思华先生自 20 世纪 80 年代中期至 21 世纪头 10 年间的论著，对社会主义生态文明的三个基本概念都作过阐释，在其原来的基础上进一步探究这三个基本概念，对于深刻理解与正确认识生态文明的社会主义本质属性与科学内涵、科学把握社会主义生态文明的本质要求和实践指

  * 本文系作者主持的国家社科基金项目"基于生态文明的中国经济创新驱动道路研究"（10BJL005）的阶段性成果。课题组学术指导刘思华先生给本文提出了一些未公开发表的创新观点，在此深表谢意。

向，从而克服、消除关于建设生态文明和生态文明建设的"非社会主义"之说是十分必要的。

一、生态文明理念的马克思主义诠释

生态文明理念的科学定位，其实质就是确定它的历史地位。生态文明既是人类文明发展新阶段的时代标记，又是社会主义文明发展的一个新标识。因此，科学准确界定生态文明的定义，与界定可持续发展的概念一样，是"没有人能明确其本质属性与科学内涵的定义"的，即使有人能作出准确界定，恐怕也很难得到学界和政界的认同。从 20 世纪 80 年代中期至今，人们对生态文明概念与内涵的诠释，仍然众说纷纭，没有一个大多数学者、专家公认和广泛使用的定义。应当说，这个问题是生态文明研究的逻辑起点与核心问题，是无法绕过的元问题。在研究这个问题的过程中我们先从众多生态文明定义中选出两类引用较多的、具有代表性的定义来辨析，吸取其有益成分。

（一）生态文明定义中"成果总和论"的合理性和局限性

在各种生态文明定义中，"成果总和论"是党的十八大以前一些学者认同的生态文明概念。它有两个表述：一是"二合论"，如从 20 世纪 90 年代中期开始，就有学者认为，所谓生态文明，是指人类在改造客观世界的同时又主动保护客观世界，积极改善和优化人与自然的关系，建设良好的生态环境所取得的物质与精神成果的总和。二是"三合论"，如在党的十七大以后，就有一些学者将生态文明概念表述为，所谓生态文明，是指人们在改造客观物质世界的同时，不断克服在这一过程中的负面效应，积极改善和优化人与自然、人与人的关系，建设有序的生态运行机制和良好的生态环境所取得的物质、精神和制度方面成果的总和。

无论是"二合论"还是"三合论"的生态文明定义，都是按照《中国大百科全书·哲学》所界定的文明概念为蓝本，进行扩展和延伸而成为生态文明的概念。1987 年出版的《中国大百科全书·哲学》把文明界定为："人类改造世界的物质和精神成果的总和。"[①] 在 2009 年的再版中把文明概念界定为："人类在认识和改造世界的活动中所创造的物质的、制度的和精神的成果的总和。"我国一些学者就是根据其第一版的"二分法"和第二版的"三分法"来表述生态文明定义的。这种定义的合理性主要表现在两个方面：一是它们是用一种进步历史观

---

① 《中国大百科全书·哲学》，中国大百科全书出版社 1987 年版，第 924 页。

来认识文明的演进和生态文明的客观性，表达了文明和生态文明的进步性，反映了它们是人类开化状态和社会进步的标志。二是"成果总和论"的生态文明概念是以人与自然和谐共生这个生态文明的基石来揭示生态文明的本质内涵，从而表征着人类处理与自然之间的相互关系的进步状态和所达到的文明程度。这种从人与自然发展关系的层面来揭示人类社会发展和文明进步的本质特征，其学术思想与路径应当说是合理的。但是，《中国大百科全书·哲学》所说的文明概念却有明显的局限性，故有的学者把它称为传统的文明定义。这是因为该定义是"基于工业文明时代人类社会对人与自然关系的认识"，基本上是工业文明的理论概念与学理表现。其理论在本质上存在三大缺陷。传统文明的定义"基于人与自然二分的机械论自然观"，将人与自然的关系界定为"改造与被改造的关系"；把生态环境视为文明进步的外在要素，并把人类在实践中创造的生态成果排斥在全部积极成果之外。总之，传统文明定义没有走出工业文明理论的窠臼。自20世纪90年代中期以来，我国一些学者基于文明的传统定义对生态文明概念的界定和内涵阐释，无疑打上了传统文明定义的印记，不同程度地带有工业文明理论的痕迹，难以准体现生态文明的生态时代和社会主义时期内在一致性的时代特征，不能全面反映生态文明是自然、人与社会有机整体的综合整体性概念，因而无法揭示生态文明的社会主义本质属性。

（二）生态文明定义中"文化伦理形态"的合法性（正当性）与片面性

从2006年下半年开始，对生态文明基本概念的探讨，由学术界扩展到政界。突出表现在国家环保部副部长潘岳所发表的研究生态文明的文章，对实际工作部门颇有影响。他指出："生态文明是指人类遵循人、自然、社会和谐发展这一客观规律而取得的物质与精神成果的总和，是以人与自然、人与人、人与社会和谐共生、良性循环、全面发展、持续繁荣为基本宗旨的文化伦理形态。"[①] 我们姑且将其称为"文化伦理形态论"。在河北省环保局局长姬振海主编的《生态文明论》一书中，直接沿用了潘岳的这一定义[②]，既没有注释又没有写参考文献，这就导致知名学者诸大建教授在其主编的《生态文明与绿色发展》一书中，把这个生态文明的概念说成是姬振海界定的，而且在注释中把页码写错了，即把姬著的第2页写成第8页，并主观断定这个概念是"通常意义上国内大多数人理解和广泛使用的生态文明概念"。这是否符合我国学术理论界的实际，还需要调查研究。但是该书把这个定义定性为一个生态文明的哲学辨析意义上的概念应该说是很有

---

① 潘岳：《社会主义生态文明》，载《学习时报》2006年9月25日。
② 姬振海主编：《生态文明论》，人民出版社2007年版，第2页。

道理的。

诸大建教授之所以把这个概念说成大多数人理解和广泛使用的，可能是因为这个概念已被写进党的十七大报告辅导读本之中。2007 年 10 月由人民出版社出版的《十七大报告辅导读本》中写道："生态文明是以人与自然、人与人、人与社会和谐共生、良性循环、全面、持续繁荣为基本宗旨，以建立可持续的经济发展模式，健康合理的消费模式及和睦和谐的人际关系为主要内容。倡导人类在遵循人、自然、社会和谐发展这一客观规律的基础上追求物质和精神财富的创造和积累"。它既是理想的境界，也是实现的目标。这就不仅是一个生态文明的哲学辨析意义上的概念。它注入了经济内容，可惜没有抓住要害，即生态文明首先是一种新的经济形态，其次从实践层面上看，才是一种新经济发展道路及经济发展模式。《十七大报告辅导读本》的这个概念，被 2007 年度国家社科基金重大项目"我国生态文明发展战略研究"的阶段性成果全文抄录，不是全文引用。只是在"主要内涵"和"倡导人类在遵循"之间加上了"以建设资源节约型、环境友好型及天人和谐、人际和谐型社会为目标"。这些情况表明，党的十七大以来，像对于生态文明的本质内涵这种研究生态文明理论与实践以及基本理论前提问题的论述存在着人云亦云、互相抄录的现象，使研究工作缺乏创新，并滞后于生态与生态经济实践的发展。对于生态文明定义的"文化伦理形态"论，首先要指出的是，这个概念的具体表述仍然打上了传统文明概念"二分法"的印记，在人类实践活动创造的"全部成果"中生态成果缺位，表现了该定义的一个片面性。然而，从总体上看，这个定义比"成果总和"论在学理层面上有所创新：一是该定义把"人类遵循人、自然、社会和谐发展这一客观规律"[①] 作为生态文明的立论基础和前提，这就把生态文明概念纳入了马克思主义的理论框架，为它奠定了社会主义的理论基础。二是这个界定明确了生态文明的基本内涵及主要内容是人与自然、人与人、人与社会和谐共生，这在实质上肯定"三个和谐发展"是生态文明的基本价值，从而注入生态文明的社会主义本质属性的主要特质。在马克思恩格斯那里，只有社会主义、共产主义才能合理地调节人与自然之间的物质变换关系，真正实现"人类与自然的和解以及人类本身的和解"的价值目标。正是在这个意义上说，这个定义揭示了生态文明本质内涵的主要特质。

现在的问题是，这个定义的最终结论并非准确地反映生态文明的全貌，即把生态文明形态界定为"文化伦理形态"。它具有片面性，极大损害了生态文明的本质属性与科学内涵。不管界定者的主观愿望如何，但在客观上明白无误地告诉人们，在这里，"文化伦理"的"文化"，就是我们党的十七大、十八大报告中所说的"社会主义文化建设"中的文化概念，正是毛泽东所说的"一定的文化

---

① 这个文字表述不够准确，应当表述为自然、人、社会有机整体和谐协调发展规律。

（当作观念形态的文化）是一定社会的政治和经济的反映"①。因此，这里的文化概念其本质"是指精神、意识、观念"，"文化只是文明在精神、观念、意识领域中的一种表现"②。从学理层面上说，众所周知，"文明和文明进步，都是整体性、综合性的概念"③。这就是说，任何文明形态都是经济的、政治的、精神的以及社会各领域的综合有机体，生态文明更是如此，它的本质是生产力、生产关系（经济基础）、上层建筑的有机统一体。即把文化和伦理作为复合词来使用，这就准确地表明"文化伦理"是文明在精神、意识形态的上层建筑中的一种重要表现，是构成社会形态的基本内容。因此，把生态文明形态界定为"文化伦理形态"，这实际上抽去了生态文明的形态生成、存在与演进物质层面的基本内涵，否认了它首先是物质生产力的体现，是一种经济形态的文明，导致它空心化而成为没有经济内涵的文明形态。生态马克思主义经济学哲学认为，生态文明应当是生态和谐、经济和谐、社会和谐相统一的社会经济形态。

（三）把生态文明概念、理论牢固建立在生态马克思主义经济学哲学理论基础之上

遵循生态马克思主义经济学哲学原理，对生态文明进行重新界定，首先必须坚持三个基本原则：（1）必须把生态文明定义建立在马克思主义的自然、人、社会有机整体和谐协调发展理论的坚实基础上。生态文明理念、理论应该是对马克思恩格斯唯物史观和自然观相统一理论的深刻证明与科学运用。（2）必须肯定生态文明是社会形态和经济形态内在统一的社会经济形态。生态文明理念、理论应该是对马克思恩格斯社会经济形态和社会文明形态相统一的深刻证明与科学运用。（3）必须把人与人的发展问题和自然与生态发展问题回归人类文明发展的理论视野，使人的解放与全面发展和自然的解放及高度发展成为生态文明发展的双重终极目的与最高价值取向。

其次，要科学分析和积极吸收以往生态文明定义中的有益成分，尤其是对生态文明概念的某些马克思主义诠释，创新生态文明概念。在生态文明定义的"文化伦理形态"论提出的同时，刘思华教授在2006年出版的著作《生态马克思主义经济学原理》中，深入探讨了现代经济社会发展和人类文明进步的基本规律，并在此基础上提出了社会主义和谐社会的科学内涵和社会主义生态文明的科学内涵"是一枚硬币的两面"。他指出："社会主义和谐社会包括人与自然之间的和谐、人与人之间的和谐、人与社会之间的和谐、人自身关系的和谐四个方面的基

---

① 《毛泽东著作专题摘编》（下卷），中央文献出版社2003年版，第1551页。
② 戴圣鹏：《试论马克思恩格斯的文明概念》，载《哲学研究》2012年第4期。
③ 田心铭：《从〈家庭、私有制和国家的起源〉看马克思恩格斯文明思想》，载《马克思主义研究》2013年第7期。

本内涵。笔者把它概括为现代社会主义文明发展的四大和谐论。"在此基础上，他进一步指出："人与自然、人与人、人与社会、人自身的整体和谐，就可以称之为广义的生态和谐；相应地，生态时代的本质特征就是对广义生态和谐（四大和谐）的不断追求和递进实现，成为人们自觉的价值取向……人们实现四大和谐发展的成果，以及此条件下所建立的伦理、规范、原则和方式及途径等成果的总和谐，可以称之为广义的生态文明，也可以称之为绿色文明。"对此，我们把它称为生态文明定义的"四大和谐"论。

根据上述原则和要求，2012 年冬，我们在撰写国家社科基金研究报告时，对生态文明概念作出这样的界定：联合劳动者遵循自然、人、社会有机整体和谐协调发展的客观规律，以人与人的发展与自然与生态发展的双重终极目的为最高价值取向，在全面推进人与自然、人与人、人与社会、人与自身和谐共生共荣为根本宗旨的生态经济社会实践中，所取得的"四大和谐"的伦理、规范、原则、方式及途径等全部成果的总和，是以重塑和实现自然生态和社会经济之间整体优化、良性循环、健康运行、全面和谐与协调发展为基本内容的社会经济形态。

我们对生态文明概念的新界定强调以下几点。

第一，这个新界定揭示了生态文明的社会主义本质属性。一是科学社会主义、共产主义学说告诉我们：只有消灭了异化劳动和私有制，在社会主义、共产主义条件下，"社会化的人""联合起来的生产者"才能够自觉地认识和运用社会经济规律与自然生态规律，在社会主义劳动者的实践活动中，才能主动合理地积极地调节他们与自然之间的物质变换关系，实现自然生态和社会经济之间的全面和谐协调发展。这是社会主义本质的基本内涵。二是在该定义中确立了人与自然、人与人、人与社会、人与自身四者之间的整体和谐价值观，这也正是社会主义本质的塞本价值，构成生态文明的核心价值观。三是该定义通过把"自然生态和社会经济有机整体全面和谐协调发展"纳入生态文明的定义之中，使生态经济社会全面和谐协调发展构成它的本质内涵，从而鲜明地反映了生态文明的社会主义本质属性。对于中国特色社会主义更是如此。正如党的十七大报告所指出的，"社会和谐是中国特色社会主义的本质属性"，生态经济和谐也是中国特色社会主义的本质属性。正是在这个意义上说，社会主义生态文明是生态和谐、经济和谐、社会和谐内在统一的崭新文明形态。

第二，这个新界定坚持贯彻马克思主义的自然、人、社会有机整体理论，把社会主义看成自然、人、社会的有机整体，肯定了自然、人、社会有机整体和谐协调发展是社会主义文明发展的基本规律，强调社会主义劳动者的生态经济社会实践活动必须也应当遵循自然生态规律、社会经济规律、人自身的规律及三者相统一的自然、人、社会有机整体和谐协调发展规律，只有这样，才能既准确地反映生态文明是整体性、综合性的科学概念，又鲜明地体现生态文明的社会主义本质内涵。

第三，这个新界定高扬了马克思主义对资本主义工业文明的科学批判精神，从根本上变革了工业文明的理论与实践旨归，确立了社会主义生态文明的理论与实践旨归。在资本主义工业文明时代，包括人自身在内的社会的一切都被商品化了，将人与自然都作为实现资本无限积累而进行征服、剥夺、索取的对象与工具。生态文明之所以是人类文明发展的崭新境界，就在于它把这个颠倒的关系再颠倒过来，即人和自然都是社会实践活动的终极目的。由此决定了社会主义文明发展既要保证满足人的可持续生存与全面发展的需要，又要保证满足非人类生命物种可持续生存与生态系统健康发展的需要。这是社会主义生态文明的根本价值立场与最高价值追求。因此，人的解放与全面发展和自然解放与高度发展始终是社会主义、共产主义文明发展的最终价值追求与最高价值取向，这就必然成为生态文明的理论与实践选择的最高价值取向与双重终极目的。因此，我们强调建设生态文明，绝不能仅仅将其理解为抽象的人与自然的内在统一与和谐发展，而应当是以人的解放与全面发展和自然解放与高度发展有机统一为基本范畴的自然、人、社会有机整体的和谐协调发展，这是社会主义、共产主义文明发展的客观规律。据此而言，这个新界定就凸显了生态文明是社会主义的一个本质属性和理论内涵，它不仅具有同农业文明、工业文明相比较的人类文明发展新阶段的时代标记，而且具有同资本主义文明相区别的社会主义文明发展新时代的时代标识。

二、生态文明两种表现形态与相互关系

（一）生态文明是广义生态文明和狭义生态文明的内在统一

目前我国学术界关于生态文明的说法可谓仁者见仁、智者见智，但却有一个共同的学术路径，即众多研究者通常在两种意义上理解和阐释生态文明理念，形成广义和狭义生态文明之说。这是生态文明两种表现形态的第一层含义。所谓广义的生态文明，是人们通常所说的纵向的文明演进视角，或者说从历史角度来认识和理解生态文明。它是指继原始文明、农业文明、工业文明（包括后工业文明）之后的全新文明形态，标志着人类文明发展进入一个新阶段。所谓狭义的生态文明，是指人们常说的从横向的社会文明结构视角，又称同（共）时性视角来认识和理解生态文明。它是指与物质文明、政治文明、精神文明、和谐社会并列的一种文明形态。广义生态文明论的本质是人类文明发展的历史形态维度，反映人类文明形态的演进规律；狭义生态文明的理论本质是社会整体文明的结构形态

维度，反映社会文明构成要素的互动规律。两种规律相互作用的合力，推动生态文明的产生、成长并从低级形态（阶段）向高级形态（阶段）不断发展。

生态文明有广义和狭义之分，这是观念形态上的生态文明之说。这种区分只有相对意义，而全面认识和正确把握两者的内在统一比两者之间的区分更为重要。在学理层面上，生态文明是一种全新文明价值观和社会经济形态发展观，即铸造一种与以往人类文明形态不同的全新文明形态及社会经济发展形态。这是它的理论形态，可以表述为建设生态文明。在实践层面上，生态文明是一种全新文明模式及社会经济模式，即构建一种与以往人类文明模式及社会经济模式不同的全新的文明建设模式及社会经济发展模式。这是它的实践形态，可以表述为生态文明建设。可见，生态文明是理论形态和实践形态的有机统一，故我们不能把生态文明的广义和狭义之分完全割裂开来，甚至绝对化，将其说成不同性质的两种生态文明形态①。因此，我们很有必要进一步强调其内在统一性。

首先，生态马克思主义经济学哲学告诉我们，马克思恩格斯特别强调人与自然的和谐统一，就在于这种和谐是人、社会、自然有机统一的核心问题。因此……人类物质生产实践活动应当追求的一个基本目标与目的归宿，就是人与自然和谐统一的生态文明。"这种文明就是人与自然和谐相处与共同进化、生态与经济协调发展与共同繁荣的生态文明。"② 所以，无论是广义还是狭义的生态文明，都强调人与自然和谐协调发展，两者具有同一个本质和核心即人与自然的和谐共生共荣，都表征着人与自然相互关系的进步状态。当然，应当说广义的生态文明是在更高的起点上实现人与自然和谐协调发展的理想状态所达到的更高文明程度，标志着人类文明演进的一个更高阶段。而狭义的生态文明则是联合劳动者在现阶段生态经济社会实践中处理人与自然之间关系时所达到的现实文明程度，是社会整体文明的一个新的组成部分，更是中国特色社会主义文明体系中的一个有机组成部分，并与整个社会的其他文明形态一起构成社会整体文明。

其次，值得人们注意的是，在我国，有人借深化对生态文明的理解，否认广义生态文明的合理性和合法性，只是从人类社会文明的平面构成性即现实文明结构性上理解它，即狭义的生态文明，并断言它就是党的十七大、十八大报告中所说的生态文明。今天，我们在中国特色社会主义语境下，从社会主义物质文明、精神文明、政治文明和生态文明的统一整体角度来认识社会主义生态文明，正是把社会主义生态文明当作整体性概念来准确地把握。这就是说，只有从自然、人、社会有机整体和谐协调发展的高度认识和理解社会主义生态文明，才能符合

---

① 有人把广义的生态文明说成是一种"价值理性"，称之为"生态文明1"；把狭义生态文明说成一种"工具理性"，称之为"生态文明2"。这实质上把它们界定为两种性质不同的生态文明形态。

② 刘思华：《生态文明是21世纪可持续发展的鲜明特色》，载《生态经济》1999年第2期。

社会主义生态文明的本质内涵，才能体现科学社会主义的本质内涵，这正是运用马克思主义的自然、人、社会有机整体和谐协调发展理论的生动体现。

（二）生态文明是建设生态文明和生态文明建设的有机统一

这是生态文明两种表现形态的第二层含义。我们对生态文明的理论形态和实践形态在理论概括与逻辑表述上，就有"建设"作为生态文明的前缀和后缀之分的两个概念，即"建设生态文明"与"生态文明建设"。前者是生态文明在观念上的表现形态，后者是生态文明在现实中的表现形态，是理想与现实的有机统一。在此，我们要强调指出的是两者的同义语，建设社会主义生态文明和社会主义生态文明建设，都是中国学界和政界马克思主义学人的首创；直到今日，不要说国外政界，就连国外学术界也还没有使用这两个概念，确实属于中国人的独创。

1984 年，我国著名生态学家叶谦吉先生在苏联率先使用了生态文明这个词，并对它从生态学及哲学的视角下了定义。当时没有看到国内报道此事，也没有相关文献记载。《马克思主义与现实》在 2010 年第 1 期发表了澳大利亚著名环境伦理学家阿伦·盖尔的《走向生态文明》一文，谈到"对于生态文明的呼吁，最初是叶谦吉 1984 年在苏联，之后 1987 年在中国"，我们才得知此事。该文所说的 1987 年在中国，显然是指叶先生在 1987 年全国农业问题讨论会上，奋力疾呼开展"生态文明建设"，并接受《中国环境报》记者的专访，明确指出："国外有识之士认为，21 世纪将是生态学的世纪，这是科学的预见，但我认为，更确切地说，21 世纪应是生态文明建设的世纪。"与此同时，《莫斯科大学学报·科学社会主义》1984 年第 2 期刊登的《在成熟社会主义条件下培养个人生态文明的途径》一文，使用了生态文明这个词，但对它没有做出界定，更没有把它看作人类文明演进的新的历史形态，只是作为个人的生态意识修养的提升。

我国学界最早探索社会主义文明发展问题，是在 1986 年全国（上海）第二次生态经济学科学研讨会上，刘思华教授在发言中把生态文明纳入社会主义文明的框架，率先提出"社会主义物质文明、精神文明、生态文明的协调发展"的论点[1]。他在提交给此次会议的《生态经济协调发展论》的研究报告中，提出了社会主义物质文明建设、精神文明建设、生态文明建设的同步协调发展的新思想[2]。他在 1987 年定稿的《理论生态经济学若干问题》一书中，深刻阐述了在社会主义制度下人民群众的物质需要、精神需要、生态需要的实现过程，就是社会主义物质文明、精神文明、生态文明三大文明建设过程[3]。1988 年

[1] 王亚东主编：《强国丰碑》，中央文献出版社 2005 年版，第 419 页。
[2] 《刘思华可持续经济文集》，中国财政经济出版社 2007 年版，第 402 页。
[3] 刘思华：《理论生态经济学若干问题研究》，广西人民出版社 1989 年版，第 273～277 页。

他在《社会主义初级阶段生态经济的根本特征与基本矛盾》一文中，首次提出创建生态文明的新概念，并进一步论述了生态文明建设的重要性①。1991 年，他最早使用"创建社会主义生态文明"的新表述，即建设社会主义生态文明的新命题，并认为："只有把建设高度的物质文明、精神文明、生态文明和社会主义民主，都作为现代化建设的基本任务和奋斗目标，才符合社会主义现代化发展的客观规律。"② 接着，他在《生态时代论》中，从人类文明形态的变革、创新、转型的高度，把建设生态文明作为一个核心问题加以阐明，他指出："创建生态文明，重建人与自然和谐统一，实现生态与经济协调发展，这是现代经济社会发展的中心议题。""这方面社会主义比资本主义具有极大的优势，社会主义在创建工业文明的同时，还要根据当代全球性的生态环境严峻现实，将工业文明推向生态文明，为人类历史发展的第三次转变做出积极的巨大贡献。"③ 在其后的 10 余年间我国学界发表的论著中，对社会主义生态文明、建设社会主义生态文明或建设生态文明、社会主义生态文明建设这三个科学概念几乎无人使用。针对这个情况，刘思华在 2004 年的中国生态经济学第六届会员代表大会上发表了《再论社会主义四大文明建设全面协调发展》的长文，从社会主义现代化建设的实践创新与马克思主义文明理论的理论创新相结合的角度，进一步阐述了这三个科学概念；并运用社会主义基本矛盾学说，揭示了"建设社会主义物质文明、政治文明、精神文明、生态文明是社会主义基本矛盾运动与发展的必然要求"，是建设中国特色社会主义社会发展史上的重要里程碑，社会主义生态文明建设是 21 世纪中国现代化建设的宏伟壮举。现在，值得欣慰的是，党的十八大明确将"社会主义生态文明""建设社会主义生态文明"写进党的代表大会报告中，尤其是写入党章。这就开拓了中国特色社会主义理论的新境界，是对马克思主义生态文明观中国化的新发展。

建设生态文明即建设社会主义生态文明，在本质上是社会主义文明形态与文明形态结构的生态变革与转型和绿色创新与创建，是社会主义文明发展乃至全人类文明进步的伟大创造。

所谓建设生态文明，是指联合劳动者按照生态文明的本质属性、科学内涵与实践指向，坚持科学社会主义的正确方向和基本原则，以解决当代自然、人、社会之间全面异化的工业文明发展危机为时代使命，努力推进人与自然、人与人、人与社会、人与自身和谐共生共荣、自然生态和社会经济的全面协调发展，实现中国特色社会主义文明形态和文明结构形态的生态变革、绿色创新与全面转型发展，建成生态经济社会有机整体和谐协调发展的全新文明形态，使人类文明发展

① 刘思华：《社会主义初级阶段生态经济的根本特征与基本矛盾》，载《广西社会科学》1988 年第 4 期。

② 刘思华：《管理思维经营技巧大全》第 6 卷，科学出版社 1991 年版，第 477 页。

③ 《刘思华文集》，湖北人民出版社 2003 年版，第 319 页、第 323 页。

跨进真正意义上（即人类文明的本真形态）的生态文明新阶段，或者说真正走进社会主义生态文明新时代。"这是建设社会主义生态文明的主旨，是实践马克思主义人、社会、自然有机整体和谐协调发展理论的生动体现。"①

建设生态文明是区别社会主义文明和资本主义文明的一个重要标志，甚至可以说是一个最终标志。马克思恩格斯在对社会主义、共产主义文明的科学设想中，始终强调的是人与自然和人与人之间的和谐协调。所以，他们所设想的未来社会主义、共产主义文明社会，最根本的就是消除资本主义文明的人与自然和人与人之间的双重不和谐、不协调，实现人类面临的大变革，即人类同自然的和解以及人类本身的和解。在那里，人类社会才最终建立起："人与人之间和人与自然之间极明白而合理的关系。"② 这样的社会是"人与自然之间、人与人之间的矛盾真正解决"③ 的共产主义社会。用今天的话来说，这种共产主义社会就是真正意义上的生态文明社会。当今中外生态马克思主义坚持和发展了科学社会主义、共产主义学说中人与自然和人与人（社会）和谐协调的生态文明的光辉思想，他们认为：马克思恩格斯明确地预言，在社会主义、共产主义文明全面发展框架中，人及整个社会和自然界是协调和谐的，整个社会中人与人，人与社会也是协调和谐的……正是今天人类所追求的建设生态文明社会的基本原则。这就是说，只有社会主义、共产主义文明才是真正的人类文明历史的开端，而这一本真形态的文明就是生态文明。因此，建设社会主义生态文明既是当今社会主义文明发展的根本方向，又是人类文明未来发展的根本方向，从一定意义上说，建设社会主义生态文明在很大程度上决定生态文明乃至最终关系社会主义文明发展的未来，是向共产主义迈进的价值追求和必由之路。

生态文明建设是生态文明理念、理论在联合劳动者创造性的生态实践中的现实表现，是对以往人类文明发展模式与文明建设结构模式的生态变革与绿色创新转型的重塑过程；或者说是人民建设生态文明的绿色路径，实现对以往文明发展模式与文明建设模式扬弃与超越的构建过程。因此，生态文明建设理念也有狭义和广义两种意义。所谓狭义的生态文明建设，是指在尊重、顺应、保护自然的前提下，以谋求人与自然和谐发展为灵魂和主旨，大力推进"自然生态系统的文明"建设。这是与物质文明建设、政治文明（制度文明）建设、精神文明建设、和谐社会建设相并列的文明建设领域之一，是整个社会文明建设的一个领域（方面）。很明显，党的十八大报告提出的生态文明建设观念和确立的"五位一体"总布局中的生态文明建设，是一种狭义的生态文明建设理念。

所谓广义的生态文明建设是一种扬弃、超越工业文明发展模式及经济社会发

---

① 刘思华：《生态文明与绿色低碳经济发展总论》，中国财政经济出版社 2011 年版，第 10 页。
② 《马克思恩格斯全集》第 23 卷，人民出版社 1972 年版，第 96 页。
③ 马克思：《1844 年经济学哲学手稿》，人民出版社 1985 年版，第 77 页。

展模式的文明建设模式。在当代中国语境下的生态文明建设，是以人类文明发展的生态变革、文明形态创新与全面转型为时代背景，又是在以发展为第一要义的语境下的生态文明建设，必然具有多维价值取向与实践指向；在促进人与自然和谐共生共荣的同时，要达到人与人、人与社会、人与自身的和谐协调发展。这就促使人们对工业文明时代的经济、政治、文化、科技、社会实践活动的意义、价值、方式的重新思考与历史反思，进而变革、创新、重构文明发展模式。正是在这个意义上，中国社会主义现代化建设不仅仅是经济建设、政治建设、文化建设、社会建设的"四位一体"，而且应当加上生态建设的"五位一体"的文明建设体系①。因此，广义的生态文明建设是指我国社会主义现代化的各个方面、各个领域诸层面的文明结构乃至全过程的整个社会文明建设的重塑过程，充分显示生态文明整体性的本质特征。正如党的十八大报告所指出的"把生态文明建设放在突出地位，努力建设美丽中国"。在这里，生态文明建设被赋予广义的生态文明建设的含义，其本质是建设生态文明。

　　党的十七大和十八大虽然使用了生态文明、建设生态文明和生态文明建设三个基本概念，但都没有对其进行界定，尤其是十八大报告对生态文明建设的国家战略作了论述，也没有给它下定义，而是大都用生态文明定义代替生态文明建设定义。近来，有学者发文指出："根据有关文献资料，在国内外首次对生态文明建设进行马克思主义界定的应该是刘思华教授，他在1994年出版的《当代中国的绿色道路》一书中指出，生态文明建设是根据我国社会主义条件下劳动者同自然环境进行物质交换的生态关系和人与人之间的经济关系的矛盾运动，在开发利用自然的同时，保护自然，提高生态环境质量，使人与自然保持和谐统一的关系，有效解决经济社会活动的需求与自然生态环境系统供给之间的矛盾，以保证满足人民的生态需要。"② 其后，刘思华教授在1997年出版的《可持续发展经济学》、2001年出版的《绿色经济论》和2004年发表的《再论社会主义四大文明建设全面协调发展》中，重申并强调了这个定义，并把"以保证满足人民的生态需要"修改为"以既保证满足当代人福利增长的生态需要，又能够提供保障后代人发展能力的必要的资源与环境基础"；他在2004年发表的论文中表述为"社会主义生态文明建设"。这是一个在生态马克思主义的经济学哲学意义上的定义。这个定义为我们指明了生态文明建设的实践指向，是谋求生态建设、经济建设、政治建设、文化建设与社会建设之间相互联系、相互促进、相得益彰、不可分割的统一整体文明建设，用生态理性绿化整个社会文明建设结构，实现物质文明建设、政治文明建设、精神文明建设、和谐社会建设的生态化发展。这是中国特色

① 张荣华：《中国特色社会主义生态文明建设论析》，载《理论学刊》2008年第8期。
② 高红贵：《关于生态文明建设的几点思考》，载《中国地质大学学报》（社会科学版）2013年第5期。

社会主义生态文明建设的真谛。

三、深化对生态文明三个基本概念的社会主义本质认识

社会主义生态文明既是人类文明发展所追求的最高形态的理想境界，又是人类文明的生态变革、绿色创新与全面生态化转型发展的具体实践，是理想与现实有机统一的历史生成过程。这种统一性在中国语境下，主要表现为建设生态文明和生态文明建设的有机统一。从上面的分析中，我们可以看出：建设生态文明的要旨与着力点是创建一种与以往人类文明形态不同的全新的文明形态，即社会形态和经济形态内在统一的社会经济形态。这是人类文明形态和社会文明形态结构的创新。其理论场域的侧重点应当是人类文明发展历史形态维度的理论概括与学理表现，主要体现生态文明的理论形态，展现人类文明发展的理想蓝图、本质要求与正确方向。生态文明建设的要旨与着力点是在医治工业文明模式生态缺位的黑色弊端的基础上，构建一种与以往人类文明模式不同的全新文明模式，即创建一种生态内生经济发展模式。这是人类文明建设和建设结构模式的创新。其理论场域的侧重点应当是现实社会文明建设结构模式重构的理论概括与学理表现，主要反映生态文明的实践创新，展现对以往人类文明模式及经济社会发展模式的根本变革、全面创新与绿色重塑的生态创造性实践。因此，建设生态文明引领并贯穿于生态文明建设之中，通过后者不断实现，这是一个逐步提高、不断推进的历史发展过程。当然，建设社会主义生态文明要完全符合自然生态规律、社会经济规律、人自身的规律以及三者有机整体和谐协调发展规律的客观要求，只有到了马克思所设想的共产主义社会才能实现。用生态马克思主义经济学哲学观点来看，21 世纪人类文明发展已经进入生态文明和绿色发展时代，使高级阶段和高级形态的生态文明的崇高理想具有历史感和现实感，不是浪漫主义的激情主观想象，更不是人为制造出来的现代绿色神话，而是以现代人类对以往人类文明模式及经济社会发展模式的生态变革、全面创新与绿色重构的生态创造性实践为基础的理想与现实的统一、方向与过程的统一，是一个由低级形态向高级形态不断演进的历史发展过程。据此而言，社会主义生态文明不仅是人类文明发展的理想蓝图，即马克思恩格斯对共产主义文明形态科学预见的当代形态，而且是立足于现实社会主义文明发展的科学思考，是理想性和现实性高度统一的科学理论。这是用生态马克思主义经济学哲学理论观察人类文明演进和文明发展得出的必然结论。

综上所述，在社会主义生态文明的理论框架中，生态文明、建设生态文明、生态文明建设同社会主义生态文明、建设社会主义生态文明、社会主义生态文明

建设是同义词，它们都是当代马克思主义生态文明观的根本论点，并构成中国特色社会主义理论体系的基本观点。然而，令人遗憾的是，运用马克思主义的立场、观点、方法，尤其是运用生态马克思主义经济学哲学理论，研究生态文明的理论与实践，真正认识生态文明三个基本概念的社会主义本质属性的学者并不多，导致生态文明问题研究的西化、异化的现象较为严重。例如有些学者把西方经济学的环境污染治理思想，实际上是西方工业文明先污染后治理的理论表现，说成为生态文明理论。迄今为止，当今世界还没有一个发达资本主义国家的执政党把建设生态文明作为自己治国理政的新理念，更没有确立生态文明建设的国家战略，甚至有许多西方国家的执政党在议会中拒绝讨论与生态文明建设有关的议题。我国出现的生态文明的"非社会主义"说教的根本错误就在于把西方发达资本主义国家对内实行生态资本主义，对外实行生态帝国主义，说成西方发达资本主义国家的建设生态文明和生态文明建设，离马克思主义甚远啊！

参考文献

［1］王奇等：《生态文明内涵解析及其对我国生态文明建设的启示》，载《鄱阳湖学刊》2012 年第 1 期。

［2］刘思华：《生态马克思主义经济学原理》，人民出版社 2006 年版。

［3］徐贵权：《当代中国生态文明建设的价值性审视》，载《马克思主义与现实》2008 年第 4 期。

［4］曹孟勤：《生态文明是文明的真实形态》，载《中国地质大学学报》（社会科学版）2013 年第 3 期。

［5］刘思华：《刘思华可持续经济文集》，中国财政经济出版社 2007 年版。

（原载《马克思主义研究》2014 年第 7 期）

◆中 篇◆

绿色经济发展与经济绿色化论

论绿色企业的制度创新

一、绿色企业是 21 世纪现代企业发展的主导潮流

绿色企业，在生态经济学意义上，又叫生态企业；从可持续发展经济学的角度来说，则叫可持续企业。它是指按照生态学和生态经济学原理，建立生态型生产经营管理体制，实行清洁生产，发展无毒无害生产工艺和综合利用技术，组织生态化的物质生产过程或服务过程，使整个企业技术工艺过程和经营管理过程生态化，变现代企业物质生产过程或服务过程为自然生态过程或纳入自然生态过程，形成生态生产和生态生活的企业化生态格局，使投入生产过程的各种自然资源和原料能源得到最优利用，极大提高资源能源利用率，减少乃至消除废弃物，成为一个投入少、消耗低，质量高、无污染而又生产出符合生产环境标准的产品的生态经济有机整体，实现企业生态经济良性循环与可持续发展。可见，绿色企业是合理地、充分地利用资源，企业产品或服务在生产和消费过程中对生态环境和人体健康的负效应最小化乃至无害化及其废弃物多层次综合再生利用的企业生产方式。它是一种可持续企业发展模式，是实现现代企业可持续发展的理想形态。因此，绿色企业体现了企业生产技术体系和企业经济现代化的实质与方向，创建生态与经济一体化的绿色企业发展模式，不仅是转变我国经济增长方式的微观基础；而且是转变我国经济体制的微观基础；它必将成为现代市场经济的微观主体和可持续发展经济的微观主体的有机统一体。绿色企业反映了现代企业发展的正确方向和必然趋势。

在 21 世纪，对现代企业生态环境保护与建设以及可持续发展的观念已成为测度一个企业、一个经营者、一个地区、一个国家现代化程度的准绳。21 世纪的现代经济，应当是以生态经济为基础、知识经济为主导的可持续发展经济，可以把它形象概括为绿色经济。加入 WTO 中国绿色经济发展将进入一个新阶段，绿色观念泛化就意味着可持续发展经济的思想，不仅改变了现代经济社会的发展道路，改变了现代企业的发展道路，而且已经升华为一种新的人类经济活动和企

业生存的价值取向，一种新的企业经营准则。从 21 世纪现代企业发展的方向与道路的高度，现代企业应该成为绿色企业的必要性和迫切性，概括起来最主要有四条：第一，现代企业是一种谋取生态、经济、社会三大利益的组织；第二，现代企业是优化物质、人力、生态三类资本的配置主体；第三，现代企业从可持续发展经济学的角度来说，则叫可持续企业，是创造物质、精神、生态三种财富的实践主体；第四，现代企业是实现生态环境保护、建设、管理的实施主体。因此，把现代企业建设成为绿色企业，是传统的企业非持续经济发展模式向现代的企业可持续经济发展模式转变的唯一选择，是现代经济可持续发展在微观经济领域里的最佳实现形式，必将成为 21 世纪现代企业发展的主导潮流。

二、绿色企业制度创新内生化的必由之路

从我国的基本国情出发，根据资本主义市场经济发展的经验教训和国内外计划经济体制的历史教训，我国创建社会主义市场经济体制及其相适应的现代企业制度，既要有效地解决计划经济体制下，生态环境资源配置的"政府失灵"；又要成功地解决市场经济条件下生态环境资源配置的"市场失灵"，从而最大限度地提高市场配置和政府配置生态环境资源的有效程度，建立起高效的生态环境资源配置的现代市场经济体制及其相适应的现代企业制度。这在客观上要求我们创建具有中国特色的可持续发展经济新体制。在宏观上，它必须是生态与经济一体化的市场经济体制；在微观上，它必须是符合生态与经济一体化的现代企业制度，为可持续发展经济体制奠定微观基础。两者的有机统一，就是构建具有中国特色的生态市场经济体制。只有发展生态市场经济，才能使绿色企业制度创新内生化，这是 21 世纪我国现代企业生存与发展的必然选择，是中国绿色企业制度创新内生化的必由之路。这就为加强生态环境保护与建设、实现企业经济建设与生态环境协调发展提供了十分有利的机遇，主要表现在：

第一，发展生态市场经济，有利于提高资源配置与利用效率。众所周知，现代市场经济是一种有效率的经济体制，它具有有效配置资源的功能与有效利用资源的作用。从宏观方面看，它可以使各种资源在全社会范围内自由流动，寻求效益最高的用途或用项，将有限资源分配与投入到最能适应社会急需的产品生产上，实现社会资源总量的最佳配置及达到最合理的使用方向，发挥其更大的作用，减少和避免资源浪费，获得较好的资源配置效率。从微观方面看，它迫使企业面向市场，根据市场的需要和各自的条件进行组合，寻求生产要素的最优组合，实现生产过程中对资源开发利用与生产要素之间的配置优化，并尽量减少资源利用成本，降低生产消耗，提高资源转化率，达到资源合理的、充分的、节约

的利用，减少和避免资源浪费，获得较高资源利用效率。这样，那种高消耗、高污染、低效益的企业在市场竞争中就难以生存与发展下去，就为激发企业节约资源和防治污染的内在动力提供了可能和条件。

第二，发展生态市场经济，有利于企业技术进步，增强企业技术创新能力。在市场经济条件下，企业受到竞争的压力，按照少投入、低消耗、多产出、高效益的原则组织生产经营，这就迫使企业开展科技创新活动，大力采用先进技术，开发和应用节能省耗、污染少、效益高的生产设备和工艺，开发和应用有利于资源合理开发、综合利用的新技术，提高经济发展的质量，降低成本，以使企业在市场竞争中站稳脚跟。尤其是大力开发绿色产品与绿色技术，占领新的市场。

第三，发展生态市场经济，有利于深入贯彻环保法规，促进企业生态环境保护建设与经济协调发展。社会主义市场经济不仅要求企业的微观活动必须按照相关的法律、规则来规范自身的生产经营行为和生态环境行为，而且要求政府以有效的法制对市场进行规范，既要规范其经济社会行为，又要规范生态环境行为，促使企业自觉执行国家生态环境法规，加强企业生态环境管理，使可持续发展战略和保护与改善生态环境的基本国策认真得到贯彻落实。

第四，发展生态市场经济，有利于企业参与国际市场竞争，与国际市场接轨。随着经济全球化的不断深入，国家的经济安全和生态安全（包括资源安全与环境安全），已成为国家安全的重要内容。在经济全球化的大背景下，国际市场对生态环境要求愈来愈高，生态环境保护不但功在社会，而且与企业命运直接相连。企业发展要面向世界，参与国际竞争，就必须密切关注国际消费市场上的绿色浪潮，大力发展绿色经济，全面开发绿色产品，从各方面加强生态环境保护与建设，维持国家的经济安全和生态安全，企业才能在国际市场上具有较强的生命力和竞争力，立于不败之地。

第五，生态与经济一体化的现代市场经济体制的形成，市场化与生态化内在统一的现代企业制度的建立，有利于企业和政府在微观和宏观上为企业生态环境保护与建设提供保证与条件。在现代市场经济体制中，政企分开，企业成为自主经营、自负盈亏的法人实体和市场经营主体，并成为生态环境保护与建设的实施主体，从而确立可持续发展经济的主体地位。我国企业就一定比在计划经济体制下更有条件治理污染，搞好环境保护，加强生态建设，实现企业生态经济协调发展。在现代市场经济条件下，政府不直接干预企业的生产经营活动，采取间接的宏观调控手段，强化对企业生态环境保护工作的监督职能，引导企业走可持续发展道路。因此随着各级政府转变职能，把主要职能集中在搞好基础设施建设、控制人口增长、保护自然资源和生态环境上，用政策指导协调经济发展与资源、环境、生态之间的发展关系，这就为企业实现生态经济协调持续发展创造了宏观条件。

当然，无论是传统市场经济还是现代市场经济，就其基本属性而言，就是市场机制在经济运行中占据统治地位，是资源配置的基本方式和经济调节的主要手段。这种市场方式配置资源的经济，主要是通过价值决定、供求导向、竞争调节相互关联的机制来实现资源优化配置。很明显，市场、市场供求、市场价格、市场竞争等这些市场经济体制和运行机制的最基本要素，均与环境保护与生态建设"无缘"，甚至有些是相矛盾的。这就是人们常说的市场机制在生态环境资源配置中的"失灵"。之所以如此，一个最基本的原因，就是市场经济的主体企业，是自主经营、自负盈亏和自我发展的法人，为谁生产、生产什么、如何生产、何时生产，均由企业根据市场供求状况和价格涨落自主决定，自主经营，实现收益最大化。因而，在传统市场经济条件下，企业具有追求内部经济性的内在动力，却一般不具备追求外部经济性的内在动力，在这里，企业只是追求和实现企业内部经济性，使企业成本外在化（生态成本外在化），将其费用转嫁给社会来承担和补偿，构成了社会成本。而企业的具体经济活动很少关心或不关心社会成本。若企业不从经济人转向社会生态经济人的轨道上来，而政府又缺乏抑制企业的外部不经济性的约束机制，在微观配置生态环境资源中的"市场失灵"和"政府失灵"就不可避免。

第一，企业追求内部经济性，达到收益最大化，尽力减少资源开发利用成本，采取外部不经济的经营方式，将生态成本外推，环境污染代价外移，向社会转嫁成本或攫取社会利益的偏好，以达到企业自身利益最大化，其结果则是损害生态环境，这比在计划经济体制下更为严重。

第二，环境保护与生态建设的生产物是生态产品，它不同程度地具有整体有用性、全民共享性，使它往往不直接产生经济效益，因而它不是以盈利为目标，而是以生态效益即社会利益为重，这就使得企业生产经营中，只好将有限资源投入经济产品的生产，减少生态产品生产的投入，甚至把环境保护和生态建设暂时放在一边。还要看到，即使环境保护和生态建设有经济效益，但有不少也是低于企业主产品的利润率。在这种情况下，从比较利益的角度看，企业也有可能减少对环境保护和生态建设的投资。

第三，由于市场配置具有局部性、短期性、比较注重眼前利益，尤其是短期的货币利益；忽视长远利益，而生态环境的变化及对经济发展的影响，则一般要经过较长时期才会有所反映，所以，在这方面存在着生态利益的滞后性、不可预见性与企业行为短期化之间的矛盾。当今环境质量下降，生态条件退化，很大部分就是由这个矛盾最终造成的。

因此，只有发展生态市场经济，才能克服我国从传统计划经济体制向现代市场经济体制转变过程中的上述几个缺陷，消除企业生态成本外推的外部不经济现象，以达到企业内部经济性和外部经济性的紧密结合和协调统一，实现经济有效性和生态安全性的有机统一与协调发展。而创建生态成本与社会代价内在化的绿色企业制度创新体系则是发展生态市场经济，形成可持续发展经济新体制的根本条件和基本保障，也是创建生态与经济一体化的现代市场经济体制和与之相适应的市场化与生态化内在统一的现代企业制度的内在要求。

三、努力创建市场化与生态化内在统一的现代企业制度

根据生态环境与企业制度创新相互适应与相互协调的发展关系，我们把现代生态环境制度纳入现代企业制度之中，建立把生态与经济一体化的现代企业制度。其目标模式，就是市场化与生态化内在统一的现代企业制度。它在本质上是我国可持续发展经济体制的微观基础。只有建立符合生态与经济一体化的现代企业制度，才能既适应现代市场经济发展的客观要求，又适应知识经济与可持续经济发展的客观需要。

从理论上看，长期以来，西方经济学认为，微观经济主体都是经济人（或新经济人），对企业经济活动行为的分析是建立在经济人理论假定之上的。这样，通过经济人的假定，使企业成为法人实体和市场主体。现在可持续发展经济学认为，微观经济主体都是社会生态经济人，对企业经济活动与发展行为的分析是建立在社会生态经济理论的假定之上的。这样，通过社会生态经济人的设定，就必然形成企业既是现代市场经济的微观主体，又是可持续发展经济的微观主体，应该是两者的有机统一体。这才准确地体现了现代企业是个生态经济实体，如实地反映了现代企业"生态—经济—社会"三维复合系统健康运行与可持续发展的全过程。因此，它需要构建现代企业"生态—经济—社会"三维复合系统健康运行与可持续发展的制度保障和机制保证。所以，应通过社会生态经济人的假定和与之相应的制度创新和体制建设，构建一套体现企业可持续经济发展原则与要求的制度框架，形成有效的企业经济与生态环境协调发展的运行机制，对企业各种非持续经济行为防微杜渐，矫枉扶正。能够满足这种要求的现代企业创新体系，应当是一项以知识为核心、生态为基础的制度创新体系；绿色企业制度创新应当构筑以知识为主导、生态为基础的现代新型企业制度。这种现代新型企业制度的最佳形态，就是市场化与生态化有机统一的现代企业制度。

从实践上看，在历史上，西方发达国家的市场经济大都是以资源的大量消耗为代价的，是以牺牲生态环境为代价的。因而发达国家企业工业化与现代化走的是先污染后治理的发展道路。这是在特定历史条件下形成的。如前所述，在当今西方企业界已进入绿色转变的时期，一些先进企业发展绿色经济，走绿色企业建

设之路，这已成为现代企业发展的最高目标与必由之路。这种现代企业发展的经验与教训，是值得我们高度重视的。

从 20 世纪 50 年代以来，我国企业也是以资源的巨大浪费，以牺牲生态环境为代价来换取经济发展的。现在，我国企业生存与发展必须顺应世界企业发展生态化的大趋势，再也不能陷入企业经济与生态环境恶性循环的"死胡同"。目前我国企业生存与发展追求经济目标和生态目标的矛盾十分尖锐，企业经济运行的外部不经济导致短期行为与内部不经济产生的短期行为相互交织，必然会使资源浪费、环境污染、生态破坏。其深刻根源，就在于目前我国普遍存在短期行为的制度安排，缺乏鼓励长期行为的激励性制度安排，尤其缺乏一整套实现企业可持续经济发展的制度框架和形成可持续发展经济行为的激励机制。这在客观上要求通过企业制度创新，提供形成企业可持续发展经济行为的机制保证，使企业成为名副其实的现代市场经济的微观主体和可持续发展的微观主体的有机统一体。按照以知识为主导、生态为基础的现代新型企业制度的本质要求，构建生态经济一体化的现代企业制度，应当是企业绿色产权制度、绿色经营制度、绿色管理制度三者相互渗透、相互制约、依次递进、相互作用的现代新型企业制度。这就是市场化与生态化内在统一的现代企业制度。

第一，建立绿色产权制度，为企业从生态环境保护与建设角度规范企业经济活动与发展行为提供制度保障，形成强有力的产权约束，就必然会造就严格的与自觉的从而也是充分的生态经济责任，能够有效刺激与规范企业可持续发展经济行为，为实现企业经济与生态环境协调发展不断注入新的活力。

第二，建立绿色经营制度，即形成绿色经营机制。生态与经济一体化的现代新型企业制度，必须具有三大运行机制：一是有效的激励约束机制；二是合理的保持经济持续增长的资源配置机制；三是有力保障企业经济与生态环境有机统一与协调发展的协调机制。绿色经营制度、绿色营销制度、包括绿色生产制度、绿色技术制度、绿色投资制度、绿色分配制度等。这些制度的建立与实施，为生态环境系统在企业生产、交换、分配、消费的再生产全过程提供一种有效的机制保证，并让这种机制使企业生存与发展对生态环境产生一种内在的需求，从根本上克服企业经济与生态环境相脱离的"两张皮"问题，形成有效的企业经济与生态环境相统一的运行机制和动力机制，即形成有力的保障企业可持续发展的协调运行机制。

第三，建立绿色管理制度，即生态经济与可持续发展经济管理制度。这是把生态环境资源纳入规范企业经济活动与发展行为和考核企业发展绩效中去，有效地实现企业经济可持续发展。最终建立起市场化与生态化内在统一的现代企业制度，这是绿色企业制度创新内生化并实现企业经济可持续发展的必然进程。

参考文献

[1] 莱·布朗. 生态经济革命 [M]. 台北：台湾杨智出版社，1999.

[2] 刘思华. 可持续发展经济学 [M]. 武汉：湖北人民出版社，1997.

[3] 孟宪忠. 论生态市场经济 [N]. 光明日报，2001 - 08 - 21.

[4] 严北战. 制定面向可持续发展的企业经营战略 [J]. 可持续发展研究，2001，（1）.

（原载《中南财经政法大学学报》2003 年第 1 期）

生态环境要素禀赋论与
国际贸易理论的创新

一、宏观理论背景：超越孤立经济系统的生态环境内生化经济理论

近年来，一些学者试图超越孤立经济系统，把生态经济协调发展理论引入经济理论领域，创立了可持续发展经济理论。以往主流经济学都无法解释在现行经济增长方式和经济发展模式下日益严重的地球生态环境恶化问题。环境经济学和生态经济学等非主流经济学，虽然都从不同角度强调了生态环境对经济发展的重要性及基础作用，着重从探讨生态环境与经济社会一般协调发展中，指出生态环境是经济发展的基本制约因素，但还是没有将它作为决定经济发展及其可持续性的内在力量来对待，也就是没有揭示经济可持续发展的内在机制。

基于生态环境内生化的可持续发展经济学克服了过去所有的经济增长与发展理论关于生态环境外生假定的根本缺陷，转向在生态环境内生假定下考察现代经济发展及其可持续性的源泉和决定，将生态变迁、生态创新、生态资本等经济可持续发展的基础性决定因素视为可持续发展经济系统的内在力量，突破了当今国内外主流经济学理论的研究框架，形成生态环境内生化可持续经济发展理论。它的核心内容是：生态变迁具有对经济可持续发展的内在决定作用；生态创新是经济发展的内生过程；生态资本是社会经济资本体系中的重要内容。可见，只有在可持续发展经济学的理论框架中，才可能将生态环境内生化，并将其当作经济系统运行与发展的内生变量而纳入经济分析过程。

生态环境内生化可持续经济发展理论将生态环境因素纳入一国的生产要素体系之中，使之成为一个与土地、劳动、物质资本、技术、制度等要素并重的新的要素，为实现经济从非持续发展向可持续发展的转变提供了新的理论基础。

二、基于生态环境内生化理论创新的国际贸易理论：生态环境要素禀赋论

受传统经济理论的影响，传统外贸经济学的要素禀赋理论，是资源要素禀赋理论。它是指各个国家由于资源禀赋和要素需求的差异性而形成资源比较优势。各个国家分工生产使用本国最丰富的生产要素的产品，经过国际贸易各国获得最大福利。

以传统的资源禀赋理论为指导的国际贸易理论的积极作用在于：资源要素禀赋和资源要素需求不同的国家可以通过国际贸易弥补某些资源要素分布不均。发展中国家通过出口劳动、资源密集型的初级产品以获取自身发展所必需的资本和技术，而一些发达国家通过国际贸易也可获得来自资源、劳动等方面的相应利益。在这种国际贸易中，紧缺资源的进口可以使一国或地区的丰裕的资源要素禀赋得到充分的利用，一国发展的资源瓶颈可以通过国际贸易得以克服。

但是，理论与实践表明，以传统的资源禀赋理论为指导的国际贸易的负面效应日益显露：一是以资源比较优势为基础的国际贸易尽管也能给发展中国家带来某些利益，但它不仅不可能缩小与发达国家的经济差距，反而日益扩大这种差距；二是经过近几十年来国际贸易的发展，发展中国家依靠资源密集型产品出口带来了严重的资源短缺、环境破坏问题，造成的不可持续发展问题已经非常严重；三是这种以资源禀赋为基础的国际贸易体制不仅给发展中国家生态环境造成负面效应，而且给全球的资源环境造成了负面影响；四是发展中国家由于技术落后及资源开发过度，初级产品的供给成本呈现日益上升趋势，使得发展中国家面临着越来越恶化的贸易条件，拥有的自然资源和劳动力资源优势已经或正在丧失，禀赋状况发生着对这些国家不利的变化。

总之，传统的以资源禀赋为基础的国际贸易结构的不可持续性，使当今国际贸易发展不能完全符合全球可持续发展尤其是发展中国家可持续发展的要求，这就充分暴露了传统的要素禀赋理论的根本缺陷，即将生态环境作为经济与贸易发展的外在因素而排除在生产要素体系之外。这就意味国际贸易应当同整体经济的可持续发展的要求相结合，在生产要素的组合中把生态环境要素有效地纳入其中，同土地、劳动、资本、技术一样使生态环境成为经济和贸易发展的一个内生因素，才能使经济、贸易发展与生态环境改善相协调统一，从而实现国际贸易的可持续发展——这就是环境要素禀赋论。因此，在新的要素禀赋理论的构建中，我们应该把现代生产力源泉之一的生态环境从经济与贸易发展的外在因素转化为内在因素，纳入一国的生产要素体系之中，当作生产要素。而这种新的要素禀赋

理论将为新的国际贸易理论和实践奠定理论基础。

所谓生态环境要素禀赋，是指一国或地区的生态环境质量、环境消纳并转化废物的能力同生态环境的自净能力以及生态系统作为一个整体所呈现出来的各种环境要素的总体状况等。它主要包括以下几个方面的内容：

一是生态潜力，即自然资源的丰裕程度和可替代、可更新程度，尤其是资源环境的质量变化和再生量变化。

二是生态环境在不产生外部成本的情况下将污染物消纳转化的自净能力。

三是生态服务功能，即生态系统作为一个整体的使用价值。这种使用价值表现为它呈现出来的各种生态环境要素的总体状态对人类社会生存与发展的有用性，如美丽的风景向人们提供美感、娱乐休息以及满足人类精神和道德需求等。

此外，有的学者认为生态环境技术禀赋也构成生态环境要素禀赋的一个内容——这主要是指对环境污染和生态破坏的技术处理能力和修补能力，以及生态环境无害技术和治理技术的开发、利用能力。

三、基于生态要素禀赋理论的国际贸易发展

根据上述生态环境要素禀赋论的含义与内容，可以看出生态环境要素禀赋理论可以作为国际贸易新的理论基础。20 世纪 90 年代以来，随着经济全球化进程的加速，生态环境问题在国际贸易体系中的重要性日益显现，环境、国际贸易与可持续发展问题突出出来；与此同时，伴随世界经济发展的"绿化"趋势，生态环境被作为一种新的贸易资源和一种新的贸易产业来认识，生态环境要素就成为国际贸易可持续发展的基本因素，其作用越来越显著。

首先，生态环境是国际贸易正常运行与健康发展的基础和前提条件，这主要表现为：第一，自然生态作为物质生产和生活的前提和基础，必然成为国际贸易正常运行与健康发展的前提和基础；第二，由于自然生态条件不同，不同国家和地区生态环境要素禀赋的差异很大，从而形成各国和各地区的比较利益与国际分工的差异性，这就直接影响各国贸易的内容、规模和结构及贸易发展水平的高低；第三，各国为维护本国的生态环境资源安全，都需要考虑生态环境的承受力和对生态环境的有效保护，并保证经济的可持续发展，都会制定许多生态环境保护政策，而这些保护政策又改变和调整着国际贸易的内容和方式。例如，保护臭氧层的环境政策使含氟里昂的制冷设备的贸易量锐减；为保护大气层不受污染，各国都提倡无铅汽油的使用。这就是说保护生态环境带来了环保产品的贸易需求。

其次，生态环境要素已经成为影响国际贸易发展的一个新的内生变量，一国的要素禀赋体系中应当纳入生态环境要素，形成一国的生态环境要素禀赋。当然这还要考虑一国对生态环境的需求，即一国的生态环境偏好。由于各国工业化、现代化的程度与水平不同，生态环境污染与破坏程度也就不同，其国内居民对生态环境质量的风险评价、风险管理方法判断标准也就不同，这就形成了不同的生态环境标准和生态环境政策。因此，当前各国制定的生态环境标准和政策的差别尤其是发展中国家和发达国家之间在这方面的差别是巨大的：一些发达国家制定过高的生态环境标准和政策，并以生态环境保护为借口，设置国际绿色贸易壁垒，使生态环境保护政策变成变相的贸易壁垒，对发展中国家的环境贸易政策是一种压力，引起国际贸易争端、极大地影响国际贸易的健康发展。

再次，在国际贸易中，各国生态环境要素禀赋和生态环境标准的差异性共同形成了生态环境比较优势，这与比较优势原理是一致的。一国生态环境要素禀赋较丰富，或生态环境标准相对较低，则该国与环境相关产品价格中所包含的环境成本就较低，因而具有生态环境比较优势；反之，则不具备生态环境比较优势。因此，从可持续发展的角度来看，一个国家的生态环境比较优势可以通过两种方式确定：可持续方式，即一国通过拥有较丰裕的生态环境要素禀赋获得；不可持续方式，即一国通过较低的生态环境标准获取。从长远来看，低标准的优势将会逐渐消失。这是因为，从生态环境要素禀赋来看，发展中国家生态环境质量日益下降、资源短缺、环境容量缩小，因此我们没有理由认为发展中国家是生态环境要素丰裕型的；目前唯一占有优势的是较低的生态环境标准及与之相关的生态环境政策：较低的生态环境标准、较少的排污费用、廉价的资源。宽松的生态环境政策法规使得出口品环境成本（或叫生态成本）较低，从而形成价格优势和比较优势。但是，这是一种不可持续的比较优势。因为，在国际经贸领域里，生态环境需求的日益增长和生态环境标准的不断提高已成为一种不以人们意志为转移的必然趋势，这种不可持续的比较优势终将会失去。

总之，以生态环境要素禀赋理论为指导的国际贸易发展，可以改变国际贸易的结构和流向，使其更具有可持续性。在21世纪绿色经济发展的新时期，任何社会产品生产过程中都应该考虑生态环境要素，但是，不同产品的生态环境影响是不同的，因而生态（环境）成本也就不同。将生态环境要素禀赋作为一国参与国际分工与国际贸易依据之后，那些对生态环境产生负面影响的产品的成本就增加了，再加上严格的生态环境标准和消费者环保意识的日益提高，对生态环境影响较大的环境敏感产品，如石油、化工、造纸等，将因其环境竞争力和比较优势的下降和削弱生产会日益减少；对生态环境良性循环和人身健康有直接危害的产品，如有害废物、危险化学品、濒危物种等，其产生将付出极大的生态环境代价，最终将退出贸易活动；对生态环境有间接损害的产品，如含有农药和污染物残余的农产品、有害包装物的商品、矿产、木材等初级产品及其制成品和以大量不可再生珍贵资源为原料的产品等，贸易量将会下降。与此同时，那些对生态环境和人身健康有益的产品将形成环境比较优势，从而更具有竞争力，逐步成为国际贸易的主导产品，将在国际贸易商品结构中占据日益重要的地位；技术和服务贸易正在成为贸易的主体内容，这是 21 世纪国际贸易发展的基本走向，生态环境技术和服务贸易量不断增加，国际贸易商品结构由资源密集型、劳动密集型向技术、知识密集型和生态密集型转变，国际贸易商品结构朝着绿色的方向发展，因而更具有可持续性。

四、结论

综上所述，生态环境内生化可持续经济发展理论，将生态环境因素纳入一国的生产要素禀赋体系之中，使之成为与其他生产要素并重的新的生产要素，从而成为现代经济和贸易发展的一个内在因素，就可以使一个国家和地区（尤其是发展中国家）在决定贸易结构甚至产业结构时必须把生态环境目标作为根本目标，避免单纯以扩大资源密集型的初级产品或污染严重的制成品来扩大对外贸易，使对外贸易增长既不以损害环境资源为代价，也不超越生态系统的承载能力，从而实现外贸的可持续发展。

参考文献

[1] 刘思华. 可持续发展经济学 [M]. 武汉：湖北人民出版社，1997.

[2] 刘思华. 绿色经济论 [M]. 北京：中国财政经济出版社，2001.

[3] 焦必方. 环保型经济增长 [M]. 上海：复旦大学出版社，2001.

[4] 黄素萍. 环境要素禀赋和可持续性贸易 [J]. 武汉大学学报（社科版），2001，（6）.

[5] [美] R. 布朗著. 生态经济——一个有利于地球的经济构想 [M]. 东方出版社，2002.

[6] 王立彦. 生态环境成本论 [A]. 北京大学中国可持续发展研究中心. 可持续发展之路 [C]. 北京：北京大学出版社，1995.

（原载《内蒙古财经学院学报》2004 年第 1 期）

构建以环境禀赋为基础的绿色外贸结构

一、构建绿色外贸结构的现实意义

（一）我国贸易经济存在的弊端

1. 外贸经济增长方式的非持续性。目前，我国贸易经济增长方式为高投入、高消耗、高污染、低效益的粗放型，这突出表现在以下几个方面：

（1）出口产品生态含量低。在我国的出口产品中，对生态和环境影响较大的初级产品以及污染较重的中间产品和制成品所占比重较大，尤其是一些外向型乡镇企业高污染产品的盲目开发，使生态环境破坏严重，加重了环境资源的紧缺。

（2）出口产品科技含量、档次和附加值低。出口产品中，用高新科技改造的传统出口产品缺乏，国际市场上需求旺盛的科技密集型和加工程度高的产品更是我国的弱项。

（3）进口产品如原油、化工原料、铁矿砂、羊毛、合成纤维等，绝大部分是对生态环境影响较大以及污染严重的产品。这些产品的生产过程都是高能耗、高污染的。此外，一些跨国公司通过将高污染产品的生产过程转移于我国，加重了我国环境污染和生态破坏的程度。

2. 我国对外贸易结构的非持续性。我国当前的对外贸易结构，以资源禀赋为基础，资源的投入高、消耗高和质量低、效益低是其显著特征。具体而言，它表现在以下四个方面：

（1）出口产品中非绿色产品、环境竞争力差的产品比重大，绿色产品、环境竞争力强的产品所占比重低。

（2）出口产品中劳动密集型、低科技含量和低附加值的产品所占比重高，高科技含量和高附加值的产品比重偏低。

（3）进口产品中对生态环境影响较大、污染严重的产品所占比重较大，有利于环境保护和生态建设的产品所占比重偏低。

（4）货物贸易和服务贸易的比例不合理，货物贸易的比重偏高，服务贸易的比重偏低。实际上，我国服务贸易的出口结构，与世界格局和标准相比存在很大差距，以信息技术为基础的新型服务业所占比重太低[1]20-26。这种传统贸易模式是我国对外贸易发展缺乏可持续性的根本原因。

（二）发展绿色外贸的现实意义

1. 实现外贸可持续发展的战略选择。

（1）绿色贸易在本质上是生态经济协调可持续发展的贸易。可持续发展经济学认为，生态经济是能够维系生态永续不衰、与生态系统有机结合和协调发展的可持续发展经济。绿色贸易属于生态经济范畴，它能使生态与经济从相互分离走向有机结合与协调，寻求当代经济与生态环境相协调的发展途径，使经济贸易活动与发展行为在不危害后代人资源环境需要的前提下，满足当代人对资源环境的需要，把经济与贸易发展建立在生态良性循环的基础上，形成生态与经济、环境与贸易的一体化，从而实现经济与贸易发展和可持续性的有机统一。

（2）绿色外贸战略是生态经济协调发展在环境与国际贸易领域里的实现形态。绿色贸易是经济和生态相互融合的有机统一体。从经济形态上看，绿色贸易是经济标识，是贸易发展的一种现实状态，它包含并体现了贸易发展；从生态形态上看，绿色贸易是生态标识，是生态发展的一种现实状态，它包含并体现着生态发展，是经济与生态的内在统一和协调发展。绿色贸易在本质上是生态经济和可持续发展经济的这一特质使其必然成为使我国贸易经济和生态环境协调发展的切入点，推动我国的贸易向与生态经济相协调的可持续发展方向发展。绿色外贸战略克服了传统外贸战略生态环境与国际贸易相脱离的致命缺陷，是对传统外贸战略的根本性改造和创造性发展，它是绿色贸易战略在国际贸易领域里的表现形式。

（3）绿色外贸战略是自然资源和生态环境的全球化配置战略。从全球可持续发展来看，在经济全球化和生态危机的全球性融合发展时代，环境污染和生态破坏是没有国界的，因此全球化资源和环境的合理配置，必须是打破国界的全球统一行动，是在全球范围内合理配置自然资源和生态环境，而不可能是一个国家或地区自然资源和生态环境的自我配置、自我循环。

2. 符合国际贸易的发展趋势。进入 21 世纪，国际经济贸易发展的基本态势，是国际贸易结构正在提升和走向高级化。具体来说，这种发展趋势表现为四个方面：（1）传统初期产品比重下降，工业制成品比重持续上升；（2）高新技术产品出口高速增长，使非高新技术产品比重下降，并且，高科技产业的迅速发展带动了世界产业结构的提升和高级化；（3）以生态环境保护为宗旨的绿色贸易趋势在国际贸易中日益显现与强化，绿色产品出口迅速增长，非绿色产品比重下降；（4）现代化服务贸易迅速发展，尤其是知识含量高的服务发展最快，服务贸易绿色趋势正在加强[2]20-24。可见，国际贸易结构的提升和高级化是与产业结构的优化与升级互为表里的，特别是以信息技术为主导的高新技术产业使世界贸易结构得到了提升和高级化。

国际贸易结构的变化，为我国贸易结构及产业结构的优化与升级指明了方向。换言之，若要扩大我国外贸在国际市场上的占有份额，提高我国国际贸易竞争力，就必须顺应世界经济结构和国际贸易发展的变化趋势，实施外贸结构优化与升级战略，建立生态环境与贸易经济协调可持续发展的新模式，形成绿色外贸结构。

3. 是我国经济结构战略性调整的客观要求。世界经济发展的事实表明，调整和优化经济结构是促进经济发展、提高经济增长质量和效益的根本性措施。经济结构的每一次升级，都会带动经济发展上一个新台阶。世界各国尤其是发达国家都在加紧进行产业结构调整，其产业、产品和企业结构都已发生了很大变化，而当前我国经济发展中的一个突出矛盾和深层次问题就是经济结构不合理，突出表现为产业结构不合理、地区发展不协调、城镇化水平低、工农业生产技术水平落后、国民经济的整体素质不高等。这些问题如不加紧解决，将很难提高我国经济发展的质量和效益、增强可持续发展能力。

21世纪初是我国经济结构调整和优化的重要时期，在贸易领域，它突出表现为对贸易经济结构的战略性调整。所以，国际贸易结构优化和升级是我国21世纪初期对外贸易发展的战略着力点和战略重点，不把这件事抓好，就难以实现我国贸易经济体制和贸易增长方式的根本性转变，也难以在21世纪更趋激烈的国际竞争中占据有利地位。

二、构建绿色外贸结构的基本框架

长期以来，我国贸易经济发展基本上沿袭高投入、高消耗、高污染、低效益的粗放型经营模式，这使贸易经济运行对资源利用的低效行为和环境质量的高耗行为相伴而行。以出口为目的的资源密集型产品的生产方式和以资源禀赋为基础的对外贸易结构同时并存，导致了过度开发自然资源，破坏了生态，污染了环境，使外贸经济发展日益呈现出不可持续性。因此，我们必须按照可持续发展的要求，转变外贸发展战略，加快转变传统贸易经济的增长方式和发展模式，实现从以资源环境消耗型为基础的粗放型经济增长方式与发展模式向以资源环境节约型为基本内容的集约型经济增长方式与发展模式的转化，形成绿色贸易经济增长方式与发展模式。

（一）理论基础

传统的以资源禀赋为基础的国际贸易结构的不可持续性，使当今国际贸易发展不能完全符合全球可持续发展尤其是发展中国家可持续发展的要求，这充分暴露了传统的要素禀赋理论的根本缺陷，即将生态环境作为经济与贸易发展的外在因素排除在生产要素体系之外。因而，国际贸易要与可持续发展的规范相结合，必须在生产要素中把生态环境要素纳入其中，使其与土地、劳动、资本、技术等要素一样成为经济和贸易发展的内生因素，从而实现贸易发展与生态环境的协调统一和国际贸易的可持续发展。这就是环境要素禀赋论。在环境要素禀赋理论的构建中，生态环境从经济与贸易发展的外在因素转化为内在因素，纳入一国生产要素的体系之中，从而构造出新的国际贸易结构。这种以环境要素禀赋为基础的国际贸易结构具有可持续性。

（二）指导思想

20 世纪 90 年代以来，随着环境全球化的进程加速，生态环境问题在国际贸易体系中的重要性日益显现，环境、国际贸易与可持续发展问题被突出地提了出来。与此同时，世界经济发展的"绿化"，生态环境被作为一种新的贸易资源和一种新的贸易产业来认识，从而开始了环境与国际贸易发展关系的新纪元，生态环境要素成为国际贸易可持续发展的基本因素，其作用越来越大。21 世纪应该使生态环境要素禀赋理论成为国际贸易新的理论基础。这就是我国外贸结构绿化的指导思想。为此，我们必须坚持两条战略原则：

1. 加快我国外贸结构的战略性调整，使绿色贸易成为我国对外贸易发展的主要方向，努力提高我国绿色贸易水平，极大提高绿色产品和绿色服务贸易在国际贸易中的比重，不仅要使我国出口产品和服务中绿色产品与服务的比重不断上升，而且进口产品中的绿色产品的比重也要有所增加，尤其要有效防止和杜绝国外污染产业和产品的越境转移。

2. 加快我国贸易结构模式的转换与创新。我国目前的贸易结构主要是以出口传统劳动密集型、资源密集型及一般加工制成品和进口资本技术密集型制成品为主，并且存在着加工贸易强于一般贸易的趋势。这种国际贸易结构模式急需调整，使之向技术、知识密集型转换与升级，大力提高技术、知识贸易的比重，逐步成为我国国际贸易模式的主体内容。

（三）主要目标

绿色外贸结构的总体目标是：通过调整和优化我国进出口贸易结构，提高我国贸易经济的整体素质和综合效益，提高我国绿色进出口贸易水平，使我国贸易可持续发展能力不断增强，实现我国由贸易大国向贸易强国的跨越，把我国建设成为绿色贸易强国，走出一条具有中国特色的国际贸易可持续发展之路。为此，具体战略目标主要有以下几个方面：

1. 不断提高我国出口商品的质量、档次和附加价值，实现我国进出口贸易的经济效益、社会效益和环境效益的最佳统一，即我国对外贸易发展的综合效益不断提高。

2. 不断提高我国出口产品的技术与服务含量，一方面要大力开发高新技术产品出口，另一方面要加快传统出口产业和产品的高新技术和绿色技术改造的步伐，尽快提高传统出口产品的科技与服务含量、档次和附加价值，实现我国出口产品结构的根本性调整与升级换代。

3. 不断提高我国进出口产品的生态含量，并通过国际市场的绿色产品开发、绿色技术改造、绿色市场开拓以及绿色化服务等，提高我国绿色进出口贸易规模和水平，使我国成为绿色贸易大国并向绿色贸易强国跨越。

4. 不断提高我国出口商品的服务含量和大力发展服务贸易，使之成为我国对外贸易发展的一个主体内容，这是我国外贸结构优化与升级的一个重要标志。

5. 增强我国的产业和进出口型企业的国际竞争力，尤其是提高出口产业和产品的环境竞争力，以推动我国产业和企业的绿化升级。

（四）基本任务 [3] 155 -158

1. 要努力培育具有较强竞争力的主导产业和高新技术产业，提高这些产业和产品的绿色出口贸易水平，形成高新技术出口产品的竞争优势。

2. 要大力提高传统劳动密集型、资源密集型产业的质量和技术层次，使出口商品从初加工向精深加工转变，提高其附加价值、服务含量和绿色贸易水平，增强其结构优化的带动作用。

3. 要大力发展软性服务贸易，扩大对区域内国家和地区服务的贸易的规模，提高其服务贸易的水平，并促使服务贸易绿色化。

4. 要大力发展绿色出口贸易，主要包括大力发展绿色——有机食品、天然彩色棉花及其制品、有机中药产品、绿色机电产品等出口，建立绿色包装体系，从而极大提高我国绿色出口贸易的规模和水平，建立起有利于生态环境保护与建设的出口贸易结构。

总之，要从根本上解决我国外贸结构的非持续发展问题，必须将生态环境要素禀赋作为我国对外贸易的指导思想与客观依据，绿化我国贸易结构，建立以有效保护我国生态环境和可持续利用资源为核心的可持续外贸结构，提高我国绿色贸易的国际竞争力和国内绿色贸易水平。

参考文献

［1］王林生. 经济全球化与中国对外贸易［J］. 国际贸易问题，2000，（10）.

［2］范春强. 国际贸易发展趋势与中国的外贸战略［J］. 现代国际关系，2001，（2）.

［3］王金南，等. 绿色壁垒与国际贸易［M］. 北京：中国环境科学出版社，2003.

（与刘思华合作完成，原载《中国地质大学学报
（社会科学版）》2004 年第 2 期）

论经济理论"绿色化"创新的三个环节

生态文明是迄今为止人类文明发展的最高形态，谁先建成生态文明，谁就能引领未来世界。中国是世界上第一个提出建设"生态文明"的国家，探索如何率先达成这一目标的路径，是中国经济学的时代使命。但是，迄今为止的经济学主要是按照工业文明的要求构建的，总体上看属于工业文明时代的经济理论体系，是"灰色的"甚至是"黑色的"。当今，人类已经开始向生态文明时代迈进，时代呼唤绿色经济学，经济理论应该顺应生态文明的时代要求加以"绿色化"创新。

一、生态系统内生化是经济理论"绿色化"的起点

经济学发展史表明，经济学的发展包括两个基本环节，即演进式发展和革命式发展。前者主要是经济理论体系的演进，它主要取决于经济理论的范式创新、工具更新、流派演变。而经济学的革命性发展则取决于要素的内生化进程，要素的内生化进程表现为将经济分析原有的外生变量内化为经济分析的内生变量。

上述两个环节中，人们关注较多的是演进式发展，因为这种发展往往直接带来经济理论分析工具的创新，如均衡分析、边际分析；理论范式的创新，如理性预期、博弈论；政策主张的创新，如自由放任、国家干预等。但是，实际上，经济理论的革命性变化更令人关注，因为每一次要素内生化进程，都往往带来经济学价值观的重大变化。同时，每一次内生化进程，要丰富经济学的研究内容，增添新的元素，导致经济学整体框架的变化。经济理论的革命性变化一方面增强经济学的复杂性，另一方面推进经济学解释力与分析力的增强，最终推动经济学的进步。

国民财富增长与分配是经济学的主题。围绕这一主题，经济学自产生开始，就重点研究形成财富的要素及其配置方式。在探寻财富来源的过程中，经济学不断地将形成财富的要素内生化。一部经济学发展史，就是一部不断将财

富要素内生化的历史。最早被经济学内生化的要素是劳动。这一过程滥觞于古希腊，亚里士多德等古希腊学者关注劳动以及劳动的分工与劳动的交换。正如马克思所说的，他们的见解，历史地成为现代科学的理论的出发点。威廉·配第第一个明确提出劳动是商品价值的源泉，他提出的商品的价值是由生产它所耗费的劳动决定的，商品交换是以它们所包含的劳动量为依据，是他在经济学史上的一个重大贡献。此后，历经马克思主义经济学将劳动价值论科学化、人力资本理论等将劳动要素论现代化，劳动成为经济学的内生要素。重商主义最早将资本内生化。马克思说，重商主义是"对现代生产方式的最初的理论探讨"，是"资本的最初解释者"。但是，重商主义主要是将商业资本内生化。经过李嘉图、马克思等政治经济学家，资本作为要素的理论得以确立，而哈罗德 – 多马模式的创立，则实现了资本作为经济增长内生变量的模型化，标志着资本内生化进程的完成。重农学派最早将土地要素内生化，它的基本观点是认为社会财富就是土地上生产出来的农产品，而社会财富的真正源泉则是农业。他们认为，工业不是财富的源泉，因为工业不过是农业原料的加工部门，加工业不过是农业的附属物，它不生产新的物质。对外贸易更不是社会财富的来源，因为它只是以一种具有出售价值的产品，去交换另一种价值相等的产品。只有农业部门才能增加社会财富，土地是财富的唯一源泉，因此，重农主义者实现了土地的内生化。技术内生化发源于 20 世纪 60 年代索罗、斯旺等人提出的技术进步论，这一理论将原来作为外生变量的技术作为解释各国经济增长水平差距的重要因素。20 世纪 80 年代中期，罗默、卢卡斯、杨小凯、格罗斯曼、克鲁格曼等经济学家，研究内生技术变化，强调经济增长不是外生技术变化引致，而是经济体系的内生技术变化作用的产物，实现了技术要素的内生化。

从上述经济学要素内生化进程的分析表明，经济理论框架本身是开放的，具有与时俱进的理论品格。但是，已经完成的内生化进程，包括劳动、土地、资本、技术、制度的内生化，主要是基于农业文明和工业文明的要求。现有经济理论在思想方法上把生态系统作为无限供给的既定条件，而不是具有稀缺性和自身价值的内生变量；在研究重心上主要关注人的需求和发展，相对忽视生态系统的演进；在人的需求上主要关注人的物质需求，而相对忽视人的生态需求；在政策主张上主要强调发展优先、末端治理，相对忽视积极的生态保护和生态建设。因此，现有的经济理论同它所服务的对象即工业文明一样，是"灰色"的甚至是"黑色"的。当今时代，人类开始步入生态文明时代，需要将生态系统内生化到经济学分析框架之中，实现经济理论的绿色化①。

---

① 黄志高：《社会主义价值问题论析》，载《社会主义研究》2009 年第 2 期。

二、可持续发展是"绿色化"经济理论的核心价值

迄今为止，经济学已经基于生态系统内生化的要求研究和提出了大量治理环境污染的理论和政策主张。例如，针对环境污染的负外部性，经济学提出了运用庇古福利经济学原理的"庇古税"和运用科斯原理的界定产权方法①。问题在于，当经济学和经济政策的价值目标被界定为经济增长时，这些方法难以促成经济增长与环境保护的协同，相反，导致所谓环境库兹涅茨曲线（EKC）现实的情形。当经济发展水平低，需要牺牲环境发展经济，当收入达到一定程度，人类对于环境污染程度难以忍受时，就会加强环境污染治理。之所以如此，是因为无论是"庇古税"方案还是科斯原理，都暗含着"先发展后环保""先污染后治理""先破坏后恢复"的逻辑。这种逻辑之所以被接受，又是因为无论是经济理论还是政策主张，都是以经济增长为价值目标，因此，只要经济理论和经济政策的价值目标诉求不变，任何环境保护主张和政策在一定阶段都难以达成经济发展与生态系统协调的结果。

与此同时，将生态系统内生化本身也难以保证经济发展和生态环境的代际公平。经济学现有价值目标只关心这一代人的发展，而相对较少关注后代的发展。具体表现在：（1）作为现有经济学基本假设的"经济人"是只关注当代利益的短视经济人，其理性表现为当下约束条件下自身当代利益的最大化，在其理性中，缺乏对后代利益最大化的考虑。（2）作为现有经济学公理的稀缺性是缺乏代际观念的伪公理。萨缪尔森提出，在一个丰裕的伊甸园里，不存在经济物品，没有必要节制消费。所有的物品都是免费的，就像沙特沙漠中的沙粒或海滩边上的水一样②。"发展经济所造成的生态资源匮乏和不可逆转的生态环境恶化（在人类生存的时限内）则不在正统经济学的考虑范围内。"③ 这一公理性假设的理论预设就在于光、热、水、空气等自然资源和生态环境是取之不尽、用之不竭的资源，这种理论预设又来源于稀缺的参照系仅仅限于当代人的利益和需求。（3）作为现有经济学基本信念的"看不见的手"的原理也仅仅指向当代人的利益。"看不见的手"固然可以通过价格信号促使生产者生产消费者需要的物品，当某种商

---

① 按照外部性理论，导致市场配置资源失效的原因是经济当事人的私人成本与社会成本不一致，从而私人的最优导致社会的非最优。因此，纠正外部性的方案是政府通过征税或者补贴来矫正经济当事人的私人成本。只要政府采取措施使得私人成本和私人利益与相应的社会成本和社会利益相等，则资源配置就可以达到帕累托最优状态。这种通过国家干预纠正环境污染等外在性的方法称为"庇古税"方案。根据科斯定理，通过明确界定产权，依靠市场机制可以解决环境污染等外部性问题。

② 保罗·萨缪尔森：《经济学》（第十四版），北京经济学院出版社1996年版，第54页。

③ 约翰·贝拉米·福斯特：《生态危机与资本主义》，上海译文出版社2006年版，第2页。

品价格过高，"看不见的手"可以促进节约和替代。但是，一些涉及代际分享的资源如矿物能源是不可再生的，消耗以后永远难以恢复。由于前述短视经济人的近视行为的存在，在"看不见的手"的调节下，即便行为主体按照市场规律使用资源，最终将导致环境污染物累积和资源耗竭，这就是生态经济学家戴利所说的"看不见的脚"。尽管"看不见的手"可以使经济人的自利行为不自觉地为当代公共利益服务，但"看不见的脚"却最终会将后代人的利益"踏成碎片"①。可见，如果不改变经济学的核心价值，经济学难以绿色化，难以承担协调经济发展和环境保护、当代利益和后代利益的使命。改变经济学的价值目标，关键是将经济学的核心价值从经济增长转向可持续发展。

首先，实现人类行为价值的转型，即实现从人类中心向生态中心的转型。人类与生态体系之间本来应该是一种和睦的、平等的、协调发展的关系，但是现有的经济增长导致了人类价值高于生态价值，撕裂了这种关系，因此，正如迈克尔·麦克洛斯基（1976）指出的"在我们的价值观、世界观和经济组织方面，真正需要一场革命，因为我们面临的困境的根源在于追求经济与技术发展时忽视了生态的发展，而另一场革命——正在变质的工业革命——需要用有关经济增长、商品、空间和生物的新观念的革命来取代。"② 这种观念革命的内涵，就是人类行为价值从人类中心向生态中心的转变。

其次，实现从"经济人"向"环境受托人"的转变。恩格斯说："我们连同我们的肉、血和头脑都是属于自然界和存在于自然界之中的；我们对于自然界的全部统治力量，就在于我们比其他一切生物强，能够认识和正确运用自然规律。"③ 人类作为地球上的智慧生物，应该超越自身物种的局限性，不但要保护和爱护环境，同时还应为自然生态的自身进化和达到新的环境生态平衡创造并提供更有利的条件。也就是说，每一代人类都应该成为环境"受托人"，而不仅仅是环境使用者和占有者。庇古曾经正确地指出："一代人的环境会产生持久的结果，因为它会影响未来几代人的环境。简言之，环境像人一样，也有子女。"④ 因此，每一代人都是后代人的"环境受托人"。作为环境受托人，每一代人都"有责任去看护，如有必要的话，通过制定法律去保护国家的可耗尽的自然资源被轻率鲁莽和毫无顾忌地破坏"⑤。之所以每一代人都是环境受托人，是因为一旦考虑到后代人的权益，一切生态环境和自然资源都是稀缺的。守护环境，也就是守护后代的生存环境，从而守护整个人类的终极命运。我们要强化"经济人"

① 转引自刘学敏：《从环境问题看市场的双重作用——从"看不见的手"到"看不见的脚"》，载《经济学动态》2009 年第 5 期。
② 唐纳德·沃斯特：《自然的经济体系》，商务印书馆 1999 年版，第 72 页。
③ 《马克思恩格斯选集》第 4 卷，人民出版社 1995 年版，第 384 页。
④⑤ A·C·庇古：《福利经济学》（上卷），商务印书馆 2006 年版，第 125、36 页。

的环境责任，推进"经济人"向"环境受托人"的转变。"环境受托人"意味着经济主体不再单纯追求效用最大化或利润最大化，而是在尊重自然和社会的基础上高效利用资源技术；其行为方式不再是单纯追求个人的成就或物质精神上的享受，而是出于冷静计算资源的供给和环境负荷能力；企业通过环境成本最小化，承担保护环境的社会责任。

最后，实现从物本经济学向人本经济学的转变。如果说自中世纪结束以来，经济学走进了人类现世的、世俗的经济生活，开始关心人类命运，这是经济学人文精神复兴的标志，但当今世界，当经济学陷入对现世经济生活的解释与近期对策研究以后，对人类经济生活的规范性研究则忽视了对人类经济生活的伦理价值的研究，忽视了对人类生活的环境诉求的把握，忽视了对未来人类的终极命运的思考与关心。因此，只有实现向人本经济学的转变，经济学才能真正关注人类的生态诉求，关注后代的生存和发展条件，关注人类的终极命运①。

三、循环经济理论是"绿色化"经济理论的基础

如何推进人类走上可持续发展道路，理论界、科技界和决策界提出了多种主张。从制度上看，西方生态马克思主义主张对资本主义制度进行彻底改革，消灭资本与自然之间的冲突②。从文明形态上，中国在世界上第一个提出建设"生态文明"和"两型社会"。从经济发展方式上，学术界和政策界提出了生态经济、绿色经济、低碳经济等主张。从措施上，科技界提出了碳吸收技术、碳汇技术、固碳技术、新能源开发和利用、非物质化发展等技术建议，经济学界提出了绿色税收、绿色财政、绿色保险、排污权交易等政策主张。我们认为，上述主张都从不同层面切入生态文明建设和可持续发展的问题，但是，要真正推进生态文明建设和可持续发展，关键要构建基于生态规律的可持续经济发展体系。当代经济学的使命就是在将生态系统内生化，实现自身核心价值体系转换的基础上，整合上述各个层面的主张，探索人类可持续发展体系，即符合生态文明要求、能够实现生态逻辑和经济逻辑一致的发展体系。在此基础上，形成符合生态系统规律的经济理论体系。

要形成这一理论体系，关键是要构建基于循环经济的经济学理论体系。循环经济是迄今为止与生态系统最为吻合的经济发展体系。工业革命以来，人类的经济发展体系呈现出"大量资源开发—大规模生产—大量消费—大量排放废弃物"

① 肖竹：《论政府规制革新——兼论中国的现实及改革方向》，载《社会主义研究》2009年第3期。
② Giovanna Ricoveri, 1993: "Culture of the Left and Green Cul-ture", Capitalism, Nature, Socialism, 4, 3, September 1993, pp. 116-7.

的线性特征，由于这种单向线性特征，发展越快，资源耗费越多，废弃物越多，由此带来的资源环境压力越大，因此，线性发展体系是反生态的，因而是不可持续的。循环经济则是与线性经济相反的一种发展体系。循环经济建立在"资源—产品—再生资源"的物料闭路循环的基础上，遵循减量化、再利用、再循环的资源利用原则。由于这种闭路循环特征，经济发展物料运动相对于线性体系而言发生了符合生态系统运动要求的根本变化。问题在于，现有经济理论主要是建立在线性经济模式基础上的。在微观经济学层面，"经济人"不关注生态体系与环境成本。从宏观经济学层面，主要关注三大产业之间的结构关系，关注再生产各个环节之间的关系，相对较少关注物料体系的循环。因此，经济学要加强循环经济理论体系研究，将现有经济理论体系的基础从线性经济转向循环经济。

围绕这一目标，经济学界要加强下述几个方面的研究。首先，加强循环经济基础理论研究，构建循环经济的经济理论基础。目前，循环经济的理论基础主要是管理学的"供应链""物料链"理论，以及技术领域的工程技术、环保技术、生物技术、生产技术的应用，循环经济的经济学理论基础尚不完善。经济学面临的任务，是将现有的生态价值理论、环境中心理论、可持续发展理论等现有的理论成果整合起来，构建循环经济的经济理论基础。其次，加强循环经济核算理论研究，为循环经济的运行与核算提供方法。例如，加强生态价值、生态成本、生态效益、生态效率、生态足迹等基础范畴研究，构建相关指标体系；加强绿色国内生产总值范畴和核算体系研究，构建综合环境经济核算指标体系。此外，要加强循环经济政策体系研究，包括绿色价格、绿色财税、绿色金融等方面的政策研究，为循环经济提供政策支持。

（原载《江汉论坛》2009 年第 11 期）

绿色经济视野下的低碳经济发展新论

2003 年，英国能源白皮书《我们能源的未来：创建低碳经济》首次提出了低碳经济的概念，并宣布到 2050 年英国能源发展的总目标，是把英国建成为低碳经济的国家。2007 年 7 月，美国参议院提出了《低碳经济法案》；德国希望在 2020 年，国内的低碳产业要超过汽车产业；2008 年 7 月，日本政府公布了日本低碳社会行动计划草案……可以说，近几年来，低碳经济已成为国际社会回应全球变暖对人类生存与发展挑战的热门话题，它将有望成为美国等发达国家未来的重要战略选择。

一、低碳经济概念的新界定

2007 年 9 月 8 日，国家主席胡锦涛在亚太经合组织（APEC）第 15 次领导人会议上郑重提出四项低碳发展建议，表明了中国发展低碳经济的理念和决心。2008 年 6 月 27 日，胡锦涛在中共中央政治局第六次集体学习时明确指出，要大力落实控制温室气体排放的措施。坚持实施节约资源和保护环境的基本国策，发展循环经济、低碳经济。2009 年 8 月 12 日，国务院常务会议强调，妥善应对气候变化，事关我国经济社会发展全局和人民群众切身利益，事关人类社会生存和各国发展。中国作为一个负责任的发展中大国，充分认识到应对气候变化的重要性和紧迫性。因此，要立足于推动生态文明建设和科学发展，全面实施应对气候变化的国家方案，大力发展绿色经济，培育以低碳排放为特征的新的经济增长点，加快建设以低碳为特征的工业、建筑、交通体系，开展低碳经济试点示范等。然而，在我国，低碳经济似乎还是一个不很熟悉的概念。

从现有的定义和解释来看，低碳经济是指要最大限度地减少煤炭和石油等高碳能源消耗的经济，实质上是以低能耗、低排放、低污染为基本特征的经济。它的核心是要通过技术创新，尽可能最大限度地减少温室气体排放，减缓全球气候变暖，实现经济社会的清洁发展与可持续发展。这种概括无疑是正确的，但没有揭示出低碳经济发展和发展的可持续性的内在统一。因此，笔者另辟蹊径，把它纳入可持续发展经济学的理论框架，将其基本内涵和外延表述为：低碳经济应该是经济发展的碳排放量和生态环境代价及社会经济成本最低的经济，是一种能够改善地球生态系统自我调节能力的生态可持续性很强的经济。它有两个基本点：①它是包括生产、交换、分配、消费在内的社会再生产全过程的经济活动低碳化，把 CO_2 排放量尽可能减少到最低限度乃至零排放，获得最大的生态经济效益；②它是包括生产、交换、分配、消费在内的社会再生产全过程的能源消费生态化，形成低碳能源和无碳能源的国民经济体系，保证生态经济社会有机整体的清洁发展、绿色发展、可持续发展。[1]这种新解说，一是把低碳经济的本质界定为可持续发展经济；二是把发展低碳经济的基本目标规定为保证生态经济社会有机整体的清洁发展、绿色发展、可持续发展，完全符合科学发展观的内在要求；三是不仅强调整个社会生产和再生产过程的经济活动的低碳化发展，而且强调整个社会生产和再生产过程的高碳能源的低碳化利用。这样，发展低碳经济，就能实现现代经济发展和这种发展的可持续性的内在统一。因此，发展低碳经济理论，与其说是一种经济发展理论，还不如说它是一种可持续经济发展理论。它的形象概括与现实形态就是一种绿色经济发展理论。

二、发展低碳经济是推动我国科学发展的迫切要求和战略任务

发达国家自工业革命以来的工业文明发展模式，导致了越来越严重的全球气候变化问题。其中，大气中二氧化碳浓度不断增加，使全球气候变暖；而使用化石燃料这种高碳能源是产生这种生态环境灾难的主要原因。大气中温室气体主要是 CO_2，它对地球增温起 50% 的作用。20 世纪初监测结果显示，1880年，大气 CO_2 浓度为 280ppm（百万分率），1950 年为 310ppm，1988 年为351ppm，1991 年为 383ppm，目前上升为 400ppm。地球生态系统自净 CO_2 的能力每年只有 30 亿吨，每年剩下 200 多亿吨残留在大气层中，使地球生态系统不堪重负。长此下去，气候将更为反复无常，气象灾害范围更大、更频繁和更严重，将会带来致命的生态环境灾难，直接威胁着人类的生存与发展。因此，控制大气中 CO_2 浓度增加，缓解全球气候变暖，是现代人类得以生存与发展的内在要求和迫切需要。

全球气候变暖引起国际社会的高度关注，促使人们对工业文明时代的高碳经济发展模式进行深刻反思。因而，发展低碳经济已成为全球共识，各国政府都极其重视发展低碳经济，促进高碳经济向低碳经济转型，已成为世界经济发展的大

趋势，正在形成势不可挡的时代潮流。当今中国仍然是以煤炭、石油和天然等化石燃料为主体的经济，在一次能源消费结构中，煤炭的比重一般为2/3，2007年高达69.5%。这种典型的碳基能源经济，使我国经济和能源结构的"高碳"特征十分突出，我国CO_2排放强度相对较高。1994年CO_2排放量在温室气体排放总量所占比重为76%，到2004年上升为83%。目前CO_2排放总量居世界第二位，预测到2025年左右，将与美国并驾齐驱；2050年将会超过美国成为世界第一排放大国。因而我国节能减排形势非常严峻，其压力极为巨大。

国际金融危机不仅是对我国科学发展的挑战，也是检验科学发展能力和水平的试金石。这在客观上要把清洁发展、低碳发展、绿色发展作为科学发展的着力点和首要任务。因此，发展低碳经济，建设低碳中国，推进中国经济发展由高碳能源经济向低碳与无碳能源经济的根本转变，是中国实现科学发展、和谐发展、绿色发展、低代价发展的应有之义和战略选择，是全面落实科学发展观的具体体现。值得强调的是，联合国环境规划署在2009年2月召开的第25届理事会上郑重地提出了"实行绿色新政、应对多重危机"的倡议，4月又公布了《全球绿色新政概要》报告。根据该倡议和报告，绿色新政的计划和措施的近期目标，是要复苏全球经济，保证并增加就业，保护弱势群体；中期目标是减轻经济对碳的依赖，减轻生态系统退化，使经济走上清洁、稳定的发展轨道。绿色新政概念提出后，世界各国主要国家和集团积极响应。如奥巴马政府推出绿色经济复兴计划实施以优先发展清洁能源、积极应对气候变化为内容的绿色能源与低碳经济发展战略。因此，从各国应对金融危机，推动全球经济复苏中，我们看到了以开发清洁能源、新能源和节能减排产业等为基本内容的绿色产业革命正在悄然兴起，展现出向节能低碳的更为绿色的全球经济转变的良好势头，我国应当抓住这个最好时机，把加快实施低碳经济发展纳入国家战略，及早开展发展低碳经济的各项行动，使整个社会生产与再生产活动尽早步入低碳化轨道，促进中国生态经济社会协调与可持续发展。

三、发展低碳经济的关键所在是进行能源经济的生态革命

发展低碳经济，需要一场深刻的能源革命。"发展低碳经济，实质上就是对现代经济运行与发展进行一场深刻的能源经济革命，构建一种温室气体排放量最低限度的新能源经济发展模式。这场能源经济革命的基本目标，是努力推进低碳经济发展的两个根本转变：一是现代经济发展由以碳基能源为基础的不可持续发展经济，向以低碳与无碳能源经济为基础的可持续发展经济的根本转变；二是能源消费结构由高碳型黑色结构，向低碳与无碳型绿色结构的根本转变。"[1]这场

深刻的能源经济革命之所以深刻，就在于发展能源产业必须推进能源生产和消费的生态化转变，实现能源产业结构的全面生态化，形成绿色能源产业结构，这是发展循环经济和绿色经济以及整个现代经济发展绿化的能源基础。这是因为，当今人类文明发展需要一场深刻的生态革命，推进人类生产方式和生活方式的生态化转变，实现人类生存方式的全面生态化。其关键又在于经济领域里必须进行一场彻底的生态革命，实现现代经济运行与发展的全面生态化。它在本质上是现代经济发展的可持续革命。因此，21 世纪能源产业结构得以优化与升级的根本标志，就是进行一场彻底的能源经济的生态革命，推进能源产业结构由高碳型黑色能源产业结构，向低碳与无碳型绿色能源产业结构的根本转变，最终建立起绿色能源产业经济体系。这是发展低碳经济，开展能源经济生态革命的实质与方向。

我国学术界提出发展低碳经济，进行能源经济革命应当分近期、中期、长期三个目标："在近期，我国应当把节能和煤炭的清洁利用作为重点，不断提高能源的利用效率，加快新能源、可持续能源、低碳和固碳技术的开发；在中期要大幅度提高可再生能源的比重，推进氢燃料电池等新能源技术以及碳收集与埋存技术应用；更长远看，建立以可再生能源、洁净煤、先进核能等为主体的可持续能源体系。"[2]这是发展低碳经济的战略目标，应当说，是有实践指导意义的。

发展低碳经济进行能源产业的生态革命，其基本内容，应该有这样几个方面：①大力推进化石能源生态化，加强高碳能源低碳化利用，这是目前利用高碳能源产业结构绿化的主要方向，是目前发展低碳经济，构建绿色能源消费体系的基本任务。必须对煤炭进行低碳化和无碳化处理，尽力加强高碳的化石能源低碳化与无碳化的利用，达到煤炭石油能源的高效清洁利用，这是我国实现清洁发展和绿色发展的必由之路。②积极发展新能源，着力促进新能源产业的绿化。围绕新能源所形成的绿色能源产业群，有可能成为新一轮经济增长和绿色经济发展的支撑点。③优先发展清洁可再生能源，逐步建立国家可持续能源体系。清洁可再生资源就是绿色能源，甚至可以说是零碳能源。因此，积极发展清洁可再生能源，是今后优化能源结构、发展绿色能源的根本方向。

奥巴马政府的绿色经济复兴计划中，实施绿色能源战略，到 2012 年美国电力总量的 10% 将来自风能、太阳能等可再生能源，2025 年这一比例达到 25%。2007 年我国发布的《可再生能源中长期发展规划》规定：可持续能源占能源消费总量的比例将从目前的 7% 增加到 2010 年的 10% 和 2020 年的 15%。因此，发展低碳经济，实现我国的低碳发展，不断提高我国非化石能源尤其是可再生能源的消费比重，向低碳无碳富氢的方向发展，逐步形成低碳与无碳能源经济体系，最后建立起国家可持续能源体系。

四、发展低碳经济必须正确认识与处理几个重要关系

（一）低碳经济与生态经济可持续发展模式的关系

低碳经济在本质上不仅是生态经济，更是可持续发展经济，是生态经济可持续发展的新发展。因此，发展低碳经济是实现生态经济协调可持续发展的本质要求与根本途径，是构建生态经济协调可持续发展模式一个核心内容，也是目前最可行的、可量化的生态经济可持续发展模式的理想形态。

（二）低碳经济与绿色经济的关系

发展绿色经济要求人们经济活动从高耗资源能源、高污染环境与高损生态的非持续发展经济到资源能源消耗最少化、环境污染最轻化与生态损害最小化的可持续发展经济的根本转变。因此，两者在本质上完全一致，应该说低碳经济发展模式是绿色经济发展模式的一种现实的具体的实现形式，低碳经济是绿色经济的最基本的实现形态。

（三）低碳经济与循环经济的关系

低碳经济与循环经济两者本质内涵是一致的，它们都是绿色经济，但也有区别。发展低碳经济是发展循环经济的必然选择、最佳体现与首选途径，并向循环经济发展提出了新要求。发展循环经济的目标中，"最少的废物排放"，首先应该是碳排放量最小化与无碳化。因此，发展循环经济要求发展低碳经济；而低碳经济发展就成为循环经济发展的重要特征。

（四）发展低碳经济与建设生态文明和"两型社会"的关系

工业文明时代的经济是碳基能源经济，是不可持续发展的经济；生态文明时代的经济是低碳无碳能源经济，是可持续发展经济。发展低碳经济，推进能源经济革命的两个根本转变，使高碳经济与能源结构向低碳无碳经济与能源结构转型，就体现着工业文明向生态文明的转型。因而，发展低碳经济就成为建设生态文明的内在要求和重要标志。低碳经济发展是建设生态文明的必由之路。

低碳经济是资源节约型、环境友好型社会的重要内涵与核心内容。发展低碳经济是"两型社会"的应有之义与首要环节。低碳经济发展越早越快，实现"两型社会"建设的目标就越早越快。建设生态文明和"两型社会"，就必须且应当发展低碳经济；低碳经济建设既是"两型社会"建设的重要载体，其发展水

平又是判断"两型社会"建设水平高低的重要标准。

五、发展低碳经济的几点建议

发展低碳经济，实现低碳发展，是发展绿色经济的系统工程。我们应该立足于中国国情，把加快低碳经济建设同建设生态文明，加强生态经济与可持续经济建设、发展循环经济和绿色经济紧密结合起来，积极推进低碳经济的健康发展。

（一）提高认识，制定规划

通过大力宣传，树立低碳经济与低碳发展的新概念，使发展低碳经济，过低碳生活的必要性、重要性和紧迫性深入人心，人人明白并自觉行动。与此同时，各级政府要把发展低碳经济、推进低碳发展放在议事日程上来，作出发展规划；并把节能减排的约束性指标纳入发展低碳经济的发展目标和发展措施。

（二）加强绿色能源技术创新，形成低碳与无碳经济技术体系

应对气候变化的解决方案，在于大力发展绿色能源技术，进行绿色能源技术创新。这就是清洁能源技术和清洁生产技术，及低碳与无碳技术。高度重视和大力推进绿色技术创新和先进低碳技术研究、开发、运用与推广，形成绿色能源技术体系和低碳与无碳国民经济技术体系，以保证实现中国现代经济的低碳化与无碳化发展。

（三）加强绿色制度创新，形成低碳与无碳发展体制机制

完善、发展社会主义市场经济的主要方向，就是建立社会主义生态市场经济体制，加快形成社会主义可持续经济发展体制机制，及通过这种绿色制度创新，推动低碳经济与低碳产业的健康发展。因此，我们应当有步骤地、有重点地推进发展低碳经济的各项体制机制创新。主要有：产业结构绿化的体制机制创新、节能环保产业发展的体制机制创新、碳减排交易的体制机制创新、绿色信贷体系的体制机制创新、绿色科技与绿色能源技术的体制机制创新、与低碳发展相适应的绿色管理体制机制创新、与低碳经济发展相适应的法制保障体制，形成低碳发展、清洁发展、绿色发展的法制机制等。

（四）发展低碳经济必须以政府为主导，公民广泛参与

发展低碳经济在实质上不仅是社会生产方式与经济发展方式的深刻变革，而且是社会生活方式与人类消费方式的深刻变革。因此，低碳发展，人人有责，低

碳发展参与大众化。政府发挥主导作用，引领生活方式与消费方式，培育全民低碳发展意识，使低碳发展成为全社会的一种社会公德，营造低碳的生活方式与消费文化氛围：政府和社会组织运用多种手段引导公民从高碳的生活方式与消费方式向低碳与无碳的生活方式与消费方式转变，形成低碳发展参与大众化。

参考文献

[1] 方时姣. 也谈发展低碳经济 [N]. 光明日报，2009 – 05 – 19. [Fang Shijiao. Talking about the Development of Low-carbon Economy [N]. Guangming Daily，2009 – 05 – 19.]

[2] 谢军安等. 我国发展低碳经济的思路与对策 [J]. 当代经济管理，2008，(12). [Xie Junan et al. The Thoughts and Measures about the Development of Low-carbon Economy in China [J]. Contemporary Economic Management，2008，(12).]

[3] 付允等. 低碳经济的发展模式研究 [J]. 中国人口·资源与环境，2008，(3). [Fu Yun et al. The Development Patterns of Low-carbon Economy [J]. China Population，Resources and Environment. 2008，(3).]

（原载《中国人口·资源与环境》2010 年第 4 期）

绿色经济思想的历史与现实纵深论

理论和实践都表明，绿色经济是生态经济与可持续性经济的现实象征与生动概括。绿色经济理论是生态经济与可持续性经济的新发展和新概括。21 世纪，生态经济与可持续性经济发展已经成为一种比较系统的、完整的绿色经济发展理论，标志着当今世界和当代中国绿色经济理论已经形成。绿色经济与绿色发展是中国特色社会主义的应有之义和重要内涵，以胡锦涛为总书记的中央领导集体的绿色经济与绿色发展思想，是绿色经济发展理论的当代马克思主义形态，是科学发展观的新发展，谱写了当今世界和当代中国绿色经济理论的新篇章。对此，有必要对绿色经济理论的发展从思想史的角度来考察。

一、皮尔斯等借用绿色经济名词表达环境经济学理念

在 1989 ~ 1995 年间，英国经济学家大卫·皮尔斯等人撰写出版了《绿色经济的蓝图》丛书，共 4 部。按照中国人的思维方式，顾名思义，这套丛书的主旨与内容，理所当然是阐明绿色经济的概念、范畴和理论，提出绿色经济的发展蓝图。其实不然，从"蓝图 1"至"蓝图 4"，都是"有关环境问题的严肃书籍"。正如作者在"蓝图 4"的前言所指出的"绿色经济的蓝图从环境的角度，阐述了环境保护及改善问题"①。可见，皮尔斯是把"绿色经济"作为环境保护与改善的代名词来使用的，只能看作是环境经济学的新概括，最多也只能看成是浅绿色的环境经济；却不能界定为绿色经济的新理念、新理论。

"蓝图 1"1989 年出版，主要介绍英国的环境问题和环境政策制定，正如作者强调指出的"我们的整个讨论都是环境政策的问题，尤其是英国的环境政策。"②"蓝图 2"1991 年出版，是把"蓝图 1"的思想拓展到世界和全球性环境问题和环境政策。"蓝图 3"1993 年出版，它又回到"蓝图 1"的主题，并将重

---

① 皮尔斯：《绿色经济的蓝图》（4），徐少辉等译，北京师范大学出版社 1997 年版，第 1 页。
② 皮尔斯：《绿色经济的蓝图》（1），何晓等译，北京师范大学出版社 1996 年版，第 4 页。

点放在英国经济的环境问题上。因此，本书"实际上是'环境现状报告'和最新可持续发展理论与方法的综合。"①"蓝图4"1995年出版，它重新又回到"蓝图2"所说的问题。"它指出，保护环境将会使人们尽力去寻找一种广泛的、想象中的'世界交易'……这场交易会激发每个人保护环境的兴趣。"② 这些，充分表明，本系列专著都是"从环境经济学的角度，阐述了环境保护及改善问题"，它的核心问题是讨论经济和环境相互作用、相互影响的环境经济政策问题。因此，这四本小册子都属于环境经济学著作；所谓《绿色经济的蓝图》，在本质上是一套环境经济系列丛书，不是绿色经济系列丛书。正因如此，本丛书1996年在我国出版时，就界定为《环境经济学系列》，其图书在版编目（CIP）数据明确标为Ⅲ，"环境经济学"。

之所以说它不是绿色经济系列丛书，其根本原因还在于，在四本小册子中，有三本除书名冠名为"绿色经济的蓝图"外，每本书的内容从头到尾，任何章节都没有使用绿色经济这个词，更没有对这个新概念及其理论有所论述；只是"蓝图2"的第二章第一节两次使用绿色经济这个名词：一是"我们的论点，'绿色'经济在处理国家限定的环境损失方面发挥了很大作用，但在扼制这些令人生畏的问题方面同样可以发挥很大作用。"二是在同一页，写道"我们所称的绿色经济的观点认为这一过程既没有必要也不可取。在我们等待整个世界都变成'精神绿色'的时候，它会更多地丧失或恶化。"可以说，《绿色经济的蓝图》系列论丛，对绿色经济的新概念、新思想、新理论，没有作任何诠释和论述，仅仅只是借用了绿色经济这个名词，来表达过去的25年里环境经济学不同流派发展的新综合。这是因为，在20世纪80年代后期，世界环境保护战略已经提出了可持续发展的思想与战略，使环境经济的理论与实践，正在向可持续发展领域扩展与融合；人们把环境问题看成是当今世界最重要的社会、经济、政治问题。对于这种新情况，皮尔斯等经济学家认为，这使"世界变得'更绿'了。我们对环境与经济相互作用的理解也日益更新。"③ 因此，在他们看来，用绿色经济这个名词更能概括他们对环境经济和最新可持续发展的综合认识的"日益更新"，即用绿色经济这个术语能够表达他们对环境问题和可持续发展综合研究的新进展。因此，我们认为，《绿色经济的蓝图》是借用绿色经济之名，表达环境经济之实。但实际上，我国学术界的一些论著，诸如《绿色经济发展和管理》《绿色经济导论》等书，以及《解读绿色经济》等论文都明确指出，"绿色经济"这一名词源自经济学家皮尔斯于1989年出版的《绿色经济蓝皮书》。

不可否认，皮尔斯等人在当今世界率先使用绿色经济这个新概念，表述他们

---

① 皮尔斯：《绿色经济的蓝图》（3），李巍等译，北京师范大学出版社1996年版，第1页。
② 皮尔斯：《绿色经济的蓝图》（4），徐少辉等译，北京师范大学出版社1997年版，第43页。
③ 皮尔斯：《绿色经济的蓝图》（2），初兆丰等译，北京师范大学出版社1997年版，第10页。

对环境经济学研究的新进展，可以说是一个学术创新，使这一学术成果在一些国家传播；与此同时，也使绿色经济的新观念得到传播，尤其这套丛书在我国出版后，引起了不少中国学者对绿色经济研究的兴趣。这种学术效应，功不可没。我们必须肯定。这是一方面。但另一方面，正因为皮尔斯等人把绿色经济粘贴在环境经济学上，这在客观上是把绿色经济纳入环境经济学的理论框架之中，使它成为环境经济学的理论范畴，就必然产生一些不良的学术影响。

首先，按照皮尔斯等人的"蓝图"的学术路径，我国出版绿色经济方面的学术专著，基本上落入"环境经济学陷阱"，皮尔斯等人的"绿色经济的蓝图"共4本小册子，1996年12月和1997年1月，由北京师范大学出版社出版的中文版在我国发行之后，中国学者出版的绿色经济专著有：刘思华主笔的《绿色经济论》（2001年）、李向前等的《绿色经济——21世纪经济发展新模式》（2001年）、张春霞的《绿色经济发展研究》（2002年）、邹进泰等的《绿色经济》（2003年）、赵弘志等编著的《绿色经济发展和管理》（2003年）、刘思华等主编的《绿色经济导论》（2004年）、鲁明中等主编的《中国绿色经济研究》（2005年）、张兵生的《绿色经济学探索》（2005年）、严行方的《绿色经济》（2008年）等，除了《绿色经济论》以外，九部绿色经济著作的图书在版编目（CIP）数据均为环境经济学—研究Ⅳ·Ⅹ196。这就是说，它们同北京师范大学出版社出版的皮尔斯等人的"蓝图"丛书一样，都属于环境经济学的著作。其实，这些著作同皮尔斯等人的"蓝图"大不一样，直接讨论环境经济与环境政策制定问题的内容并不多，主要是运用生态经济理论和可持续发展经济理论来论述绿色经济问题。因此，把这些绿色经济著作划为环境经济学研究，好比是21世纪新兴经济学科发展史上的一桩学术"冤案"。

其次，把绿色经济当作环境经济的代名词，必然歪曲绿色经济的科学内涵和本质特征。人类文明发展史表明，生态文明是继工业文明之后的一种全新的文明形态，是人类社会发展迄今最高的文明形态。它的经济形态就是生态经济形态，其实现形态和形象概括，就是绿色经济形态。因此，生态文明时代的经济是绿色经济，这是毫无疑问的。而工业文明时代的经济是工业经济，其现实形态和形象概括是黑色经济。正是在这个意义上说，绿色经济在本质上是取代工业经济并融合知识经济的一种全新的经济形态，是生态文明时代的主导性的经济形态。因此，我们可以把绿色经济表述为：以生态文明为价值取向，以生态、知识、智力资本为基本要素，以人与自然和谐发展和生态与经济协调发展为根本目标，实现生态资本增值的可持续经济。这样界定绿色经济，就准确地体现了绿色经济是人类文明由工业文明向生态文明转型的生态文明时代的产物，绿色经济学是人与自然和谐统一，生态与经济协调发展的生态文明时代的必然的理论概括与学理表现。而环境经济学则是调整、修补、缓解人与自然的紧张、环境与经济的互损关系的工业文明时代的产物，是建设工业文明的理论概括与学理表现。因此，把绿色经济纳入环境经济学的理论框架，就必然遮盖了绿色经济的本来面目，极大伤害了它的本质内涵与基本特征。

最后，把绿色经济纳入环境经济学的理论框架，就使得绿色经济发展观成为浅绿色发展观，就会误导绿色经济发展的实践。环境经济学的发展观是浅绿色环境发展观，它是建立在环境与发展相互分离的基础之上，视生态环境为经济增长的外生变量；其思想基础是人类中心主义，认为保护资源环境，归根结底是为了人类的生存与发展，把实现人类自身利益作为保护资源环境的出发点和归宿。因此，浅绿色环境发展观，只是主张克服工业文明发展造成的资源枯竭、环境污染的严重弊端，促进工业文明的高度发展。绿色经济发展观是深绿色生态发展观，它是建立在自然、人、社会有机整体发展的基础之上的，视生态环境为经济发展的内生变量；其思想基础是人类中心主义和生态中心主义的辩证综合，认为保护生态环境、建设生态文明，既是为人类的生存发展，又是为自然生态系统健康发展，实现人类自身的利益和自然的利益，都是人类生态实践的出发点和归宿。因此，在现阶段发展绿色经济，不仅要克服工业文明发展的各种弊端，而且要超越工业文明，铸造生态文明的新形态。所以，把绿色经济纳入环境经济学的理论框架来指导实践，最多只能缓解生态环境危机，是不可能从根本上解决生态环境问题的，也不可能克服生态环境危机，也就谈不上实现生态经济协调可持续发展。

二、中国学者对绿色经济的重新界定

皮尔斯在"蓝图 2"的前言中强调指出，他们撰写"蓝图"丛书，"是将环境经济学的不同流派综合到一起"，然后"将这些理论运用到现代经济的环境问题上"。因此，"蓝图"的主题"不仅是讨论国内环境政策，也指整个全球环境政策"。[①] 而丛书的书名都使用了"绿色经济"这个新观念，这就使得"蓝图"披上了绿色经济的华丽外衣，环境经济学贴上了绿色经济新观念的标签。不管作者的主观意识如何，在客观上就把绿色经济纳入环境经济学的理论框架，成为环境经济学的代名词，使绿色经济蒙受"不白之冤"。以刘思华教授为代表的中国学者在一系列的论著中对绿色经济作了全新的诠释。

（1）刘思华在 1994 年 8 月出版的《当代中国的绿色道路——市场经济条件下生态经济协调发展论》中，把发展社会主义市场经济的绿色道路，作为探索中

---

① 皮尔斯：《绿色经济的蓝图》（2），初兆丰等译，北京师范大学出版社 1997 年版，第 3、9 页。

国特色的社会主义经济发展道路问题，明确而系统地提到人们面前。该书的副标题："市场经济条件下生态经济协调发展论"就是针对皮尔斯把绿色经济当作环境经济的代名词而言的，表明该书是以生态经济协调发展论作为研究绿色经济发展道路的理论支撑点，并使这个生态经济学理论的精华成为贯穿全书的生命线。这在国内外首次把绿色经济与绿色发展纳入生态经济学的理论体系。正因如此，老一辈著名生态经济学家石山先生为该书写的书评的题目为："中国生态经济学面向 21 世纪走向世界的重要标志"，他明确指出：本书表明了"生态经济学研究的探索性和实践性的有机统一"，"理论性和应用性的有机统一。"① 该书的版权页当时没有图书在版编目数据，只是标明鄂新登字 01 号。

（2）中国学者提出发展绿色经济的新发展理念。1998 年，刘思华教授在给湖北省 21 世纪经济发展战略讨论会提交的《发展绿色经济推进三重转变》论文中，提出了发展绿色经济的新的经济发展观，指出，"人类正在进入生态时代，人类文明形式正在由工业文明向生态文明转变，这是人类发展绿色经济，建设生态文明的一个伟大实践。"② 张春霖教授认为"发展绿色经济是中国实现可持续发展战略的必经之路"，"也是企业生存与发展的现实选择"，"是中国首先提出的，是根据我国国情的现实选择"。③ 邹进泰、熊维明的《绿色经济》一书中指出：绿色经济发展"是从单一的物质文明目标向物质文明、精神文明和生态文明多元目标的转变。发展绿色经济，尤其是要避免'石油工业'、'石油农业'所造成的高消耗、高消费、高生态影响的物质文明，而造就高效率、低消耗、高活力的生态文明。"④

（3）2001 年 1 月，刘思华教授主笔的《绿色经济论——经济发展理论变革与中国经济再造》一书，根据现代经济发展的客观进程与内在逻辑，从一个全新的视角，采用"从一到多"的研究模式，深刻地阐明了一系列重大的绿色经济理论前沿和现实前沿问题。对绿色经济作了这样的界定："绿色经济是可持续经济的实现形态和形象概括。它的本质是以生态经济协调发展为核心的可持续发展经济。"⑤ 这个界定肯定了绿色经济的生态经济属性，揭示了它的可持续经济的本质特征。尤其是强调"只有发展绿色经济，才能长期地保持自然生态的生存权和发展权的统一，使生态资本存量在长期发展过程中不至于下降或大量损失，保证后一代人至少能获得与前一代人同样的生态资本与经济福利。"⑥ 该书还率先提

---

① 石山：《中国生态经济学面向 21 世纪　走向世界的重要标志——刘思华新著〈当代中国的绿色道路〉引发的思考》，载《生态经济》1995 年第 2 期。

② 刘思华：《刘思华文集》，湖北人民出版社 2003 年版，第 403 页。

③ 张春霖：《绿色经济发展研究》，中国林业出版社 2002 年版，第 63 ~ 65 页。

④ 邹进泰、熊维明等：《绿色经济》，山西经济出版社 2003 年版，第 12 页。

⑤⑥ 刘思华主编：《绿色经济论》，中国财政经济出版社 2001 年版，第 3 页。

出要在 21 世纪把社会主义中国建设成为"绿色经济强国"的奋斗目标。该书版权页的图书在版编目数据明确为"生态经济学——研究 IV·F062.2",从而恢复了绿色经济的本来面目。

（4）2002 年 10 月，刘思华教授在湖北省绿色经济发展战略研讨会上发表的"发展绿色经济的理论与实践探索"一文，被多家报刊和网站转载。该文指出"绿色经济发展是人类文明时代由工业文明时代进入生态文明时代的必然进程"，"它体现了经济发展现代化的实质与方向"。① 该文对绿色经济新概念的本质内涵再次强调了三点：一是强调了绿色经济本质上是生态经济协调可持续发展的经济形态；二是强调了绿色经济是生态经济可持续发展的最佳模式，实质上是一种生态经济可持续发展模式；三是强调了绿色经济建设，就其实质内容而言，既是通过生态建设而进行的经济建设，又是通过经济建设而进行的生态建设，是两者内在统一与协调发展的可持续发展经济建设。② 该文还论述了发展绿色经济的根本目标、基本原则、产业形式、运行机制模式，发展绿色经济的制度创新、技术创新和生态创新等，并认为："发展绿色经济，推进现代经济的'绿色转变'，走出一条中国特色的绿色经济建设之路，实现中国经济可持续发展"，"是中国经济再造的伟大革命"。③ 可以说，绿色经济发展理论，与其说是一种现代经济发展理论，还不如说它是一种生态经济发展理论，更是一种可持续经济发展理论。

综上所述，皮尔斯等人的"蓝图"丛书，把绿色经济作为环境经济学代名词，对绿色经济所作的狭隘的理解，只是看到它能够克服工业文明的黑色经济的弊端，而看不到乃至丢弃了绿色经济是生态与经济内在统一与协调发展的核心内容，丢弃了绿色经济是超越工业文明的黑色经济，铸造生态文明的可持续经济的本质内涵。因此，只有把绿色经济作为生态经济发展与可持续性经济发展的新概括与代名词，使 21 世纪现代经济发展理论形成绿色经济发展理论，才是绿色经济的本来面目。这样，我们才能真正树立绿色经济发展观，才能实现从传统经济学的不可持续性经济发展观向绿色经济学的可持续性经济发展观的根本转变。绿色经济形象地概括了生态经济，准确地体现了可持续性经济，鲜明地反映了生态经济协调可持续发展。因此，绿色经济发展理论是可持续性经济发展理论在 21 世纪新发展的突出表现。

三、应对多种危机开启绿色经济发展的新航程

资本主义市场经济与工业文明的高度发展，不仅创造了物质生产力的高度发

---

① 刘思华:《刘思华文集》，湖北人民出版社 2003 年版，第 607 页。
② 刘思华:《刘思华文集》，湖北人民出版社 2003 年版，第 608～609 页。
③ 刘思华:《刘思华文集》，湖北人民出版社 2003 年版，第 611～612 页。

展和高物耗的生活水平；同时也制造了以生态环境问题为主线的一系列"人类困境"，使人类生存与发展面临着一系列全球性危机的严重挑战。尤其是包括气候变化在内的全球生态环境危机，已成为 21 世纪人类生存与发展面临的主要危险。当前世界正面临着全球气候变化和全球金融危机与整个资本主义经济危机这两个重大挑战。为应对这种生态经济可持续发展危机，2008 年 10 月，联合国环境规划署推出了一项"绿色经济计划"，提出了全球绿色新政的新概念；并在 2009 年 2 月召开的第 25 届理事会郑重地提出了"实行绿色新政、应对多种危机"的倡议。接着，4 月初又发布了《全球绿色新政政策概要》的报告，呼吁各国领导人实行绿色新政，实施绿色经济发展战略。2009 年以来，世界各国都在努力实践绿色新政，发展绿色经济，促进绿色复苏。4 月 2 日的伦敦 G20 领导人峰会发表声明，明确承诺要"使经济朝着有复原能力的、可持续的、绿色复苏的目标迈进""建立可持续经济"。9 月 9 日在马尼拉召开的亚洲绿色产业大会通过了《关于亚洲绿色产业和行动框架的马尼拉宣言》，强调要积极应对气候变化，大力调整产业结构，全力向绿色发展转型。可见，"全球绿色新政"不仅是世界各国摆脱目前金融危机与经济衰退的最佳出路，而且有望为应对气候变化和通向可持续未来经济发展铺平道路，从而开启了绿色经济发展的新航程。对此，联合国秘书长潘基文指出，绿色经济正在对发明和创新等活动产生积极推动作用，其规模之大，可能是工业革命以来所罕见的。有以下几点需要强调。

1. 发展绿色经济和绿色产业，已成为目前世界经济发展的一个大趋势。

胡锦涛同志在 2009 年亚太经合组织工商领导人峰会上的演讲指出："历史经验表明，每次重大经济危机都会伴生重大科技突破和产业调整，强力推动经济发展方式转变。"[①] 这次百年一遇的国际金融危机和全球资本主义经济危机更是如此。它既带来了一系列重大挑战，又带来了新的发展机遇，其突出表现为重大绿色挑战与新的绿色发展机遇。正如李克强同志在全国节能工作座谈会、中日节能环保综合论坛、中国环境与发展国际合作委员会 2009 年年会等国内国际会议上所指出的，目前世界经济正在发生大变革大调整，全球气候变化、能源资源安全等重大课题提到重要议程，清洁能源、节能减排等新技术革命方兴未艾，发展绿色经济已经成为国际上一个重要趋势；发展绿色产业、是世界产业结构调整的一大趋势，发展前景十分广阔。[②] 华盛顿国际经济研究所的一些研究人员也认为；世界走向绿色经济是大势所趋，应对全球气候变化是 21 世纪的主要挑战。在他们看来，美国应对金融危机和全球气候变化，实施绿色经济复兴计划，发展清洁能源，可以改变在应对气候变化问题上的被动形象，重新树立美国在这一全球性问题上的

---

① 《胡锦涛在亚太经合组织工商领导人峰会上发表重要演讲》，载《光明日报》2009 年 11 月 14 日。

② 李克强：《以节能为抓手，推动结构调整》，载《光明日报》2009 年 11 月 9 日。

主导权，将使美国成为绿色创新的中心，为美国带来巨大的商机和丰厚回报。

2. 发展绿色经济，是世界各国发展共同的目标和使命。

应对国际金融危机和气候变化，不应带来新的生态环境危机，向绿色发展转型正是解决这两大问题的最有效的理想对策。尤其是随着各国经济陆续复苏，发展绿色经济，推进世界经济的绿色转型，是世界各国发展共同的目标和使命。因此，奥巴马政府为挽救美国经济，改变在应对气候变化问题上的被动形象，实行绿色新政，主打绿色大牌，推出绿色经济复兴计划，实施以优先发展清洁能源、积极应对气候变化为基本内容的绿色能源战略。奥巴马的绿色经济战略的最终目标，是通过能源的绿色转型减少化石能源进而促进国际秩序的重建，促进全球经济绿色转型，再造以美国为中心的国际政治经济秩序。而我国应对目前世界面临着的两大挑战，推动中国经济向绿色转型，是要促进经济全球化朝着均衡普惠共赢的方向发展，为世界经济稳定发展提供良好环境和新的动力，与世界各国一起努力创建一个经济发展、生态改善、社会公正的国际政治经济与环境新秩序。因此，在中美联合声明中，双方强调气候变化是我们时代的重大挑战之一，应对气候变化，向绿色经济、低碳经济转型十分关键，并认为，这种绿色转型是促进所有国家经济持续增长和可持续发展的机会。

3. 实施绿色经济战略，开启了国际经济竞争的新方向。

奥巴马政府大力推动绿色经济战略，开启了重塑美国经济竞争力的新方向。英国政府也在大力推动发展绿色经济、低碳经济和应对气候变化，当然不会坐视美国抢走自己在气候变化上拥有的领先地位。2009 年以来，英国政府多次强调后危机时代的发展和竞争问题，首先公布了"构建英国未来"的纲领性文件《新工业、新工作》，勾勒出危机后英国的总体发展目标和战略，提出要"以战略性眼光"来对待经济复苏，力争在全球经济复苏之后占据发展制高点，确保英国在危机后的全球竞争中处于领先地位。在西方发达国家中，英国一贯表现出自己是应对气候变化的急先锋的姿态。因此，向低碳经济转型，是英国后危机发展战略之一；不仅制定了《英国低碳工业战略》，对英国低碳工业的现状和未来机会及战略作了详细分析和总体构想；而且发布了国家战略文件《英国低碳转换计划》，这是英国绿色能源革命和应对气候变化的重要蓝图，开启了英国绿色能源革命应对气候变化的新航程，"欲将英国打造成世界绿色制造业中心"。2009 年 3 月，欧盟宣布到 2013 年以前，将投资 1050 亿欧元支持各国推行发展绿色经济计划，使绿色经济成为带动欧盟经济的新的增长点，保持在绿色技术环保领域的世界领先地位。同年 11 月，欧盟委员会正式提出打造"绿色知识经济体"的战略构想，设想把欧盟经济建设成既有竞争力又更加绿化的经济。[1]

---

① 姚立：《发展低碳经济　缓解就业压力》，载《光明日报》2009 年 12 月 7 日。

4. 发展绿色经济，是推进世界经济创新发展，也是促进世界经济可持续发展。

世界各国应对国际金融危机和气候变化的过程，正如李克强同志所说的"是人们思想革故鼎新的过程，也是世界经济创新发展的过程。"① 21 世纪是建设生态文明和发展绿色经济的新世纪。它的社会文明的主导形态是生态文明或绿色文明；主导经济形态是生态经济或绿色经济。因此，绿色经济、低碳经济是一种创新经济。发展绿色经济、低碳经济的过程，就是世界经济创新发展过程。江泽民同志曾经指出："创新是一个民族的灵魂，是一个国家兴旺发达的不竭动力。"发展绿色经济、低碳经济，是关系每个国家经济繁荣、民族兴旺、文明昌盛的战略之举，也是为世界经济可持续发展提供新的内在动力。发展绿色经济、低碳经济的过程，"是人们思想革故鼎新的过程"，即是首先要创新价值观念、发展观念和发展思路。这就是革工业文明思想观念之故，鼎生态文明思想观念之新。然而，不要说包括当代中国在内的发展中国家，就是当今发达国家已经发展到后工业社会，进入"后工业文明时代"，但人们的价值观念、发展观念和发展思路还停留在工业社会，基本上处于工业文明时代。因而需要一场彻底生态经济价值观革命，一场绿色文化革命，创新价值观念、发展观念和发展思路，树立生态文明的绿色价值观、绿色发展观和绿色实现观。以胡锦涛为总书记的党中央绿色经济与绿色发展思想，正是工业文明向生态文明转型时期的思想理论表现，在本质上是生态文明时代的绿色价值观、绿色发展观、绿色实现观。这是绿色经济发展观的基本点。

参考文献

［1］中央文献研究室：《科学发展观重要论述摘编》，中央文献出版社、党建读物出版社 2008 年版。

［2］刘思华：《绿色经济论——经济发展理论变革与中国经济再造》，中国财政经济出版社 2001 年版。

［3］刘思华：《生态马克思主义经济学原理》，人民出版社 2006 年版。

［4］张兵生：《绿色经济学探索》，中国环境科学出版社 2005 年版。

［5］方时姣：《中国绿色外贸战略》，中国财政经济出版社 2004 年版。

［6］张春霞：《绿色经济：经济发展模式的根本转变》，载《福建农业大学学报》（社科版）2001 年第 4 期。

（原载《马克思主义研究》2010 年第 6 期）

---

① 李克强：《保护生态环境　促进结构调整》，载《光明日报》2009 年 11 月 12 日。

绿色发展的理论归旨与社会主义
经济创新发展[*]

社会主义文明发展新道路的实现形式或现实形态就是社会主义文明的绿色发展新道路。如果说资本主义文明成功地按照自身发展的工业化道路即工业文明范式塑造全世界，哪怕走社会主义市场经济发展道路的中国也不例外，[1]那么可以说，中国率先提出建设社会主义生态文明，社会主义文明就应当按照自身发展的社会主义文明的绿色发展道路即生态文明范式塑造全世界，哪怕是实行生态资本主义的资本主义国家也不例外。从当今人类文明发展的实践来看，无论是建设社会主义生态文明还是实行生态资本主义路线，都在实施绿色发展战略，都朝着绿色化创新转型的方向发展。因此，人类文明全面进步和经济社会全面发展的绿色发展正在成为 21 世纪世界发展的大趋势。

一、绿色发展的理论归旨

在建设生态文明，发展绿色经济，推进绿色发展中，必须协调人与自然、人与人、人与社会之间相互关系，实现自然生态、社会人文生态和人类生态全方位和谐发展，这是绿色发展的真谛，笔者称之为广义生态化论。可见，和谐发展和绿色发展是一个问题的两个方面，是建设生态文明、发展绿色经济、构建和谐社会的核心理念和根本方向。

在著名生态经济学家刘思华看来，生态化是一个综合科学的概念，它的本真含义是人类实践活动和经济运行与发展反映现在生态学的真理。因此，生态化主要是指运用现代生态学的世界观和方法论，尤其依据"自然、人、社会"复合生态系统整体性观点观察和理解现实世界，用人与自然和谐协调发展的观点去思考和认识人类社会的全部实践活动，用最优地处理人与自然和谐协调发展的观点去

---

* 本文定稿得到刘思华先生指导，并将他的一些新观点写进本文，在此深表谢意。

思考和认识人类社会的全部实践活动，最优地处理人与自身的人类生态关系，最终实现生态经济社会有机整体全面和谐协调可持续的绿色发展，使人类文明进步和经济社会发展更加符合自然生态规律、社会经济规律和人自身的规律，即"支配人本身的肉体存在和精神存在的规律"。[2]455在刘思华生态文明理论与绿色发展学说中，他把生态作为经济社会发展的内核，这种广义生态化的经济社会发展不再以市场法则为根本导向，而是以生态法则为根本导向，[3]133使生态化成为经济社会发展的根本价值和根本原则。正因如此，广义生态化成为生态文明与绿色发展的基本范畴和理论归旨。

当今人类生存与发展需要进行一场深刻的生态经济社会革命，走绿色发展新道路，推进人类生存与发展的生产方式和生活方式的绿色化创新转型和绿色创新发展。

值得一提的是，我们必须从自然、人、社会有机整体的新视角出发，考察与理解绿色发展的理论本质、科学内涵与实践主旨。刘思华在中国生态经济建设2013年杭州论坛上发表开幕词，把绿色发展这一科学概念表述为："以生态和谐为价值取向，以生态承载力为基础，以有利于自然生态健康和人体生态健康为终极目的，以追求人与自然、人与人、人与社会、人与自身和谐发展为根本宗旨，以绿色创新为主要驱动力，以经济社会各个领域和全过程的全面生态化为实践路径，实现代价最小成就最大的生态经济社会有机整体全面和协调可持续发展。"[4]笔者认为，这个新界定准确地体现了绿色发展的实质，是自然、人、社会有机整体价值的全面协调与和谐统一，是实现生态经济社会有机整体协调与可持续发展，反映了生态文明时代的绿色发展的真谛。因此，"绿色发展是整体性、综合性的发展理念，是生产力、生产关系（经济基础）、上层建筑有机统一，全面、综合发展的绿色体现"。[5]

二、绿色发展的实践指向与本质要求

人类文明与经济社会绿色发展的实践指向内在要求人类社会的经济、科技、文教、政治、社会活动等经济社会运行与发展的全面生态化。在当代中国，就是使中国特色社会主义经济社会体系运行朝着人性化与生态化的方向发展。这是绿色发展观和社会主义生态文明对工业文明黑色经济社会形态的时代性扬弃和实践性超越。不仅如此，它还内在要求人类文明与世界经济社会体系运行朝着绿色化转型创新即绿色转型与绿色创新有机统一的方向发展。在当代中国，就是要大力推进中国特色社会主义经济社会体系运行朝着绿色化转型创新的方向发展，成为中国生态经济社会有机整体运行与发展的内在机制、主要内容、基本路径与绿色成果。

在当代，人类已经在开创绿色化转型创新发展的新道路，人类文明演进与世界现代经济社会发展出现了最令人瞩目的时代潮流：一是世界经济发展的生态化，现代经济社会绿色变革的普遍化，这是现代经济社会发展的大趋势；二是世界生态发展的经济社会化，现代生态变迁与绿色转型创新的普遍化，这是现代经济社会发展的大潮流。这两大趋势的有机统一，将推进 21 世纪人类文明进步和世界经济社会发展，是世界各国共同构建人类命运共同体的绿色道路与伟大进程。

当下中国，探索绿色化转型创新发展新道路，可以解决中国特色社会主义文明与经济社会发展的诸多难题，在此简述以下三方面内容。

第一，探索绿色化转型创新发展新道路，就开辟了社会主义现代化建设绿色化新发展的广阔的现实道路。党的十八大提出了"建设美丽中国"的奋斗目标，这是建设社会主义生态文明的主旨与真谛的形象概括和生态表述。党的十九大进一步提出，要"把我国建成富强民主文明和谐美丽的社会主义现代化强国"。[6]29 正是在这个意义上说，美丽中国，就是中国特色社会主义生态文明，就是中华民族伟大复兴的中国梦。习近平总结得好："建成富强民主文明和谐的社会主义现代化国家的奋斗目标，实现中华民族伟大复兴的中国梦，就是要实现国家富强、民族振兴、人民幸福。"[7]234 因此，实现中华民族伟大复兴的中国梦，不仅是经济与物质世界的崛起即物质之梦，而且是文化与精神世界的崛起即精神之梦；更重要的是生态与自然世界的崛起即生态之梦，它是中华文明伟大生态复兴的绿色梦即绿色中国梦。这是建设美丽中国，实现中华民族伟大复兴中国梦的题中应有之义。

21 世纪，生态文明与绿色经济时代的中国崛起的绿色中国梦有两层含义：一是实现经济大国向绿色经济强国的全面转型；二是由生态弱国向生态文明强国的整体转型。前者是经济社会形态的绿色转型，后者是文明形态的生态转型。实现双重绿色转型，才能真正实现美丽中国的伟大梦想。正是从这个意义上说，建设生态文明富国和绿色经济强国，是中华民族绿色崛起、建设富强民主文明和谐美丽的社会主义现代化国家的必由之路和时代特征。由此，我们说，建设社会主义生态文明、开创绿色化转型创新发展新道路，与建成富强民主文明和谐美丽的社会主义国家，开辟了绿色创新发展的广阔现实道路，必将成为中国特色社会主义文明与经济社会绿色创新发展道路的实现形式。

第二，探索绿色化转型创新发展新道路，为中国社会主义经济社会发展动力转换谋划了新思路。改革开放 30 多年间，我国工业文明社会经济发展的推动因素与主要发展动力，尤其是经济发展动力主要来自外部因素拉动和物质投入因素即要素推动，这是"工业文明"经济增长的重要特征，也是其运行与发展的基本路径，这种发展模式的不良后果已为世人所知。因此，我国经济发展要根治"工业文明"经济增长依赖症，走上生态文明创新经济发展之路，首先就是要转换经济发展的推动因素和主要驱动力。

当下，我国经济发展已进入新常态阶段，我国已成为世界第二大经济体，在新历史起点上，要又好又快地全面推进经济大国向经济强国、富国的历史转变。这种外部环境的深刻变化所产生的压力和我国新阶段历史发展的内在要求所产生的动力，使经济发展不可能继续以要素与出口为主要驱动力，投资等物质投入拉动和廉价劳动力等低成本要素驱动已无法保证我国经济发展的稳定性、协调性和可持续性，必须寻找新的推动因素和主要驱动力。这已成为历史必然。我们要从国际、国内发展的大趋势来认识，在经济社会快速发展与地球有限承载力的矛盾日益尖锐的情况下，"创新成为解决人类面临的能源资源、生态环境、自然灾害、人口健康等全球性问题的重要途径，成为经济社会发展的主要驱动力"；[8] 只有创新成为国家竞争力的核心要素，把"实现创新驱动发展作为战略选择"，[8] 经济发展方式才能从资源依赖型、投资驱动型向创新驱动型为主转变。因此，开创绿色化转型创新经济发展道路的首要任务，就是按照绿色发展的本质要求和实践主旨，构建、优化创新经济发展的动力结构，使创新尤其是绿色创新既成为当前解决工业文明的经济社会发展模式和加快转变经济发展方式的主导力量，又成为解决面向未来走向生态文明形态和经济社会形态的主要驱动力。因此，当务之急是使我国经济真正摆脱"工业文明"经济增长依赖症，大力推进我国经济绿色创新、绿色转型、绿色发展，使绿色创新逐渐成为我国经济社会发展的主要驱动力。

综上，必须大力发展绿色创新经济，提高经济绿色化程度，为我国经济发展的升级提供新动力。由此，我国从经济大国向经济强国、富国的转变过程中，其提升方向和主要推动力是发展绿色创新经济，可以说，绿色创新经济发展已成为中国经济社会发展的决定性因素，从而走出一条中国特色社会主义文明与经济社会绿色创新发展新道路。

第三，探索绿色化转型创新发展新道路，为人们在生态创造性实践活动中，[10]31-33 正确处理建设生态文明和发展工业文明的发展关系[11]打通了一条绿色通道。深刻认识和正确处理建设生态文明和发展工业文明的发展关系，走出一条两者互补、互促、互融的绿色发展道路，这是 21 世纪上半叶中国特色社会主义经济发展和中华文明进步的重大难题，更是探索绿色化转型创新发展道路的历史难题。纵观人类文明发展史，西方发达资本主义国家用了近 300 年时间才实现工业化，使 10 亿人口进入工业社会。处于社会主义初级阶段的中华文明，就总体而言，其变革演进是不可能超越物质生产力的"卡夫丁峡谷"的。发展工业文明、实现工业化，成为中国社会主义文明发展不可跨越的历史阶段。我国仅用了

60 年时间就阔步进入工业化中后期，实现了由农业文明向工业文明的根本转型，13 亿人民生活在以工业文明为主导形态的工业社会。但工业化的历史任务还没有最终完成，还要继续发展工业文明，并着力防止、克服工业文明的经济黑化现象，这仍然是发展中国特色社会主义现代化事业的一项战略任务。按照西方发达国家的历史发展，应当是实现工业化以后，进入后工业文明时代，才提出消除工业文明的黑色经济形态的黑色弊端，并推行绿色资本主义的发展路线，推进后工业文明发展。而我国在建设工业文明的过程中就提出了建设生态文明的重大战略任务。因此，我们肩负着实现生态发展的文明形态和经济形态双重绿色创新转型战略任务。这是当今世界文明和中华文明的伟大历史课题，探索绿色化转型创新经济发展新道路就是直面这一历史课题。

按照社会主义生态文明的本质要求与实践指向，我们必须用社会主义生态文明创新理论引领发展工业文明的创新实践，把发展工业文明纳入建设生态文明及其创新经济发展的框架内，走出一条发展工业文明必须与建设生态文明同步进行，实现工业化必须推进生态化同时并举、互相协调、有机融合、创新发展的新路子。这就是李克强所说的"建设生态文明现代化中国"，在本质上是建设社会主义生态文明的新道路。[12] 它在经济领域内，就是社会主义生态文明创新经济发展道路。因此，在坚持和发展中国特色社会主义文明实践中，要全面推进发展工业文明和建设生态文明同向运动与有机融合的绿色创新发展，使工业文明纳入生态文明及其绿色创新经济发展之中，实现工业文明经济绿色发展，促进社会主义生态文明形态与经济社会形态的生成。因此，发展工业文明不是走向高度发达的工业文明旧时代，而是"努力走向社会主义生态文明新时代"。[13]

三、开创社会主义经济绿色化创新发展新局面

绿色发展的实践指向，集中表现和着力点就是开启社会主义经济绿色化创新发展的新局面。刘思华认为，它就是社会主义生态文明创新经济发展道路的实现形式。因此，在建设社会主义生态文明的语境下，就是开辟了社会主义生态文明绿色创新经济发展新道路。对此，笔者作以下几点论述。

第一，当今世界和当代中国经济社会发展的绿色发展大趋势，赋予了现代经济绿色发展的时代特征。当今人类文明发展正在由工业文明进入生态文明发展时代，这在经济领域就集中表现为工业文明经济增长经济发展必然终结，生态文明创新经济发展必然兴起的新时代的到来。因此，中国社会主义经济绿色发展的历史进程中，"经济生态化"和"生态经济化"的有机统一，就是绿色创新发展成为社会主义生态文明创新经济发展的现实形态与实践路径。

第二，社会主义经济绿色化创新发展的科学内涵可以表述如下：在建设社会主义生态文明语境下，推进工业文明增长经济发展向生态文明创新经济发展的根本转变中，在社会主义社会生产和再生产的过程中，投入资源能源少、其利用率高，产出的产品或服务多，废物最少，污染最轻，甚至无环境污染与生态破坏，将经济发展牢固建立在生态发展良性发展的基础之上，使联合劳动者的经济活动所引起的人与自然之间物质变换及其产物能够均衡、和谐、顺畅、平稳和持续地融入自然生态系统自身物质代谢之中的自然生态发展过程，即社会生产、分配、流通、消费、再生产各个环节全面发展过程，这就是经济绿色发展过程。因此，社会主义经济绿色发展的理论与实践本质应当是，在社会主义社会生产与再生产过程中，一切社会产品或服务在生产和消费过程中，对自然生态和人体生态健康的负效应最小化乃至无害化，获得生态效益、经济效益、社会效益的最佳统一，实现生态经济和谐、协调、可持续发展即绿色创新发展。这是经济生态化与生态经济化的一体化发展过程，是生态发展越来越成为第一生产力，对现代经济发展的第一驱动力的创新作用日益增强，不仅越来越朝着实现经济生态化方向发展，而且越来越朝着生态经济化，即"生态是永恒经济"的绿色方向创新发展，达到相互推动、浑然一体的绿色发展。

第三，绿色化创新发展是迈向社会主义生态文明创新经济发展道路的必由之路。顺应现代经济社会发展的绿色化创新发展大趋势，2015 年 4 月 25 日，《中共中央国务院关于加快推进生态文明建设的意见》首次使用了"绿色化"这一术语，并提出"加快推进生产方式绿色化，大幅提高经济绿色化程度"的发展要求，[①] 使绿色化创新发展成为建设生态文明和生态文明建设的内在机制的基本生态内容与实现绿色创新路径。这实质上表明，社会主义经济绿色化创新发展是迈向社会主义生态文明绿色创新经济发展道路的必经之途，无疑是中国特色社会主义经济绿色发展的必由之路。

开创社会主义经济绿色化创新发展新局面，必须努力构建绿色创新经济发展模式，这是建设社会主义生态文明、坚定不移走社会主义经济绿色化创新发展新道路的题中应有之义，也是建设社会主义生态文明能够担负起破解经济形态与经济模式的绿色转型创新发展之路的最新企盼和要求。

世界工业文明发展历史和现实表明，工业文明发展的经济模式是"大量生产、大量消耗、大量消费、大量废弃"的不可持续的黑色经济发展模式。尤其是20 世纪下半叶以后，"高投入、高消耗、高消费、高排放、高污染"的"五高"工业文明的经济发展模式，实现经济无限增长和物质财富无限增加，达到登峰造

---

① 参见《中共中央国务院关于加快推进生态文明建设的意见》，http：//www.scio.gov.cn/xwfbh/xwbfbh/yg/2/Document/1436286/1436286.htm。

极的地步。时至今日，在世界经济发展进程中，"五高"的工业文明经济发展模式仍处于主导地位。换言之，在工业文明发展过程中形成的缺乏生态内涵的经济增长方式与经济发展模式仍然处于主导地位。这种生态缺位的经济发展模式"排除了生态环境因素，使经济与生态环境分离和对立，以牺牲生态环境为代价，以公共环境和大多数人的生活质量的恶化为代价"，这种模式"排除了社会因素，是经济与社会分离和对立，经济高速增长以大多数人贫困为代价。因此，'五高'工业文明经济发展模式是全球生态环境危机和世界贫富两极分化加剧的现实的、直接的原因，也是现代经济增长与发展付出高昂的生态代价和沉重的社会与人的代价的现实的直接的原因"。[14]83

改革开放近 40 年来，中国工业文明增长经济快速高速发展，某种程度上可以说是在不断复制这种黑色经济发展模式。我国工业文明经济发展模式成为一种"高投入、高消耗、高排放、高污染、低利用、低产出、低质量、低效益"的黑色经济发展模式。这种"五高四低"的发展模式就形成了低劳动成本、低资源成本、低附加值、低科技含量、低生态含量、低综合效益以及产业链低端的"低端经济发展模式"。现在，这条负担沉重、风险极大的低端经济发展之路已经走到尽头，必须加快中国经济模式发展的全面转型，坚定不移地走社会主义经济绿色化创新发展之路。其根本问题是要努力真正摆脱"工业文明"经济增长依赖症，彻底改变工业文明的低端经济发展模式，构建绿色经济发展模式。

按照建设社会主义生态文明与社会主义经济绿色化创新发展新道路的本质要求和实践指向，生态文明绿色创新经济发展模式是以绿色创新为根本驱动力，以绿色创新产业为基本内容，以物质资源能源低投入、低消耗、低排放（包括低碳甚至零碳排放）、低污染甚至零污染的绿色经济发展方式为主要标志，形成低代价、高质量、高综合效益、高发展（包括发展收益和公众福祉的最大化）的绿色经济发展态势。"五低三高"构成生态文明绿色创新经济发展模式的基本特征与实现形态，这是建设社会主义生态文明与社会主义经济绿色化创新发展道路的战略重点与发展思路。由此，我们必须努力构建绿色创新经济发展方式，为加快当下中国经济发展方式转变指明新方向与根本出路。

党的十三大至今已有 20 多年的时间，粗放型、规模扩张型、速度至上型的经济增长方式并没有发生根本性的转变，并随着我国重化工业的迅速发展和低端产品出口规模的扩大还有强化的趋势，加快转变经济发展方式收效甚微。为什么中国工业文明的经济增长方式有如此强的持久力和蔓延力呢？我国主流经济学界大多数学者认为，坚持市场化改革，改变政府配置资源的动力机制，使资源配置全面市场化，尤其是把政府掌握的稀缺经济资源的配置权交还给市场，政府完全退出市场，是解决经济发展方式转变的关键所在，也是加快转变经济发展方式的根本出路。按照经济学观点，从当前及短期来看，上述治理加快转变经济发展方式的"药方"可能奏效，但从长远来看，这个"根本出路"的"药方"未必奏效，其原因有以下三方面内容。

首先，目前现行的工业文明经济发展方式，是在我国从农业文明大国向工业文明大国的经济社会转型的过程中形成与发展起来的。无论走过的传统工业化道路，还是正在走的新型工业化道路，都是在工业文明增长经济发展道路上飞奔，使经济高速甚至超高速增长，主要是依赖高物耗、高能耗、高排放、高污染来实现；并且使西方工业文明社会以增长经济发展逻辑取代了中国农业文明的自然经济发展逻辑，成功地按照工业文明自身发展的工业化、现代化模式塑造了中国经济形态和经济模式。但是，我们也应该清醒地认识到，在这种所谓的工业文明框架下，中国经济发展是难以摆脱粗放型、规模扩张型、速度至上型的经济增长方式的。

其次，不可否认的是，资本主义工业革命不仅开创了工业文明及其经济发展时代，同时也创造了市场经济制度与运行机制。但是，无论是工业文明发展还是市场经济发展，其主要动力是增殖资本。而所谓工业社会的经济发展逻辑，在本质上是资本的逻辑，市场经济运动规律在本质上是资本运动规律。因此，在工业文明的基本框架内转变经济发展方式，必然要依靠市场经济与市场力量来实现。对此，我们要深刻认识和把握其推动经济发展方式转变的两重性：一方面，市场经济具有推动经济发展方式转变的正能量，成为加快转变的体制保证；另一方面，市场经济存在严重弊端，会导致"发展悖论"或"文明悖论"，是同社会主义生态文明生成与发展相对立的。

最后，众所周知，我国从农业文明社会向工业文明社会的转型过程中，经济社会形态的经济发展模式与经济体制的转轨是联动的，甚至基本是同步运动，唯有经济发展方式的转变滞后，问题的症结在哪？笔者认为，我国现行的经济发展方式在某种程度上已具有典型的工业文明经济发展方式的特征，当下应站在中国特色社会主义文明从工业文明走向生态文明的时代高度，推进经济社会形态转型、经济发展模式转型。同经济发展方式转变的良性互动与同步运动，实现工业文明的经济发展方式向生态文明的经济发展方式的绿色创新转变。这是问题的关键所在。在工业文明的基本框架内，转变经济发展方式不可能从根本上得到解决。因此，我们必须也应当遵循社会主义生态文明的本质属性、基本特征与根本原则的要求，着力推进工业文明黑色增长经济发展方式向生态文明绿色创新经济发展方式的方向转变，这是实现加快转变经济发展方式的根本出路。

当下，我国面临经济发展方式的双重转变的历史任务，既面临着克服、消除工业文明的黑色经济形态与发展模式的弊端，又面临着构建与生态文明发展相适应的绿色经济形态与发展模式的双重压力与双重应对。这是 21 世纪中国发展与经济发展最根本的特殊性。这种特殊性决定了当今中国经济发展方式的双重转变应当为：一是实现有效解决以"资源能源高耗、生态环境高污"为中心的黑色经济增长方式从粗放型增长向集约型增长转变；二是实现成功解决以"生态改善与绿色增长"为中心环节的经济发展方式从集约发展到绿色发展转变。在今日中国语境下，这种双重转变应纳入建设生态文明的基本框架，使之深度融合。这就是说，按照社会主义经济绿色化创新发展理念与原则，在推进粗放型向集约型转变的过程中，克服、消除粗放型增长弊端的基础上，实现集约型增长的全面生态化，形成绿色经济发展方式。因此，全力推进当下中国经济发展方式的生态变革与绿色、低碳转型，走绿色创新发展之路，是加快经济发展方式的实质与方向，更是经济结构调整与产业结构转型升级的生态实质与绿色方向，是加快转变中国经济发展方式、构建绿色创新经济发展方式的真谛。

参考文献

[1] 张劲松. 生态危机：西方工业文明外在性的理论审视与化解途径［J］. 国外社会科学，2013，（3）.

[2] 马克思恩格斯选集（第3卷）［M］. 北京：人民出版社，1995.

[3] 刘本矩. 论实践生态主义［M］. 北京：中国社会科学出版社，2007.

[4] 刘思华. 社会主义生态文明理论研究的创新与发展［J］. 毛泽东邓小平理论研究，2014，（2）.

[5] 刘思华. 加强生态文明·绿色经济·绿色发展的马克思主义研究［J］. 生态经济通讯，2016，（9）.

[6] 习近平. 决胜全面建成小康社会　夺取新时代中国特色社会主义伟大胜利——在中国共产党第十九次全国代表大会上的报告［M］. 北京：人民出版社，2017.

[7] 十八大以来重要文献选编（上）［M］. 北京：中央文献出版社，2014.

[8] 胡锦涛强调全力建设创新型国家［N］. 人民日报（海外版），2010 – 06 – 08.

[9] 中国把创新驱动发展战略作为国家重大战略［N］. 中国青年报，2014 – 06 – 04.

[10] 方时姣. 生态文明创新经济［M］. 北京：中国环境出版社，2015.

[11] 李克强：努力建设一个生态文明的现代化中国［EB/OL］. http：//cpc. people. com. cn/n/2012/1213/c64094 – 19880311. html.

[12] 李克强. 建设一个生态文明的现代化中国——在中国环境与发展国际合作委员会二〇一二年年会开幕式上的讲话［N］. 人民日报，2012 – 12 – 13.

[13] 习近平：生态环境保护是功在当代、利在千秋的事业［EB/OL］. http：//cpc. people. com. cn/xuexi/n/2015/0805/c385474 – 27412488. html.

[14] 方时姣. 最低代价生态内生经济发展［M］. 北京：中国财政经济出版社，2011.

（与周倩玲合作完成，原载《毛泽东邓小平理论研究》2017 年第 11 期）

◆下篇◆

生态经济理论创新发展与和谐社会论

生态和谐视角下的绿色低碳发展研究[*]

随着人类对自然的开发进一步加剧，经济活动中排放的温室气体逐渐增加，碳排放引起的气候变化正威胁着人类的生存。自 1750 年以来，全球累计排放 1.1 万亿吨二氧化碳，其中发达国家排放占 80%，美国占 26.9% 居首位，我国居于第二位，占 8.2%。1950～2002 年期间，我国的二氧化碳累计排放量占世界同期的 9.33%，仍居世界第二位[1]。根据最新估计，我国已经超过美国成为世界二氧化碳年排放量的第一大国。建设生态和谐社会，发展绿色低碳经济，具有重要的理论意义与现实意义。

一、生态和谐是绿色低碳发展的基石

什么是生态和谐？生态和谐说到底就是生物圈中物种与环境间的协同进化、物种间的和谐相处，在人类社会中则体现为人与自然的和谐关系。没有生态和谐的社会不是真正的和谐社会。生态和谐社会是一种有层次的和谐，其核心层是人与人之间关系的和谐，即人与人的和睦相处，平等相待，协调地生活在社会大家庭之中。其保证层是社会的政治、经济和文化协调发展，与和谐社会的要求相配套，基础层是必须有一个稳定和平衡的生态环境，和谐社会必须在一个适宜的生态环境中才能保持发展，没有平衡的生态环境，社会的政治、经济和文化不能生存和发展，和谐的人际关系也会变成空中楼阁，无存在基础[2,3]。从现实看，目前国内不少地方走的仍是高碳的灰色发展道路。传统的"先污染、后治理、先发展、后保护"的模式仍主导着各地经济的发展。我国社会众多的不和谐因素中，人与自然的不和谐是最重要的，只有解决生态问题，实现生态和谐，才能解决其他的不和谐问题，进而推进经济社会的绿色发展[3]。

建设生态和谐社会，发展绿色低碳经济的根本目的在于加快经济发展方式的

  * 基金项目：国家社会科学基金项目（批准号：10BJL005），国家自然科学基金项目（批准号：70873135）。

转变，高效利用各种物质和能源，把人类经济活动对自然环境的影响降低到最小程度，从而推进资源节约型和环境友好型社会建设进程。生态和谐是绿色低碳发展的基石，而绿色低碳发展则是保护生态和谐的根本手段，两者缺一不可。生态和谐与绿色低碳发展都要求人们尊重自然规律，实现自然、经济、社会复合系统的持续、稳定、健康发展。首先，绿色低碳发展要加快经济发展方式的转变，把经济活动对自然环境的影响降低到尽可能小的程度，达到生态和谐。其次，绿色低碳发展的关键在于提高新能源开发、生产、利用，追求绿色 GDP，实现节能减排、调整产业结构，这种发展方式是人类经济发展观念的根本性转变，也是促进生态和谐最终目标的保证，只有当绿色低碳发展观念深入人心，才能更好地构建生态和谐社会，实现经济社会的绿色发展。再次，绿色低碳发展追求经济增长的低碳化，在能源利用方面追求更清洁、更高效。要实现生态和谐就必须在生产方式上由高投入、低效率、高污染的传统模式转变为低投入、高产出、低污染的发展模式，发展绿色低碳循环经济，遵循 3R 原则，力争使资源消耗和环境污染的程度降低到最小化。生态和谐是绿色低碳发展的基石，是人类社会走向生态文明的价值取向。发展绿色经济，有利于加快人类社会由工业文明向生态文明转变的步伐。

二、绿色低碳发展的内涵与特征

什么是绿色低碳发展？所谓绿色低碳发展，是指在可持续发展思想指导下，通过绿色技术创新、制度创新、产业转型、新能源开发等多种手段，尽可能地减少煤炭石油等高碳能源消耗，减少温室气体排放，达到经济社会发展与生态环境保护双赢的一种经济发展形态。绿色低碳发展是一种内涵丰富的经济发展模式，是世界经济发展的潮流。绿色低碳经济发展的内涵主要包括以下几个方面：第一，绿色低碳发展的实质是转变现有能源消费、经济发展模式及人类生活方式。第二，绿色低碳发展应注重绿色低碳技术的开发利用。以低能耗、低污染为基础的绿色低碳经济，要特别重视绿色低碳技术的开发利用。第三，绿色低碳发展具有经济、就业、减排三重效益，将会成为新的经济增长点，保障社会经济的可持续发展。

绿色低碳发展的本质特征主要包括：一是能耗低。有关资料显示，1998 ~ 2008 年，我国工业能源消费年均增长 6.8%，工业能源消费占能源消费总量约 70%。采掘、钢铁、建材水泥、电力等高耗能工业行业，2008 年能源消费量占了工业能源消费的 65%[4]。目前，我国经济的工业化与现代化进程仍然靠高碳能源所驱动，这也就是所谓的高碳经济。高碳经济是与低能耗、低污染、低排放为特征的低碳经济相对立的，不利于我国经济的可持续发展，而低能耗的绿色低碳发展将有利于我国社会经济步入绿色可持续发展的快车道。二是物耗低。我国的能源结构是世界上少数几个以煤为主的国家，2008年煤炭占我国能源消费的70%，经济的快速发展在很大程度上依赖于煤炭资源的消耗。在经济发展过程中，选用物耗低、能耗低及产污量少的先进生产工艺，做到节能、低耗、增产减污。三是排放低。在哥本哈根世界气候变化大会上，温家宝总理向世界各国宣布，到2020年，我国单位国内生产总值（GDP）的二氧化碳排放量将比2005年下降40%~45%。这个减排指标将作为约束性指标被纳入我国国民经济和社会发展的中长期规划[5]。实现这一减排指标，要采取有效措施，在居家生活方面，应做到节水、节电、空调温度控制等；在绿色出行方面，应更多选择公共交通、自行车和步行等绿色出行方式；在购物消费方面，应尽量不用一次性制品，购买季节性蔬菜水果。四是污染低。我们要认真地解决摆在眼前的严重的大气污染和水污染问题，走低污染的绿色低碳发展之路，并通过发展绿色低碳经济来解决环境污染问题，以保障社会经济可持续健康发展。五是可持续。绿色低碳发展的可持续性特征，要求我国要从根本上降低 CO_2 排放量，实现节能减排，促进绿色发展，并找出实现节能减排，促进绿色发展的关键环节，大力发展绿色低碳经济，包括绿色低碳经济在内的循环经济和节能经济、清洁生产、生态经济以及绿色消费，促进绿色低碳发展[6]。绿色低碳发展是在传统发展基础上的一种模式创新，是建立在生态环境容量和资源承载力的约束条件下，将环境保护作为实现可持续发展重要支柱的一种新型发展模式。

三、构建生态和谐社会，促进绿色低碳发展的对策思路

（一）构建绿色低碳型能源结构

我国是最大的发展中国家，同时也是世界第二大的能源消费国。随着经济的持续快速发展，我国能源结构不合理的现状逐渐突显出来，能源利用供不应求日显严重，构建并优化绿色低碳型的能源结构成为我国经济社会发展的必然趋势。构建绿色低碳型能源结构，应树立绿色低碳发展理念，调整当前的能源结构，采用生态和谐的绿色低碳发展方式，提倡建立以低能耗，低污染为基础的经济低碳能源体系；要创建低碳经济体，即发展氧能、风能、水能、生物能、潮汐能等可再生能源，将其作为经济发展的动力依托，逐步实现从高碳到低碳的能源利用，依靠技术创新和资金投入转变生产工艺，从而最终实现绿色低碳型的经济发展方式。要降低煤电比重，改善生态环境。我国电力产业以火电为主，2009年全国

发电容量中火电占 74.6%，相比之下，水电只占总容量的 22.51%，风电则占更低的比例。要改善当前我国的电力供应格局，适当减少对煤电的开发与投入，增加核电、水电、风电等清洁能源发电装机量的比重，合理调整东、西部电力产业部局。要大力开发利用水能、风能、太阳能、地热能、海洋能和生物能等可再生能源，从根本上改变我国的能源结构，减轻对煤炭和石油的依赖，有效促进绿色低碳发展[7]。要合理调整产业结构，促进绿色低碳发展。2009 年，我国三次产业比重分别为 10.6%、46.8%、42.6%，这表明我国产业结构发展不合理，过分依靠第二产业。同时，第二产业即工业的发展引起温室气体排放的快速增长，是高碳型的发展方式。据测算，如果我国的第三产业增加值的比重提高 1 个百分点，那么万元 GDP 能耗可以降低约一个百分点。因而提高第三产业比重，优化第二产业中内部产业结构，构建绿色低碳型的能源结构，限制高能耗产业扩张，是实现绿色低碳发展的必由之路。

（二）推进绿色产业发展的低碳生态化转型

中科院发布的《2009 年中国可持续发展战略报告》中提出了我国发展低碳经济的战略目标，即到 2020 年，单位 GDP 的二氧化碳排放降低 50%，这一目标与我国经济发展现状存在不少的差距。实现绿色低碳发展，推进绿色产业发展的低碳生态化转型成为我国实现这一长期目标的必要途径之一。能源是一国绿色产业发展的助推剂，是主要动力所在，合理调整能源结构是绿色产业发展转型的有效路径。要增加资金投入研发新的能源，包括氢能、核能、风能、水能等，逐渐替代原有的能源资源，使原先对煤、石油等能源的依赖度逐步降低；要开发利用新的绿色低碳技术，并在原有标准煤的基础上，推出清洁煤工艺，使燃烧过程中的 CO_2 排放量趋于最小化；要加快第三产业的发展，特别是现代服务业的发展，减少国民经济对工业的依赖，从根本上转变能源的利用方式，使绿色产业发展中化石燃料的使用受到有效控制，推进绿色产业结构转型，促进绿色生态产业的发展；要加强对企业的高能耗限制，通过推行一系列政策鼓励企业向低碳生态化转型。如制定限制高能耗的法律、法规，为低碳生态化转型提供法律保障；制定激励性的财税政策，包括税收、补贴和价格政策，对高新产业链中的企业进行适当补贴，税收减免等优惠，推动低碳型的绿色产业的进一步发展。此外，要推动绿色产业不断升级，为产业的低碳生态化转型提供有力保障。我国目前单位 GDP能耗仍高于其他发达国家和地区，能源的利用效率低，表明我国能源有很大的利用空间，而绿色低碳产业技术的提升能有效提高能源利用效率，减少 CO_2 等温室气体的排放，有利于快速推进绿色产业向低碳生态化转型。

（三）重视生态和谐的绿色低碳技术创新

实现绿色低碳发展，技术创新势在必行。绿色低碳技术的创新与发展在推动节能减排、建设生态和谐社会过程中发挥巨大作用。实现生态和谐的绿色低碳发展，一是政府要起主导作用，综合运用相关政策工具。生态和谐的绿色低碳技术的创新仅依靠私人企业和民间组织的力量是很难完成的，这就需要投入大量的资金、人力，搭建技术创新平台，同时还要有相应的市场机制和规范性政策。政府在促进生态和谐的绿色低碳技术发展与创新方面是无可替代的。政府应充分发挥其宏观调控的作用，促进绿色低碳技术的制度建设，制定适当的鼓励政策，如减税、补贴等。在市场机制的完善方面，政府是供给与需求的中间协调者，要通过创导绿色消费与投资需求带动绿色产业技术创新快速健康的发展，从技术推动和需求拉动两方面搭配相应的政策工具，建立适应我国社会主义市场经济体制的绿色低碳技术创新政策体系。二是加强绿色低碳技术创新能力建设。技术创新能力是一个国家自主创新能力的重要体现，也是增强产业竞争的关键环节。绿色低碳技术创新能力建设的内容包括：技术标准、设备仪器、计算软件、技术咨询、产品认证、技术培训等。绿色低碳技术创新能力建设要以企业、科研机构、高等院校、国家重点实验室等为平台，建设国家级的低碳产业研发中心，投入资金和人力完善和提高对资源的利用效率，努力提高绿色低碳技术创新能力[8]。三是实施引进国外先进技术与自主创新相结合。我国在发展绿色低碳技术时，要借鉴国外低碳发展经验，在引进技术的同时吸收并转化为自身的创新技术储备，在原有技术基础上创新研发产生新的更理想的绿色低碳技术。

（四）倡导生态和谐的绿色低碳消费模式

倡导绿色低碳消费有利于带动绿色低碳产业的快速发展，有利于促进产业结构的升级优化，有利于在生产与消费的良性循环中推进绿色发展[9]。绿色低碳消费模式是绿色低碳发展的重要组成部分，倡导绿色低碳消费模式，不仅仅是个人行为的改变，企业、政府都有其自身的责任与义务。首先，政府是倡导绿色低碳消费政策的制定者，是保证相关政策贯彻实施的主体。政府在引导人们从传统高碳高能耗的消费模式转向绿色低碳消费模式的过程中要采取得力措施，培养民众绿色低碳意识，营造绿色低碳消费的文化氛围。如通过新闻媒体或报纸杂志作公益性的宣传，来转变人们的消费观念；要根据不同情况，鼓励环保低碳的消费行为，限制并惩罚环境破坏者；政府机构应从自身着手，带头进行节能减排，在公众面前形成示范作用。其次，居民消费者作为商品与服务的主要购买者，在消费模式转变方面起关键性作用。传统的铺张型和享乐型消费不再顺应时代的潮流，人们需要从衣食住行各方面提高绿色低碳意识，更多地消费和使用环保型、低排放的产品。最后，企业是消费者产品和服务的供给方，对推广绿色低碳产品和厉行节能减排方面将会产生重大影响。企业应该提高自身绿色低碳意识，以政府政策为导向，以居民消费需求为利润驱动力，转变生产方式，开发生产绿色低碳型产品。

（五）建立与健全生态和谐的绿色低碳发展法律保障制度

生态和谐的绿色低碳发展形成的社会效应总体来看是"利他不利己"的，也就是说各个企业或组织革新技术节能减排产生的效果是有利于全球生态的改善，而对于企业本身来说是没有效益的。因此，靠企业自觉履行是比较困难的，这就需要法律保障。《京都议定书》提出的三个机制保障了附件中的国家 2008 年至 2012 年承诺期内将温室气体全部排放量从 1990 年的水平至少减少 5%。我国是最大的发展中国家，同时也是世界上最大的二氧化碳排放国，在应对气候变化方面必然要承担巨大的责任，制定相应法律规制能保障我国绿色低碳发展顺利进行，这也是生态和谐社会建设的重要保障。绿色低碳发展的基本法律制度主要包括公共物品保护制度、低碳能源制度，低碳消费制度等。所谓公共物品是具有非排他性和非竞争性特征的产品，任何人都不需要购买即可共同享用的物品．与之相对的是私人物品，私人物品具有排他性和竞争性，一旦购买便独立享有该产品，它符合市场自由竞争的原则。由于生态环境的公共物品属性，政府必须作为中间协调者制定相关法律来规范人们的行为。只有当生态环境逐步改善，并尽可能恢复原貌时，这种法律制度才可以被撤销。绿色低碳能源法律制度是保证绿色低碳可持续发展的内在要求。绿色低碳消费法律制度，可以鼓励消费者对绿色低碳产品的消费，通过法律的形式促进绿色低碳消费模式在全社会范围内形成。

此外，还应建立与完善生态和谐的绿色低碳管理体制。绿色低碳发展是实现社会经济可持续发展的必由之路，是构建生态和谐社会的重大举措。政府应充分发挥宏观调整职能，适当引入市场竞争机制，建立与完善生态和谐的绿色低碳管理体制，提高政府绿色低碳管理能力，通过市场机制和竞争机制，创新政府管理手段，提升政府绿色低碳管理水平。

参考文献

[1] 胡鞍钢．全球气候变化与中国绿色发展 [J]．中共中央党校学报，2010，(2)：7-12.

[2] 严立冬．"生态和谐"：和谐社会的基石 [N]．湖北日报（理论周刊），2004-12-16 (7)．

[3] 严立冬．生态保护型和谐社会建设问题探讨 [J]．中国地质大学学报（社会科学版），2006，6 (1)：25-29.

[4] 崔淑娜．低碳经济与可持续发展 [J]．经济师，2010 (6)，34-35.

[5] 孙智萍，牟志云．低碳经济呼唤低碳生活方式 [J]．低碳经济与社会，2010，(8)：28-30.

[6] 冯之浚，周荣. 低碳经济：中国实现绿色发展的根本途径 [J]. 中国人口·资源与环境，2010，20 (4)：28-30.

[7] 李金辉，刘军. 低碳产业与低碳经济发展路径研究 [J]. 经济问题，2011，(3)：37-40.

[8] 严立冬. 循环经济的生态创新 [M]. 北京：中国财政经济出版社，2010，60-87.

[9] 秦海英，顾华详. 论绿色低碳经济发展的路径选择 [J]. 中共银川市委党校学报，2010，12 (3)：34-37.

（与丁钊合作完成，原载《中国人口·资源与环境》2011 年专刊）

西方生态经济学理论的新发展*

西方生态经济学产生于 20 世纪 60 年代后期。1989 年国际生态经济学学会（International Society of Ecological Economics）的成立，标志着西方生态经济学进入理论发展和学科建设的新时期。以国际生态经济学学会原主席、美国马里兰大学生态经济研究所所长罗伯特·科斯坦扎（Robert Costanza）和副所长赫尔曼·戴利（Herman Daly）为代表的西方生态经济学主流学派，在可持续发展的新理论平台上研究生态经济可持续发展问题，发表了大量论著，代表了目前西方生态经济学研究的最高水平，在国际生态经济学界产生了很大的影响。

一、西方生态经济学的最基本范畴：可持续性范畴

西方生态经济学主流学派遵循可持续发展的思路来探索生态经济学的基本范畴，这突出表现在把可持续性纳入生态经济学的理论框架，使它成为生态经济学的基本范畴和理论基石。科斯坦扎在 1991 年发表的论文集《生态经济学：可持续发展的科学与管理》中，从不同的角度论述了可持续性与生态可持续性，从而确立了可持续性是生态经济学的基本范畴。[①] 其后，科斯坦扎与人合著的《生态经济学导论》、科斯坦扎的论文集《生态经济学前沿：罗伯特·科斯坦扎的跨学科论文》和《生态经济学的发展》、戴利的论文集《生态经济学与可持续发展：戴利文选》等都有一个鲜明的特点，就是对可持续性问题高度关注，把生态经济运行的可持续性作为发展生态经济学的理论目标和实践目标。

毫无疑问，近 10 多年来，无论国际还是国内，可持续发展已成为现实生活中使用频率最高的词汇之一。在理论形态上，如何精确地表达可持续性概念似乎

* 本文借用了浙江大学经济学院沈满洪教授访美期间所写的《生态经济学主要英文著作介绍及若干体会》中的有关学术资料，在此表示诚挚的感谢。

① Robert Costanza （ed.）, *Ecological Economics*：*The Science and Management of Sustainability*, New York：Columbia University Press, 1991.

成为世界性的难题。佩曼（Perman）在《自然资源与环境经济学》一书中总结了可持续性的 6 个概念或状态。[①] 而佩兹（Pezzy）却认为，"将我在 1989 年归纳的 50 个可持续性概念扩展到今天唾手可得的 5000 个，我丝毫看不出这样做的意义所在……"[②]

贝克曼（Beckerman）认为，可持续性发展就像一个没有穿任何衣服的"皇帝"，是一个逻辑上错误、没有任何实质内容的概念。[③] 可见，目前西方学者对可持续性概念的认识分歧很大。

然而，多数学者一般把人类所拥有的资本分为人造资本、自然资本、人力资本和社会资本 4 种类型，并以此来界定可持续性。因此，正如塞拉杰尔丁（Sarageldin）所指出的，可持续性可理解为"我们留给后代人的以上 4 种资本的总和不少于我们这一代人所拥有的资本总和"。[④]

二、西方生态经济学的核心理念：经济为生态系统的子系统

是否把经济视为地球生态系统的开放子系统，已成为划分传统经济思想和生态经济思想的基本标志。1996 年，美国波士顿出版社出版了戴利的《超越增长——可持续发展的经济学》，该书构建了一种与传统经济学和传统发展观俨然有别的可持续发展的生态经济理论框架。它的重要理论贡献在于，在分析生态环境与经济之间的关系时首次提出了"经济是环境的子系统"——即"把经济看作生态系统的子系统"——的新命题，并把它作为可持续发展观的核心理念。[⑤]

全书的每个篇章都以它作为前提来探讨生态（环境）经济与可持续发展的一些重大理论和实践问题，所阐述的可持续发展的生态经济理论与政策建议，都是建立在"经济是自然生态母系统的子系统"这块理论基石之上的。正如戴利在书中所宣称的：

---

① R. Perman, et al. (eds.), *Natural Resources and Environmental Economics* (2nd edition), Pearson Education Ltd, 1999.

② J. Pezzy, Sustainability Constraints versus Optimality versus Intertemporal Concern, and Axioms versus Data, *Land Economics*, Vol. 73, 1997, pp. 446 – 448.

③ Wilfred Beckerman, Sustainable Development: Is it a Useful Concept?, in Wilfred Beckerman (ed.), *Growth, the Environment and the Distribution of Incomes*, Cheltenham, UK: Edward Elgar Publishing Company, 1995, pp. 191 – 209.

④ I. Sarageldin, Sustainability and the Wealth of Nations: First Steps in an Ongoing Journey, *Ecological Economics*, Vol. 3, 1996, p. 12.

⑤ ［美］赫尔曼·戴利：《超越增长——可持续发展的经济学》，诸大建、胡圣等译，上海译文出版社 2001 年版，第 8 ~ 9 页。

生态经济可持续发展理论是"建立在这样的基本观点之上，即经济是生态的一个物理子系统。一个子系统不能超越它置身于其中的母系统的规模而发展"。①

莱斯特·布朗（Lester Brown）于 1998 年在日本出版了《生态经济——拯救地球和经济的五大步骤》（*How Environmental Trends Are Reshaping The Global Economy*）一书，回应对生态经济可持续发展问题的挑战。此书的姊妹篇《生态经济：有利于地球的经济构想》一书的中文版于 2002 年由中国东方出版社出版。该书将戴利的"把经济视为自然生态母系统的子系统"的观点作为全书的逻辑前提，并将其视作生态学和经济学的重要区别，成为经济学家和生态学家的理论分界点：经济学家把环境看作经济的一个子系统，生态学家则与之相反，把经济看作环境的一个子系统。② 因此，布朗认为，"从破坏生态的经济转入持续发展的经济，有赖于我们的经济思想的哥白尼式改变，认识到经济是地球生态系统的一部分，只有调整经济使之与生态系统相适合才能持续发展"。③ 于是，布朗强调，"经济必须归属于生态这个理念"，现在经济学家正在认识到经济对地球生态系统的内在依赖关系，只有承认"经济是地球生态的子系统"，"尊重生态原理所形成的经济政策才能取得成功"。④ 这表明，布朗在书中所要构建的生态经济模式和政策建议，是建立在经济是地球生态系统的一个开放的子系统理论的基础之上的。

三、西方生态经济学最重要的基础理论：自然资本理论

西方学者在可持续发展的理论平台上探索自然资本的相关问题，并把它纳入生态经济学的理论框架，使其成为最重要的基础理论，促进了生态经济学理论的新发展。早在 1990 年，皮尔斯（Pearce）和图奈（Turner）就在《自然资源与环境经济学》一书中，将经济学生产函数中的资本理解为人造资本，并提出了与之相对应的"自然资本"的新概念，⑤ 但没有对其作明确的界定。1993 年，皮尔斯提出用自然资本和人造资本、人力资本来估算可持续发展能力。在皮尔斯研究的

---

① ［美］赫尔曼·戴利：《超越增长——可持续发展的经济学》，诸大建、胡圣等译，上海译文出版社 2001 年版，第 236 页。

② ［美］莱斯特·布朗：《生态经济：有利于地球的经济构想》，林自新等译，东方出版社 2002 年版，第 1 页。

③ ［美］莱斯特·布朗：《生态经济：有利于地球的经济构想》，林自新等译，东方出版社 2002 年版，第 21~22 页。

④ ［美］莱斯特·布朗：《生态经济：有利于地球的经济构想》，林自新等译，东方出版社 2002 年版，第 4~5 页。

⑤ D. W. Pearce and P. K. Turner, *Economics of Natural Resources and the Environment*, Baltimore：Johns Hopkins University Press, 1990, pp. 51-53.

基础上，1995 年，世界银行明确将人类拥有的资本划分为四大类：人造资本、人力资本、自然资本、社会资本。从 1996 年戴利的《超越增长——可持续发展的经济学》一书出版之后的 10 多年间，西方著名生态经济学家在他们的生态经济学专著中都会涉及自然资本理论。尤其是美国的保罗·霍肯（Paul Hawken）1999 年在美国发表了《自然资本论：关于下一次工业革命》的生态经济学力作，使西方生态经济学沿着可持续发展的理论方向发展。关于这个理论问题，有以下几个方面值得我们重视。

第一，关于对自然资本的定义问题依然存在着争议。但是，大多数生态经济学家认为，自然资本的资本特殊规定性使它不同于马克思主义学说或西方经济学关于资本的理解或定义。因此在戴利看来，自然资本符合资本的内在规定性，完全可以按照投资资本那样对自然资本进行投资。他指出："自然资本是指能够在现在或未来提供有用的产品流或服务流的自然资源及环境资产的存量。"①

第二，自然资本和人造资本具有互补性，自然资本已成为社会生产最稀缺的资本。戴利指出："人造资本和自然资本是互补性的，只有部分是替代性的。"现在，"越来越多的人造资本远不能代替自然资本，反而对自然资本有越来越大的互补性需求，快速地消耗自然资本……会使自然资本变得更加具有限制性"。② 戴利认为，从生态经济学的分析观点来看，经济系统在它的物质维度上是一个有限的、非增长的、存在于生态系统中的开放子系统。"经济系统相对于外部的生态系统越来越庞大，某种程度上，剩下的自然资本相对于人造资本变得越来越稀缺，这就颠倒了以前的稀缺性模式"。③ 布朗完全赞同戴利的观点，指出，"随着人类事业的继续扩张，地球生态系统所提供的产品和服务越来越稀缺，自然资本正在迅速成为制约因素，而人造资本则越来越雄厚"。④ 这是当今人类文明发展的客观现实。

第三，人类经济已经从人造资本是经济发展限制性因素的时代，进入剩余自然资本是限制性因素的时代。戴利指出："我们已经从一个相对充满自然资本而短缺人造资本（以及人）的世界来到了一个相对充满人造资本（以及人）而短缺自然资本的世界了。"⑤ 布朗十分赞同戴利这个观点，他在称戴利是生态经济

① H. E. Daly, *Beyond Growth: the Economics of Sustainable Development*, Boston: Beacon Press, 1996, pp. 25 – 76.

② ［美］赫尔曼·戴利：《超越增长——可持续发展的经济学》，诸大建、胡圣等译，上海译文出版社 2001 年版，第 109～114 页。

③ ［美］赫尔曼·戴利：《超越增长——可持续发展的经济学》，诸大建、胡圣等译，上海译文出版社 2001 年版，第 107 页。

④ ［美］莱斯特·布朗：《生态经济：有利于地球的经济构想》，林自新等译，东方出版社 2002 年版，第 21 页。

⑤ ［美］赫尔曼·戴利：《超越增长——可持续发展的经济学》，诸大建、胡圣等译，上海译文出版社 2001 年版，第 113 页。

学的智慧先驱时说："我们的世界已经从以人造资本（虚无事物）代表经济发展中的制约因素的时代，进入一个以日益稀缺的自然资本（实在事物）取代其地位的时代。"① 人类经济活动投资的重点应当从人造资本转向自然资本，这是当今西方生态经济学的一个最重要的生态经济政策主张。戴利指出："现在我们不是最大限度投资于人造资本，（就如在一个空的世界上），而是投资于自然资本（就如在一个满的世界上）。"② 自然资本投资，既是一种生态投资，又是一种经济投资，还是两者有机统一的生态经济投资。霍肯在《自然资本论》一书中提出的第4种战略，就是自然资本投资（investing in natural capital），即扭转破坏生态的人造资本投资取向，从而保持和增加自然资本及其效用，以此来提供生存支撑和增加其服务。

第四，自然资本理论是西方生态经济学存在与发展的一大基石，它几乎撼动了整个西方经济学的基础。这个重要理论回应了西方生态经济学理论的两个基本观点：一是肯定了在当今"满的世界"中，剩余的自然资本已经取代人造资本成为社会生产的稀缺要素，是经济发展的限制性要素；二是自然资本和人造资本基本上是互补性的，生产越多人造资本，在物质上就需要越多的自然资本，而"在一个满的世界，任何人造资本的增加，都是以自然资本及服务为代价的"。③ 对于这两个问题，西方生态经济学和新古典经济学却存在着根本分歧。新古典经济学认为，人造资本是生产函数中的稀缺要素，是经济增长的限制性要素；而人造资本和自然资本之间总体上是替代的关系，人类不必担心自然资本的供给。

戴利、霍肯等人在他们的论著中，以开拓性思维详细阐明了生态经济学关于自然资本的这两个基本观点，实际上成为西方生态经济学学科存在与发展的基点，是西方生态经济学成为一个独立学科的理论支撑点。伊恩·莫法特指出："新古典主义经济学提出了相当多的构想，试图尝试在新古典主义经济学的框架中解决生态环境问题。"④ 如果生态经济学不能确立自然资本论的这两个基本观点，那么生态经济学最终就会被新古典经济学吞噬而不复存在。⑤

---

① ［美］莱斯特·布朗：《生态经济：有利于地球的经济构想》，林自新等译，东方出版社2002年版，第21页。

② ［美］赫尔曼·戴利：《超越增长——可持续发展的经济学》，诸大建、胡圣等译，上海译文出版社2001年版，第113页。

③ ［美］赫尔曼·戴利：《超越增长——可持续发展的经济学》，诸大建、胡圣等译，上海译文出版社2001年版，第122页。

④ ［英］伊恩·莫法特：《可持续发展——原则、分析和政策》，宋国君译，经济科学出版社2002年版，第32页。

⑤ 朱洪革、蒋敏元：《国外自然资本研究综述》，载《国外经济与管理》2006年第2期。

四、西方生态经济学学科发展的重大学术前沿问题：生态服务理论

在可持续发展的理论平台上研究生态服务理论，是 20 世纪 90 年代中期以来西方生态经济学研究的热点领域和前沿问题，成为学科发展的一个重要基础理论，受到经济学家和生态学家的广泛青睐。因为这个理论使生态经济学理论从定性分析走向定量分析，从难以检验转向可以检验，极大地增强了生态经济学理论的生命力和现实解释力。

1997 年戴利主编的《自然的服务——社会对自然生态系统的依赖》一书综合地研究了生态系统服务与功能的各个方面，[1] 为生态系统服务价值研究奠定了理论基础。而科斯坦扎等人撰著的《生态经济学导论》以及他在《自然》（Nature）杂志上发表的题为《世界生态服务与自然资本的价值》的论文，全面肯定了生态系统及自然资本为人类福利作出的巨大贡献。从此以后，生态服务价值及评估就成为学者们的热点选题，研究成果层出不穷。

生态系统服务是一个新概念，在西方生态学和生态经济学研究中还没有形成统一的定义。戴利认为，生态系统服务是指自然生态系统及其组成物种得以维持和满足人类生命的环境条件和由生态过程所形成、可以维持生物多样性和各种生态系统产品的生产。[2] 科斯坦扎等人认为，生态系统提供的产品与服务统称为生态系统功能，是指人类直接或间接地从生态系统的功能当中获得的各种收益。[3] 卢伯钦科（Lubchenco）把生态服务视为生态系统提供给人类广泛的必需品和服务，这是地球上所有生命的生存支撑系统。[4]

西方学者对生态系统服务进行了分类。科斯坦扎等人将生态服务分为气体调节、气候调节、对自然干扰的调节、水的调节、水的供应、土壤形成、土壤维护、营养循环、废弃物吸收、花粉传递、生物控制、栖息地、食品生产、原材料、基因资源库、娱乐和文化服务等 17 种。

国际千年生态系统评估项目组的专家们将这些划分为四大类生态服务：（1）供给服务，是指人类从生态系统获取的各种产品；（2）调节服务，是指人类从生态

[1] G. Daily, *Natures Service's*: *Societal Dependence on Natural Ecosystems*, Washington D. C.: Island Press, 1997, pp. 93 – 112.

[2] G. Daily, *Natures Service's*: *Societal Dependence on Natural Ecosystems*, Washington D. C.: Island Press, 1997, p. 3.

[3] Robert Costanza, et al., The Value of the World's Ecosystem Services and Natural Capital, *Nature*, Vol. 387, 1997, p. 253.

[4] 中国科学院可持续发展研究组：《2000 中国可持续发展战略研究报告》，中国科学出版社 2000 年版，第 229~230 页。

系统过程的调节作用当中获取的各种收益；（3）文化服务，是指人类从生态系统获得的各种非物质收益；（4）支持服务，是指生产其他所有的生态系统服务必需的那些生态系统服务。[1]

　　生态服务理论研究的重点是生态服务的价值构成与评估，在这方面迄今最有影响的是科斯坦扎等人的研究成果。他们综合了国际上已有的各种对生态系统服务价值评估的不同方法，最先对全球生态系统服务价值及自然资本进行核算。他们把全球生态系统提供给人类的"生态服务"功能分为17种类型，把全球生态系统分为20个生物群落区，采用支付意愿法来估算全球生态系统服务及自然资本的年度价值。其结果表明，目前全球生态系统服务的年度价值平均为33万亿美元，相当于同期全球国民生产总值（约18万亿美元）的1.8倍。[2]

　　这一研究成果在《自然》杂志公布后，引起国际学术界对生态服务价值的极大关注，也为如何实现生态服务价值提供了学术平台。当然，这一研究结果也受到一些学者的批评，这主要是对用货币作为自然资本的核算工具提出了质疑。一些生态经济学家反对使用货币来核算自然资本，对全球生态系统服务价值评估提出了自己的看法。[3] 他们主张用实物量来核算自然资本，其核算工具是生态足迹，并尝试采用生态足迹核算自然资本，建立自然资本账户，对生态服务价值进行评估。

五、西方生态经济学发展的新趋势

　　从国际生态经济学思想的发展史来看，其主流学派的理论发展已经从生态经济协调发展论走向生态经济可持续发展论，使目前西方生态经济学演变成为可持续性科学，并显示出以下几个特点。

　　第一，生态经济学的本质内涵及研究对象已从"相互关系论"走向"可持续性论"。在国际生态经济学产生与发展的初期，西方学者一般认为，生态经济学研究的是生态系统和经济系统之间相互适应、相互作用的关系，是一门研究生态系统和经济系统的复合系统——即生态经济系统——的矛盾运动发展规律的科学。例如在20世纪70年代，有学者认为生态经济学强调生态环境和经济发展之间的互动关系，尤其是"环境容量与经济增长之间的关系，是一种互动的和此消彼长的关系"。[4] 在20世

① 国际千年生态系统评估项目组：《生态系统与人类福祉》，张永民译，中国环境科学出版社2007年版，第51页。

② Robert Costanza, et al. , 1997, pp. 253 – 260.

③ M. Wackernagel and W. E. Rees, Perceptual and Structural Barriers to Investing in Natural Capital: Economics from an Ecological Footprint Perspective, *Ecological Economics*, Vol. 20, 1997, pp. 3 – 24.

④ C. S. Holling, Resilience and Stability of Ecological System, *Annual Review of Ecology and Systematics*, Vol. 4, 1973, pp. 1 – 24.

纪 80 年代，以科斯坦扎为代表的生态经济学家们大都认为，"生态经济学是一门全面研究生态系统和经济系统之间相互关系的科学，这些关系是当今人类所面临的众多紧迫问题的根源，而现有的学科均不能对生态系统和经济系统之间的这些关系予以很好的研究"。[①]

随着对可持续发展的讨论形成热潮，1990 年首届国际生态经济学讨论会的中心议题与题目就是"生态经济学：可持续性的科学与管理"。[②] 进入 20 世纪 90 年代后，科斯坦扎等人一方面重申"生态经济学从最广泛的意义上讲是研究生态系统和经济系统之间关系的一个新的跨学科研究领域"，另一方面明确地把生态经济学定义为"可持续性的科学与管理"。[③] 其后，他在《生态经济学的实际应用》的论文集中进一步论述了这个观点。[④] 这样，国际生态经济学的本质内涵及研究对象的界定是"可持续性论"就占据了国际生态经济学的主导地位。

然而，在 20 世纪 90 年代，也有些学者坚持"相互关系论"，强调生态系统和经济系统之间的相互作用。费伯（Faber）等人在合著的《生态经济学：概念与方法》中，给生态经济学作出了一个十分简明的定义："生态经济学就是研究生态系统和经济活动是如何相互影响的。"对这种相互影响与相互作用，有的学者认为，生态经济学应当着重研究人类经济活动与人类社会系统的福利日益冲突的问题。[⑤]

第二，生态经济学的核心问题及研究的主题已经从生态经济协调发展论转变为生态经济可持续性发展论。国际生态经济学的主流学派强调，生态经济学是要解决当今人类社会经济及其生命支持系统的可持续性发展问题，阐明生态经济可持续发展的理论原则和最佳途径，这是生态经济学的核心问题与中心内容。而一些西方学者却认为，生态经济学是强调生态系统和经济系统之间的内在联系与协调发展。因此，生态经济学的一个研究假设，就是要建立一套生态和经济最低安全标准，以保护生态系统的自组织能力，使人类社会经济能面对各种变化的环境条件，达到生态与经济发展的相互协调。[⑥] 这样，生态系统和社会经济发展在时

---

① R. Costanza, What is Ecological Economics? *Ecological Economics*, Vol. 1, 1989, pp. 1 – 7.

② R. Costanza (ed.), *Ecological Economics: the Science and Management of Sustainability*, New York: Columbia University Press, 1991.

③ R. Costanza, H. E. Daly and J. A. Bartholomew, Goals, Agenda and Policy Recommendations for Ecological Economics, in Costanza (ed.), *Ecological Economics: the Science and Management of Sustainability*, New York: Columbia University Press, 1991.

④ R. Costanza (ed.), *Getting Down to Earth: Practical Applications of Ecological Economics*, Washington D. C.: Island Press, 1996.

⑤ G. Edwards – Jones, B. Davies and S. Hussain, *Ecological Economics: An Introduction*, Oxford: Blackwell Science LTD, 2000, p. 266.

⑥ S. Mahendrarajah, et al. (eds.), *Modeling Change in Integrated Economic and Environmental Systems*, Chichester, West Sussex; New York: J. Wiley, 1999, pp. 104 – 121.

间上和空间上的相互协调也就成为生态经济学研究的主要问题。① 生态经济学把社会经济系统作为地球生态系统的子系统，探索两者如何协调发展的问题，以解决新古典经济学不能解决的人类社会经济活动与自然生态环境之间发展关系的一些重要理论和实际问题。阐明生态经济协调可持续发展的理论原则和实现途径，应当是生态经济学的核心问题及研究主题。

第三，生态经济学的研究范围由"生态—经济"二维复合系统扩展到"生态—经济—社会"三维复合系统。新古典经济学不能令人满意地将生态、经济、社会有机结合起来研究生态经济可持续发展问题，因而生态经济学的研究范围就由生态系统和经济系统之间的联系扩展到生态系统、经济系统和社会系统之间相互联系与相互作用的整个网络，这就走入了可持续性科学的研究范围。2001 年，23 位世界著名可持续发展研究者在美国《科学》杂志上发表了题为《可持续性科学》（Sustainability Science）的论文，它把可持续性科学研究的主题定为可持续性，其研究范围及基本内容是"三维复合系统"，即生态向度是以生态发展为基本内容；经济向度是以经济发展为基本内容；社会向度是以社会发展为基本内容。由此可以看出，目前西方生态经济学已经走向可持续性科学。

第四，生态经济学的学科性质是自然科学和社会科学多学科交叉融合的一体化趋势的产物。西方生态经济学发展的事实表明，生态经济学是一门由自然科学和社会科学尤其是生态学和经济学相互交叉、渗透、有机结合形成的交叉的新兴学科。但是，有的西方学者认为，生态经济学不是一个新的学科，而是学科的集成，是各学科在人对自然的关系上的交叉学科。例如巴尔比耶（Barbier）等人认为，"生态经济学不是一个新的学科，但是生态经济学是解决单一学科不能胜任的经济—环境相互作用问题的一种新的分析方法或方法的综合"。②

综上所述，自 20 世纪 90 年代以来，西方生态经济学在发展的过程中，其基本理论的发展处于一种开放的系统之中。无论是国际生态经济学主流学派，还是非主流学派，他们的各种思想理论观点呈现出多元化的特点。目前生态经济学的研究方法与分析工具呈现出多样性，其中大量采用定量分析和模型分析的方法，力求用经济学模型来表达生态经济学理论，构建生态经济学的生态经济模型，也成为西方生态经济理论研究的一个趋势。

（原载《国外社会科学》2009 年第 3 期）

---

① Gareth Edwards – Jones, Ben Davies and Salman Hussain, Ecological Economics: an Introduction, in Malden (ed.), *Blackwell Science*, Oxford: 2000, pp. 1 – 13.

② E. B. Barbier, J. C. Burgess and C. Folke, *Paradise Lost? The Ecological Economics of Biodiversity*, London: Earthscan, 1994.

西方生态经济学发展的前沿和趋势

20 世纪 90 年代初，西方学者开始在可持续发展的理论平台上探索自然资本的相关问题，并把它纳入生态经济学的理论框架，促进了西方生态经济学理论的新发展。90 年代中期以来，生态服务理论受到经济学家和生态学家的广泛青睐，成为西方生态经济学研究的前沿。西方生态经济学在发展的过程中，各种理论观点呈现出多元化的特点，其主流学派的理论发展已经从生态经济协调发展论走向生态经济可持续发展论。研究方法与分析工具的多样性也成为西方生态经济学理论研究的一个新趋势。

一、自然资本理论是其基石

早在 1990 年皮尔斯（Pearce）和图奈（Turner）在《自然资源与环境经济学》一书中，把经济学生产函数中的资本理解为人造资本，与之相对应，又提出了"自然资本"的新概念，但没有对其作明确的界定。1993 年，皮尔斯提出用自然资本和人造资本、人力资本来估算可持续发展能力。在皮尔斯研究的基础上，1995 年，世界银行明确将人类拥有的资本划分为四大类：人造资本、人力资本、自然资本和社会资本。

从 1996 年戴利（Daily）发表《超越增长——可持续发展的经济学》之后 10 多年间，西方著名生态经济学家的生态经济学专著中都会研究自然资本理论。尤其是美国的保罗·霍肯（Paul Hawken）1999 年在美国出版了《自然资本论：关于下一次工业革命》的生态经济学力作，使西方生态经济学沿着可持续发展理论方向又迈进了一步。

自然资本理论回应了西方生态经济学理论的两个根本观点：一是肯定了在当今"满的世界"中，剩余的自然资本已经取代人造资本成为社会生产的稀缺要素，是经济发展的限制性因素；二是自然资本和人造资本基本上是互补性的，生产越多人造资本，在物质上就需要越多的自然资本，而"在一个满的世界，任何人造资本的增加，都是以自然资本及服务为代价的"。戴利、霍肯等人在他们的论著中，以开创性思维详细阐明了生态经济学关于自然资本的这两个基本观点，实际上成为西方生态经济学作为一个独立学科的理论支撑点。如果生态经济学不能确立自然资本论的这两个基本观点，那么生态经济学最终就会被新古典经济学吞噬而不复存在。

二、生态服务理论是最新前沿

在可持续发展的理论平台上研究生态服务理论，是 20 世纪 90 年代中期以来西方生态经济学研究的热点领域和前沿问题。因为这个理论使生态经济学理论从定性分析走向定量分析，从难以检验转向可以检验，极大增强了生态经济学理论的生命力和解释力。

戴利 1997 年主编的《自然的服务——社会对自然生态系统的依赖》一书，综合地研究了生态系统服务与功能的各个方面，为生态系统服务价值研究奠定了理论基础；而科斯坦扎（Costanza）等著的《生态经济学导论》的出版，特别是科斯坦扎等在《自然》杂志上发表的题为《世界生态服务与自然资本的价值》的论文，全面肯定了生态系统及自然资本为人类福利作出的巨大贡献。从此以后，生态服务价值及评估就成为学者们的热点选题，研究成果层出不穷。

根据戴利、科斯坦扎和卢伯钦科（Lubchenco）等人对生态服务的定义，我们可以作出如下概括：地球生态系统对人类社会与经济福祉的贡献，在本质上是生态系统对人类提供的各种生态惠益，它既包括生态系统提供的各种产品，也包括生态系统提供的各种服务，它们统称为生态系统服务，简称生态服务。

生态服务理论研究的重点是生态服务的价值构成与评估，现在已获得国际学术界的广泛认同。对地球生态系统服务价值进行评估，迄今为止，最有影响的是科斯坦扎等人的研究成果。他们综合了国际上已有的各种对生态系统服务价值评估的不同方法，最先对全球生态系统服务价值及自然资本进行核算。其研究成果在《自然》杂志公布后，引起国际学术界对生态服务价值的极大关注，也为如何实现生态服务价值提供了学术平台。

三、发展新趋势

从国际生态经济学思想发展史来看，西方生态经济学主流学派的理论发展，已经从生态经济协调发展论走向生态经济可持续发展论，从而使其演变成为可持续性科学，其发展的新趋势表现出以下几个特点。

第一，生态经济学的本质内涵及研究对象已从"相互关系论"走向"可持续性论"。在国际生态经济学产生与发展的初期，西方学者一般认为，生态经济学研究的是生态系统和经济系统之间相互适应、相互作用的发展关系，是一门研究生态系统和经济系统的复合系统即生态经济系统的矛盾运动发展规律的科学。1990 年首届国际生态经济学讨论会的题目与中心议题就是"生态经济学：可持续性的科学与管理"，标志着可持续发展讨论已经形成热潮。进入 90 年代后，科斯坦扎等人一方面重申"生态经济学从最广泛的意义上讲是研究生态系统和经济系统之间关系的一个新的跨学科研究领域"，另一方面明确地把生态经济学定义为"可持续性的科学"。他在《生态经济学的实际应用》的论文集中进一步论述了这个观点。这样，"可持续性论"就占据了西方生态经济学的主导地位。

第二，生态经济学的核心问题及研究主题，已经从生态经济协调发展论变为生态经济可持续性发展论。生态经济学把社会经济系统作为地球生态系统的子系统，探索两者如何协调发展的问题，以解决新古典经济学不能解决的人类社会经济活动与自然生态环境之间发展关系的一些重要理论和实际问题。阐明生态经济协调可持续发展的理论原则和实现途径，就成为生态经济学的核心问题及研究主题。

第三，生态经济学的研究范围已由"生态—经济"二维复合系统扩展到"生态—经济—社会"三维复合系统。即生态向度是以生态发展为基本内容；经济向度是以经济发展为基本内容；社会向度是以社会发展为基本内容。在这里，我们可以看出，目前西方生态经济学已经走向可持续性科学。

在西方生态经济学的发展过程中，自然资本理论是 90 年代以来最重要的基础理论，生态服务理论是其研究的热点领域和前沿问题。其理论发展是处于一种开放的系统之中的，无论是主流学派，还是非主流学派，他们的思想理论观点都呈现出多元化的特点。目前，西方生态经济学的研究方法与分析工具呈现出多样性，其中大量采用定量分析和模型分析的方法，力求用经济学模型表达生态经济学理论，构建生态经济学的生态经济模型，也成为目前西方生态经济理论研究的一个新趋势，值得我们重视和借鉴。

（原载《中国社会科学报》2009 年 7 月 2 日）

也谈发展低碳经济

一、低碳经济概念的新界定

2003 年，英国能源白皮书《我们能源的未来：创建低碳经济》首次提出了低碳经济的概念，并宣布到 2050 年英国能源发展的总目标，是把英国建成为低碳经济的国家。2007 年 7 月，美国参议院提出了《低碳经济法案》；德国希望在 2020 年，其国内的低碳产业要超过其汽车产业；2008 年 7 月，日本政府公布了日本低碳社会行动计划草案……可以说，近几年来，低碳经济已成为国际社会回应全球变暖对人类生存与发展挑战的热门话题，它将有望成为美国等发达国家未来的重要战略选择。2007 年 9 月 8 日，国家主席胡锦涛在亚太经合组织（APEC）第 15 次领导人会议上郑重提出四项低碳发展建议，表明了中国发展低碳经济的理念和决心。然而，在我国不要说实际部门的领导者、管理者，就是经济学界的经济学者，对低碳经济似乎还是一个不很熟悉的概念。

那么，到底什么是低碳经济呢？从现有的定义和解释来看，还都没有从理论上概括。我认为，应该把它纳入可持续发展经济学的理论框架，其基本内涵和外延可以表述为：低碳经济应该是经济发展的碳排放量和生态环境代价及社会经济成本最低的经济，是一种能够改善地球生态系统自我调节能力的生态可持续性很强的经济。它有两个基本点：（1）它是包括生产、交换、分配、消费在内的社会再生产全过程的经济活动低碳化，把二氧化碳（CO_2）排放量尽可能减少到最低限度乃至零排放，获得最大的生态经济效益；（2）它是包括生产、交换、分配、消费在内的社会再生产全过程的能源消费生态化，形成低碳能源和无碳能源的国民经济体系，保证生态经济社会有机整体的清洁发展、绿色发展、可持续发展。

二、发展低碳经济的必要性和紧迫性

发达国家自工业革命以来的工业文明发展模式，导致了越来越严重的全球气候变化问题。其中大气中二氧化碳（CO_2）浓度不断增加，使全球气候变暖；而使用化石燃料这种高碳能源是产生这种生态环境灾难的主要原因。大气中温室气体主要是CO_2，它对地球增温起50%的作用。据20世纪初监测结果显示，1880年，大气CO_2浓度为280ppm（百万分率），1950年为310ppm，1988年为351ppm，1991年为383ppm，目前上升为400ppm。地球生态系统自净CO_2的能力每年只有30亿吨，每年剩下200多亿吨残留在大气层中，使地球生态系统不堪重负。长此下去，呈现在我们面前的气候将更为反复无常，气象灾害范围更大、更频繁和更严重，将会带来致命的生态环境灾难，直接威胁着人类的生存与发展。因此，控制大气中CO_2浓度增加，缓解全球气候变暖，是现代人类得以生存与发展的内在要求和迫切需要。

当今中国仍然是以煤炭、石油和天然等化石燃料为主体的经济，在一次能源消费结构中，煤炭的比重一般为2/3，2007年高达69.5%。这种典型的碳基能源经济，使我国经济和能源结构的"高碳"特征十分突出，我国CO_2排放强度相对较高。1994年CO_2排放量在温室气体排放总量所占比重为76%，到2004年上升为83%。目前CO_2排放总量居世界第二位，预测到2025年左右，将与美国并驾齐驱；2050年将会超过美国成为世界第一排放大国。因此我国节能减排形势非常严峻，其压力极为巨大。可见，发展低碳经济，建设低碳中国，推进中国经济发展由高碳能源经济向低碳与无碳能源经济的根本转变，是中国实现科学发展、和谐发展、绿色发展、低代价发展的迫切要求和战略选择。从各国应对金融危机，推动全球经济复苏中，我们看到了以开发清洁能源、新能源和节能减排产业等为基本内容的绿色产业革命正在悄然兴起，展现出向节能低碳的更为绿色的全球经济转变的良好势头，我国应当抓住这个最好时机，把加快实施低碳经济发展纳入国家战略，及早开展发展低碳经济的各项行动，使整个社会生产与再生产活动尽早步入低碳化轨道，促进中国生态经济社会有机整体的可持续发展。

三、低碳经济的实质是能源经济革命

从世界低碳经济思想史来看，美国著名学者莱斯特·R.布朗的生态经济思想蕴藏着低碳经济的思想先声，他提出的能源经济革命论是低碳经济思想的早期探索。1999年在中国台湾翻译出版的《生态经济革命——拯救地球和经济的五大步骤》一书中，他指出在创建可持续发展经济的庞大再造工程中，"首要工作乃是能源经济的变革"，并首次提出面对"地球温室化"的威胁，应当尽快从以石化燃料（石油、煤炭）为核心的经济，转变成为以太阳、氢能源为核心的经济，就完全不必担心排放 CO_2。他还说，这种"新能源经济"轮廓已逐渐浮现，"问题不在于有没有能源革命，而是在于究竟会以何种速度展开。"随后在 2001年出版的《生态经济——有利于地球的经济构想》一书中，他又指出"化石燃料时代末路的开端已经近在眼前"，论证了从化石燃料或以碳为基础的经济，向高效的、以氢为基础的经济转变的必要性和紧迫性，重新建构能源经济发展形成零污染排放、无碳能源经济体系。2003 年他又出版了《B 模式——拯救地球延续文明》一书，明确提出地球气温的加快上升，要求将"碳排放减少一半"，这既要"提高能源效率，同时要向可再生能源转换"，即"加速向可再生能源和氢能经济的转变"。这些真知灼见，对于当前我们发展低碳经济有着重要的启示和指导意义。

低碳经济在英国的理论与实践表明，发展低碳经济、实质上就是对现代经济运行与发展进行一场深刻的能源经济革命，构建一种温室气体排放量最低限度的新能源经济发展模式。这场能源经济革命的基本目标，是努力推进低碳经济发展的两个根本转变：一是现代经济发展由以碳基能源为基础的不可持续发展经济，向以低碳与无碳能源经济为基础的可持续发展经济的根本转变；二是能源消费结构由高碳型黑色结构，向低碳与无碳型绿色结构的根本转变。实现两个根本转变的中心环节，一方面是着力推进化石能源低碳化，另一方面是构建新能源经济体系，发展低碳与无碳新能源，使整个社会生产与再生产活动低碳与无碳化。这是未来能源经济发展的根本方向，也是发展低碳经济的根本方向。

《中国环境与发展十大对策》和《中国 21 世纪议程》，都对我国未来能源经济发展的面貌提出明确构想，强调开发利用新能源和可持续能源，提高可再生能源在能源中的比例。因此，发展低碳经济，开展能源经济革命，必须优化能源结构，大力发展替代新能源和优先发展可持续能源，包括开发风能、太阳能、水能、地热能、生物质能、氢能、燃料电池和核能等低碳或零碳新能源，提高我国非化石能源尤其是可再生能源的消费比重，向低碳无碳富氢的方向发展，最终形成低碳与无碳能源经济体系。

四、发展低碳经济必须正确认识与处理几个重要关系

（一）低碳经济与可持续发展经济的关系

我国学术界一些学者认为，低碳经济是以低能耗、低污染、低排放为基础的新经济发展模式，是全球经济发展的一种最佳模式。其实，低碳经济在本质上就是可持续发展经济，是生态经济可持续发展的新发展。发展低碳经济的根

本方向是可持续发展。低碳经济是目前最可行的、可量化的可持续发展模式的最佳形态。

（二）低碳经济与绿色经济的关系

付允等在《低碳经济的发展模式研究》一文中指出："低碳经济发展模式就是以低能耗、低污染、低排放和高效能、高效率、高效益为基础，以低碳发展为发展方向，以节能减排为发展方式，以碳中和技术为发展方法的绿色经济发展模式。"而刘思华教授在《绿色经济论》一文中指出："绿色经济是可持续经济的实现形态和形象概括。它的本质是以生态经济协调发展为核心的可持续发展经济。"毫无疑问，发展绿色经济要求人们经济活动从高耗资源能源、高污染环境与高损生态的非持续发展经济到资源能源消耗最少化、环境污染最轻化与生态损害最小化的可持续发展经济的根本转变。因此，两者在本质上完全一致，可以说，低碳经济是绿色经济发展的理想模式。

（三）低碳经济与循环经济的关系

冯之浚等同志在 2003 年和 2009 年 4 月 21 日先后撰文，分别主张我国尽早走循环经济发展之路和大力推行低碳经济。现在，循环经济发展，离党的十七大提出的"形成较大规模"的要求相差甚远。那么，推行低碳经济和发展循环经济又是什么关系呢？应该说，发展低碳经济是发展循环经济的必然选择、最佳体现与首选途径，同时又向循环经济发展提出了新要求：在发展循环经济的目标中，"最少的废物排放"，首先应该是碳排放量最小化与无碳化。因此，发展循环经济要求发展低碳经济；而低碳经济发展就成为循环经济发展的重要特征。

（四）发展低碳经济与建设生态文明和"两型社会"的关系

工业文明时代的经济是以化石燃料为核心的不可再生能源为基础的碳基能源经济，是不可持续发展的经济；生态文明时代的经济是以非化石燃料为核心的可再生能源为基础的低碳无碳能源经济，是可持续发展的经济。发展低碳经济，推进能源经济革命的两个根本转变，使高碳经济与能源结构向低碳无碳经济与能源结构转型，就体现着工业文明向生态文明的转型。因而，发展低碳经济就成为建设生态文明的内在要求和重要标志；低碳经济发展是建设生态文明的必由之路。

英国《能源白皮书》提出：低碳经济的基本内涵，是两个"更少"即"更少的自然资源消耗和更少的环境污染"。因此，低碳经济是资源节约型、环境友好型社会的重要内涵与核心内容。发展低碳经济是"两型社会"的应有之义与首要环节。低碳经济发展越早越快，实现"两型社会"建设的目标就越早越快。建设"两型社会"，就是建设生态文明社会。建设生态文明和"两型社会"，就必须且应当发展低碳经济；低碳经济建设既是"两型社会"建设的重要载体，其发展水平又是判断"两型社会"建设水平高低的重要标准，二者统一于建设社会主义生态文明的伟大进程中。发展低碳经济必将有力地推动中华文明由工业文明向生态文明的文明转型进程，使我国早日跨入生态文明社会。

（原载《光明日报》2009 年 5 月 19 日）

对社会主义可持续发展经济体制的理论思考[*]

党的十七大科学地总结了经济体制改革的宝贵经验，指出"我国成功地实现了从高度集中的计划经济体制到充满活力的社会主义市场经济体制"的伟大历史转折；同时指出"影响发展的体制机制障碍依然存在"，必须"要完善社会主义市场经济体制，推进各方面体制改革创新"。其中一个重要方面，是要"加快形成可持续发展体制机制"，尤其是首次提出了"建设生态文明"的发展理念，深化了我们党对社会主义本质的认识，为推进经济体制改革创新指明了新方向，提出了新要求。因此，"要完善有利于节约能源资源和保护生态环境的法律和政策，加快形成可持续发展体制机制"，这就是形成与建设社会主义生态文明相适应的社会主义可持续发展体制。

一、两个具有全局意义的根本性转变呈现逆向运动

党的十四大明确提出了建立社会主义市场经济体制的改革目标。党的十四届三中全会作出了《关于建立社会主义市场经济体制若干问题的决定》。党的十四届五中全会制定了经济体制与经济增长方式两个根本性转变的战略方针，强调了实现 2010 年远景奋斗目标，"关键是实行两个具有全局意义的根本性转变，一是经济体制从传统的计划经济体制向社会主义市场经济体制转变，二是经济增长方式从粗放型向集约型转变"（十七大又提出转变经济发展方式）。2003 年 10 月召开的党的十六届三中全会认为，我国社会主义市场经济初步建立起来了，并作出了《关于完善社会主义市场经济体制若干问题的决定》。近几年，我们按照《决定》规定的深化经济体制改革的指导思想和基本原则，坚持社会主义市场经济体制的改革方向，注重制度建设和体制创新，又取得了新进展。这些表明，自党的

---

* 广西大学人文社科重点研究基地、广西大学马克思主义经济学研究中心项目阶段成果。

十一届三中全会以来，我国经济体制从传统计划经济体制向社会主义市场经济体制的根本转变已经初步实现。它极大促进了社会生产力的发展和综合国力的提高，集中表现在我国经济体制改革创造了世界经济发展史上的奇迹，使我国已成为仅次于美国、日本和德国的全球第四大经济体，是近20年来对全球经济增长与发展贡献最大的国家之一。

但是，我国经济迅速崛起的正面与负面效应却是同时发生的。这是因为，20世纪80年代以来的经济增长与发展实际表明，我国经济增长方式从粗放型向集约型的根本转变基本上没有实现，"粗放型增长方式尚未根本改变"，传统经济发展模式还处于主导地位。从总体上看，这些年来，我国经济保持持续快速高速增长，一直未能摆脱传统的粗放型经济增长方式，未能克服高投入、高消耗、高污染、低产出、低质量、低效益的痼疾。不仅如此，进入21世纪以来，它的弊端日益强化，其粗放程度不断加深。这种"高开采、高投入、高消耗、高污染、低利用、低产出、低质量"的粗放型经济增长方式，在实践中造成了一系列严重的生态问题、社会问题和人的问题，使我国经济在高速增长的同时付出了极高的自然生态代价和人与社会代价，导致今日我国"人—社会—自然"有机整体发展面临着不少突出矛盾和积重难返的严重问题。其体制根源就在于我国初步建立起来的社会主义市场经济体制没有改变传统经济体制的反生态性与不可持续性的根本缺陷，尚未形成自然、人、社会有机整体和谐协调的可持续体制机制。有几点值得我们重视：

（1）社会主义市场经济是建立在社会主义公有制基础上的，是同社会主义基本经济制度紧密结合在一起的，是完全符合社会主义经济的本质属性的。由此决定了两个具有全局意义的根本性转变的根本一致性。因而，从理想状态来说，这两个根本性转变应当是同步运动中协调发展。然而，国际国内的实践已经证明，经济增长和发展方式的根本性转变要比经济体制的根本性转变艰难得多，时间要长得多，是难以达到同步运动的。即使是这样，两者也不应发生逆向运动，至少也应当是同向运动。但是，在我国却出现了逆向运动：一方面，经过近30年的努力，我国初步建立并正在逐步完善的社会主义市场经济体制，基本上完成了从传统的计划经济体制向现代的市场经济体制转变，使我国社会生产力获得迅速发展，主要表现为物质生产力的巨大发展，确实是"物"的世界大大发展并增值了。

另一方面，我们建立起来的社会主义市场经济体制，不仅未能推进我国经济增长与发展方式转变，而且使在传统计划经济体制下形成的数量扩张的粗放型经济增长方式的功能与弊端获得了充分表现，导致自然生态、人身生态、社会生态的全面恶化，以人的生产力和自然生产力的重大牺牲为代价来换取物质生产力增长，确实是"人"的世界贬值和自然的世界的衰败。尤其是我国经济快速高速增长过程中过度的资源消耗，过大的环境污染，过重的生态伤害，使生态资本存量下降与生态赤字扩大同快速积累的经济增长之间严重失衡，经济持续快速高速增长与资源环境生态约束的矛盾加深，极大阻碍着我国经济社会全面协调可持续发展。

（2）撇开社会制度而言，无论是资本主义的传统市场经济体制还是社会主义的传统计划经济体制，都属于传统经济体制，它们都是在传统发展观指导下，基本上都是以片面追求 GDP 的高速增长和物质财富无限增加为目的和动力，并且把实现这一目的视为传统经济体制运行的最高原则。因此，传统市场经济体制和传统计划经济体制，基本上都是把经济增长建立在贪婪地索取自然资源，大量地消耗资源环境与掠夺生态的基础之上。因而，与传统经济体制相适应的传统经济发展模式必然也是"高投入、高消耗、高污染"的粗放型经济增长方式。所以，传统经济体制是粗放型经济增长方式的制度安排与体制保障。10 多年来，两个根本性转变逆向运动的事实表明，目前我国初步建立的社会主义市场经济体制未能摆脱传统经济体制的窠臼，也就是说未能克服传统经济体制的局限性：一是不仅未能克服传统经济体制对经济高速以至于超高速增长目标的盲目追求，而且还为其提供了某些制度条件。改革开放以来我国年均经济增长为 9.6%，从 2002 年至 2007 年 GDP 增长都超过 10%；为盲目追求经济高速以至于超高速增长的"极端发展主义"盛行提供了实践基础，并与传统经济体制的扩张机制相结合，使我国经济发展没有改变在传统经济体制下，那种数量速度型、外延扩张式的老路。对此，现行的社会主义市场经济体制缺乏抑制这种盲目数量扩张的制度和机制，显得勉为其难与无能为力。二是 20 世纪 80 年代以来的中国第二轮工业化与现代化建设，付出了高昂的沉重的代价，目前我国生态环境恶化相当严重，国民收入分配的两极分化现象日益严重，以牺牲生态环境和大多数民众利益为代价换取经济的高增长，经济总量、物质财富的不断增加与城乡差距、贫富差距扩大的矛盾加深，使我们探索的新型工业道路并没有改变我国在传统工业化老路上前行的步伐。对此，现行的社会主义市场经济体制缺乏克服传统工业化那种牺牲生态环境和大多数人利益的制度和机制，显得无能为力。

（3）在当今世界，无论是发达国家，还是发展中国家，从总体来看，多数国家的经济发展战略、模式、经济体制及运行机制，都是以生态与经济相脱离为基本特征的，使现代经济运行与发展往往不能反映生态学的真理。因此，传统经济体制的一个根本缺陷，就是以生态与经济的脱离和对立为特征。它不仅没有保障当代人生存与发展的生态环境的制度与机制；更没有为后代人生存与发展留下充分的资源与环境的制度与机制保障，由于在它的运行过程中不能反映生态学的真理，必然引起自然资源的耗竭和环境质量的恶化，在创造经济生产力的同时，削弱生态生产力，使生态资本存量下降，从而导致现代经济社会发展的不可持续性。我国初步建立的社会主义市场经济体制还很不完善的一个根本方面，就是没有消除传统经济体制的这个根本缺陷。没有解决作为市场主体的企业追求利润最大化与环境保护和生态建设的尖锐矛盾问题。在创造经济生产力使我国经济日益富裕的同时，削弱了生态生产力，使我国生态贫困越来越严重。如果说我国的传统计划经济体制是一种资源环境掠夺型的经济体制，那么，我们初步建立的现代市场经济体制仍然带有这种传统体制的痕迹，还保留着生态与经济相脱离和对立的特征，实际上是资源环境消耗型的经济体制。正是在这个意义上说，它仍然是一种非持续发展的经济体制。美国著名学者 R·布朗在《生态经济》一书中批评了主流经济学只是相信市场力量，尊重市场原理而不尊重生态原理，尤其是无视生态可持续性原理，使当今自由市场经济往往不能反映生态学的真理，将会导致现代市场经济崩溃。于是，他引用开发挪威和北海油田的埃索公司前副总裁厄于斯泰因·达勒的看法来表达自己的观点："中央计划经济崩溃于不让价格表达经济学的真理，自由市场经济则可能崩溃于不让价格表达生态学的真理。"当今人类正在进入生态时代，现代市场经济发展，应当反映生态学的真理，实现环境掠夺型经济体制向环境保护型经济体制的转换，建立起可持续发展经济体制。

二、社会主义可持续发展经济体制的理论与实践基础

我国社会主义经济体制改革的本身，应当实现两个根本性转变：一是从传统计划经济体制向社会主义市场经济体制根本转变；二是从市场经济体制向有利于可持续发展的经济体制的根本转变。这种体制的要义应是基于生态和人文关怀的生态可持续性，从而以生态可持续性原则为基础构建全新的市场经济体制及其现代经济发展模式。这是建设社会主义生态文明的客观要求。因此，建立中国特色的社会主义可持续发展经济体制，实质上是建立中国特色的社会主义生态市场经济体制。生态市场经济是生态与经济一体化的现代市场经济，反映了节约资源，保护环境，优化生态与经济发展的内在统一。它既是一种全新的经济体制，又是一种全新的经济发展形态。正如有的学者指出的："从发展趋势上讲，生态市场经济将成为 21 世纪的主流经济形态"。如果说，现存的中国社会主义市场经济体制尚未显著表现出超越发达国家的资本主义市场经济体制的优势；那么，建立社会主义生态市场经济体制有可能是提供这一超越的机会。因此，建立社会主义生态市场经济体制是对现代市场经济体制的现实超越与理论超越，是我们完善社会主义市场经济体制的正确方向与战略任务。

（1）从理论上看，生态经济协调可持续发展理论是社会主义可持续发展经济体制的理论基石。

首先，在马克思学说中，自然、人、社会有机整体发展理论，不仅为当今生态经济协调可持续发展理论提供了坚实的理论基础；而且为生态内生经济发展模

式及其经济体制提供了科学依据。这是因为，自然、人、社会有机整体理论，其根本精神在于不是把人类社会生产和生活的各个领域视为分散的和封闭孤立的存在，而是视为自然、人、社会有机整体中的各个要素相互依存，相互制约、相互作用的有机整体。马克思恩格斯不仅阐明人与自然的不可分割性，而且阐明自然与社会的不可分割性；揭示了客观世界是由天然自然、人工自然、人类社会的各种要素组成的复合系统，这就是自然、人、社会的有机整体。人类文明发展就是自然、人、社会有机整体发展。资本主义文明发展是如此，社会主义文明发展更是如此。科学发展观继承和发展了马克思主义关于发展的理论，深刻地回答了"发展"与"人"的关系这一核心命题，把人、社会与自然看作一个有机整体，来界定发展的内涵，将中国特色社会主义发展视为经济、政治、文化和生态四个基本要素发展构成的整体发展、和谐发展、文明发展。传统经济学的经济体制与经济发展模式理论的根本缺陷就在于，它把经济系统看成为不依赖外部环境，其交换及运动发展只是在经济这个封闭系统的内部进行，因而可以不受自然环境和社会环境的制约而无限增长。这就使得传统经济体制既忽视了自然环境因素又忽视了社会环境因素，并使其本身具有"反生态"和"反社会"的性质，导致经济发展的不可持续性。因此，只有把可持续发展经济体制理论牢固地建立在马克思主义自然、人、社会有机整体发展理论的基础之上，才能使我国社会主义市场经济体制具有生态可持续性和社会可持续性，真正成为生态与经济一体化的社会主义可持续发展经济体制。

其次，生态经济协调可持续发展理论的一个核心理念，就是"生态环境内因论"，这是生态与经济一体化的可持续发展经济体制的一块基石。生态环境内生化可持续发展理论的核心问题有两个方面：一方面是人类生存的自然环境是人的生命的组成部分，是人的身心健康和生态安全的内在因素；另一方面是当今世界系统中生态环境是可持续经济运行与发展的内在要素，对现代经济良性运行与可持续发展起着决定性作用，已成为现代经济增长与发展最重要的、最关键的源泉。因此，生态环境已从现代经济运行与发展的外生变量转化为内生变量，这是生态环境内生可持续发展经济理论的基本结论。这就要求建立社会主义生态市场经济体制必须内在地具有可持续发展的生态机制，使生态环境真正成为现代经济运行与可持续发展的内生要素。正是在这个意义上说，建立社会主义生态市场经济体制，就是建立生态内生可持续发展经济体制。只有这样，才能真正形成生态与经济一体化的可持续发展经济体制。

最后，党的十七大首次把"建设生态文明"的发展理念写在中国特色社会主义伟大旗帜上，使我们党最终确立了生态文明是一种独立的崭新的现代文明形态，并要求形成与建设生态文明相适应的"节约能源资源和保护生态环境的产业结构、增长方式、消费模式"，要"加快形成可持续发展体制机制"，因此，坚持走生产发展、生活富裕、生态良好的文明发展道路，其根本点就是要把生态文明发展"模式化""体制化"，形成可持续经济发展模式和与它相适应的可持续经济体制，它们不仅反映经济学的真理，而且反映生态学的真理。

（2）从实践上看，构建社会主义可持续发展经济体制，不仅是我国国情和发展现实的客观要求，而且具有坚实的实践基础。

首先，当今人类文明发展正在进入生态时代，使当今现代经济发展具有三个显著特点：一是经济活动的生态化；二是经济目标的人性化；三是经济形态的知识化（包括信息化）。这三大历史潮流的有机统一，是21世纪现代人类生存与发展的希望所在。事实表明，能够适应三大发展趋势有机统一的经济体制，就是生态与经济一体化的可持续发展经济体制，它是一种既符合生态文明发展要求，又符合社会主义市场经济发展要求的崭新的经济体制。它能够克服传统经济体制的根本缺陷和主要弊端，突出强调经济发展的人文向度和生态向度及其统一性，凸显的是人与自然协调和谐和人与人协调和谐的根本精神。因此，完善社会主义市场经济体制，构建社会主义可持续发展经济体制，这才是最根本的经济生态化、人性化、知识化的真谛。

其次，无论在当今世界还是当代中国，良好的生态环境作为现代经济运行与可持续发展的内在要素，已经成为一种高度稀缺的生活要素和生产要素，严重地制约着现代人类生存和经济社会发展。这种严峻的客观现实决定着构建我国社会主义生态市场经济体制的必要性和紧迫性。美国著名生态经济学家戴利、布朗都强调当今世界系统已经完成了"空的世界"向"满的世界"的转变，使现代经济系统的运行与演变已经从物质资本是经济发展制约因素的时代，进入生态资本是经济发展制约因素的时代，因而，世界各国生态系统提供的优良的生态产品越来越稀缺，日益稀缺的生态资本存量日益成为经济发展的基本制约因素。在我国，必要的、良好的生态环境的稀缺程度不仅超过发达国家，而且超过某些发展中国家。可以这样说，我国目前已经完全改变了传统社会主义经济的短缺经济局面，物质资本日益雄厚，经济正在走向富裕。当今中国发展由经济贫困走向经济富裕，既付出了高昂的生态环境代价，又付出了物质财富分配与占有的不公平的代价，从而形成了现代社会主义经济的生态短缺局面。因而，当今中国的发展正在由生态脆弱走向生态贫困。正如一位青年学者所说的："我国的生态贫困状况相当严重，甚至可以说已成为我国目前乃至今后相当长的时期发展的基本特征。"这就迫切要求我们完善社会主义市场经济体制，不仅要保障我国不断走向经济富裕，而且要保障逐步消除生态贫困，努力改变当代中国社会主义经济的生态短缺局面。

最后，近几年来，我们完善社会主义市场经济体制，全面推进我国改革开放和社会主义现代化建设，尤其是树立和落实科学发展观，建设社会主义和谐社会，为我们推进由非持续发展经济体制向可持续发展经济体制转变，构建社会主义生态市场经济体制提供了有利条件。在科学发展观统领下，我国正在大力发展循环经济、建设资源节约型、环境友好型、生态安全型经济社会，促进我国经济社会发展全面生态化；与此同时，加大了实施可持续发展战略的力度，大力开展生态省建设试点，海南、福建、浙江、江苏、黑龙江、山东、安徽、陕西等开展生态省建设的试点工作，正在进入大规模生态建设和大规模经济建设同步进行与协调发展的新时期；尤其是发展绿色产业，生态农业、生态工业、使生态工业园建设进入一个新的发展阶段。据报道，目前在广西、辽宁、江苏、山东、天津、新疆、内蒙古、浙江、广东等省市自治区展开了生态工业园区建设的试点，覆盖各种传统行业和高科技行业，推动着现有工业园区发展向生态化方向转型，提升工业园区发展的生态化水平，从而加速了我国新型工业化朝着生态化方向发展的进程，展示出生态发展、经济发展、社会发展有机统一的科学发展的广阔前景。现在，建设生态文明已成为我们党的治国理政的新观念，标志着我们党开启了建设社会主义生态文明的新航程，一个建设社会主义生态文明的新时代正在到来。所有这些表明，生态与经济一体化的可持续发展经济体制以及与之相适应的生态内生可持续发展经济模式，是有坚实的、丰富的实践基础的。

三、小结

如果说，"从初步建立社会主义市场经济体制到完善社会主义市场经济体制，这是一个新的历史跨越、新的伟大实践，也是一项更加艰巨、更加宏伟的系统工程。"那么创建生态与经济一体化的可持续发展经济体制，作为完善社会主义市场经济体制的主攻方向与战略任务，就更是中国特色社会主义伟大事业一个新的历史跨越，新的伟大实践。德国学者指出："迄今为止，还没有一个国家拥有一个围绕关注环境而组织的市场经济，德国也不例外。"这就告诉我们，建立生态市场经济体制，在世界上还没有经验可以借鉴。实现由非持续发展经济体制向可持续发展经济体制的转变，不仅要比实现由传统计划经济体制向现代市场经济体制的转变更加艰巨、更加复杂，而且要比实现粗放型向集约型增长方式的转变更加艰巨、更加复杂，是非常宏伟的系统工程。

参考文献

[1] 莱斯特·R. 布朗. 生态经济：有利于地球的经济构想 [M]. 北京：东方出版社，2001. [Lester R Brown. Eco – Economy Building an Economy for the Earth [M]. Beijing：East Press，2001.]

［2］孟宪忠．论生态市场经济［N］．光明日报，2001 – 08 – 21.［Meng Xianzhong. Theory of Ecological Market Economy［N］. daily Guangming Ribao, 2001 – 08 – 21.］

［3］刘思华．论经济思想和理论的生态革命［J］．西北大学学报（社科版），2005，（2）.［Liu Sihua. Theory of Ecological Revolution of Economy Idea［J］. Journal of Northwestern University（Social Science Pages），2005，（2）.］

［4］柳杨青．生态需要的经济学研究［M］．北京：中国财政经济出版社，2004. 138，145.［Liu Yangqing. Economic Research on Ecological Needs［M］. Beijing：China Financial and Economic Publishing house，2004. 138，145.］

［5］人民日报社论．全面建设小康社会的体制保证［N］．人民日报，2004 – 10 – 15.［The People's Daily Editorial. System Insurance for Building a Well-off Society in an All-round Way［N］. The People's Daily，2004 – 10 – 15.］

［6］吴晓东等译．人类需要多大的世界 MIPS—生态经济的有效尺度［M］．北京：清华大学出版社，2003. 146.［Translation by Wu Xiaodong et al. How Big World the Human Needs：MIPS – the Effective Scale of Eco – Economic［M］. Bei jing：Tsinghua University Press，2003. 146.］

［7］严法善，刘会齐．社会主义市场经济的环境利益［J］．复旦学报（社会科学版），2008，（3）.［Yan Fashan，Liu Huiqi. The Environmental Interests in Socialist Market Economy［J］. Fudan Journal（Social Sciences Edition），2008，（3）.］

［8］景维民，田卫民．市场社会主义所有制理论演进与评析［J］．南开学报（哲学社会科学版），2008，（3）.［Jing Weimin，Tian Weimin. On Ownership Theory in Market Socialism from the Evolutional Perspective［J］. Nankai Journal（Philosophy，Literature and Social Science Edition），2008，（3）.］

［9］袁小云．论马克思实践伦理与我国转型期的市场经济［J］．福建省社会主义学院学报，2008，（2）.［Yuan Xiaoyun. On Practical Ethics of Marxism and Market Economy in China in Transition［J］. Journal of Fujian Institute of Socialism，2008，（2）.］

［10］周德海．论市场经济与体制改革［J］．安徽商贸职业技术学院学报（社会科学版），2008，（2）.［Zhou Dehai. Market Economy and System Reform［J］. Journal of Anhui Business College of Vocational Technology，2008，（2）.］

［11］夏瑞林．经济发展：理论演进与中国经济实践的历史比较［学位论文］．武汉：华中科技大学，2007.［Xia Ruilin. Economic Development：A Historical Comparison between the Evolution of the Development Economics and the Economic Practice of China［dissertation］. Wuhan：Huazhong University of Science Technology，2007.］

［12］马德成．社会主义和谐社会论纲［D］．大连：辽宁师范大学，2007.［Ma Decheng. Concise Discuss of Socialist Harmonious Society［D］. Dalian：Liaoning Normal University，2007.］

［13］刘爽．毛泽东的社会主义经济体制思想研究［D］．长春：东北师范大学，2007.［Liu Shuang. MaoZedong's Socialist Economy System Thought Studies［D］. Changchun：Northeast Normal University，2007.］

（原载《中国人口·资源与环境》2008 年第 6 期）

展示马克思主义生态经济思想研究重大成果的力作

——评《刘思华可持续经济文集》

　　继《刘思华选集》《刘思华文集》问世后，刘思华教授又一新作《刘思华可持续经济文集》，已由中国财政经济出版社出版。这是一部展示马克思主义生态经济思想研究重大成果的学术精品，是可持续经济领域理论研究的科学结晶。

　　该文集同前两部文集的不同之处主要有两点：第一，前两部文集都是作者的论文集，本文集下卷是论文集，上卷收录了作者几部重要获奖著作中的一些章节。近些年来，不少读者希望再版作者的主要著作，尤其是被高校读者誉为"我国生态经济学研究的经典之作"的《理论生态经济学若干问题研究》（1989年出版）和《可持续发展经济学》（1997年出版）两本著作，但因种种原因目前难以再版，故该文集上卷为"可持续经济著作精萃集"。这些章节多数是10年前有些甚至是20年前撰写的，但今天我们读起来仍然感到很有新意。因为这些观点、思想、理论具有很强的现实性、针对性和时代感。因此，不少学者认为，只要认真阅读这些著作，"就不难发现他的生态经济与可持续发展经济理论观点，蕴藏着全面、协调、可持续的科学发展观的思想先声，这是毫无疑义的"。第二，前两部文集记录了作者对中国生态经济学的形成与发展，以及中国可持续发展经济学创建初期的认识过程与系统见解，从一个侧面反映了中国理论经济学的新发展。而该文集不仅是作者对中国生态经济协调可持续发展理论创建、发展与创新的历史记录，而且展现了对马克思主义生态经济思想的挖掘、继承和创新。该著作是马克思主义生态经济思想在当代中国新发展的一个重要表现，从一个侧面反映了目前我国马克思主义经济学理论研究的深度。

　　该文集是具有原创性的马克思主义经济学家的著作。这充分表现在文集的三个鲜明特点上：一是贯穿了马克思主义信仰，追求马克思主义真理。在创建和发展生态经济与可持续发展经济理论过程中，作者始终把坚持、发展和创新的马克思主义经济学与生态经济学说，作为指导中国生态经济协调可持续发展的理论武器，充分显示出马克思主义在当代的科学价值和强大生命力。二是展示了作者运用马克思主义的立场、观点、方法和马克思主义经济学的基本原理进行生态经济研究所作的理论创新。三是从马克思学说的整体性上，对马克思、恩格斯的生态学思想与生态经济理论进行创造性解读，即马克思学说的当代解读，从而构建起生态马克思主义经济学这个当代理论平台，使马克思主义生态经济学说，成为当今经济学新发展的学术前沿之一。

本文集出版具有重大的理论和现实意义，在此简述三点。

（1）该文集有利于21世纪中国生态经济学的学科建设与创新，促进它沿着马克思主义方向前进。在20世纪八九十年代的20年间，中国生态经济学的形成与发展，是沿着马克思主义经济学家、中国生态经济学奠基人许涤新院士开辟的马克思主义道路前进的，具有中国特色的生态经济学的基本理论范畴和学科体系逐步得以构建。可是，进入21世纪以来，我国生态经济学研究的异化现象日益严重。这突出表现在，《生态经济学》一书试图颠覆以马克思主义为指导，来建立中国生态经济学的研究对象、性质、范围、基本范畴和主要原理等学科体系以及构建生态经济学学科分支。因此，该文集的面世，就是为了恢复中国特色的生态经济学的本来面目，并根据新的实践，使人们加深对中国生态经济学理论形成和发展的历史轨迹的认识。这不仅仅会丰富和拓展马克思主义生态经济学说的研究领域，而且会推动中国特色的生态经济学理论的发展和创新。

（2）该文集为纠正对中国生态经济学的理论发展主线的误传，提供了有力的思想史料，它对我们深入贯彻落实科学发展观，毫不动摇地坚持和发展中国特色社会主义有着重要的指导意义。进入21世纪以来，我国一些非经济学者说：肯尼思·鲍尔丁在他的《一门科学——生态经济学》的重要论文中，"明确阐述了生态经济学的研究对象"，"开创性地"或"首次提出"了"生态经济协调发展的理论"，这是与史实相悖的误传。针对这种对世界生态经济学理论发展历史事实的严重失真的言论，该文集将国内外首篇《生态经济协调发展论》的研究报告的原貌公布于世。因此，该文集再次强调指出："生态经济协调发展理论，不是美国经济学家肯尼思·鲍尔丁的首创，而是中国学者集体的伟大创造"，"中国生态经济学的核心问题，是生态经济协调发展"，这是"对当代人类面临的生态经济问题作出的马克思主义的回答"。"这一理论的建立和发展，是我国生态经济学建设的一项重要成就，也是生态经济学以至整个经济学理论发展上具有重要意义的大事。"该文集还记录了作者把生态经济协调发展论引入可持续发展领域，创立了生态经济协调可持续发展理论的过程。它是该文集的理论精华，集中体现了作者对马克思主义生态经济学说发展的重要贡献。这一新学说对于人们全面理解和正确把握科学发展观和社会主义和谐社会论等重大战略思想提供了科学依据，对于推动发展循环经济、建设资源节约型、环境友好型社会的科学发展具有重要指导意义。

（3）该文集有利于实施马克思主义理论研究和建设工程，弥补以往马克思主义生态经济思想研究不足的缺憾。长期以来，在我国，马克思、恩格斯的生态学思想与生态经济理论被忽视甚至被遗忘；目前实施的马克思主义理论研究和建设工程，组建了"马克思主义经典著作基本观点研究"，仍没有生态与生态经济问题这个关系当代人类生存与经济社会发展的重大问题的课题，这不能不说是一个忽略之处。该文集发掘、梳理了马克思、恩格斯的生态学思想与生态经济理论，将它凸显出来。这正符合实施马克思主义理论研究和建设工程的要求，从而是这一重大工程不可缺少的重要组成部分，这就能全面展示马克思主义理论的当代价值和科学意蕴，使之真正与中华民族和全人类生存发展同行，与当代经济社会可持续发展实践同步，不断开拓马克思主义生态经济学说中国化的新境界。

（原载《马克思主义研究》2007 年第 12 期）

警惕"城镇化热"引起的新贫困

一、"城镇化热"中的新贫困现象

（一）物质贫困

1. "失地＋无业"带来的物质贫困。

城镇化率的提高带来非农业用地需求的大量增加，使得数以万计的农民加入"失地"阵营。国际城镇化的成功经验表明，只有使农民真正分享到城镇化带来的收益，农民才能从原有土地的"束缚"中解放出来。而目前一些地区的城镇化进程中，农民不仅没有享受到真正的市民待遇，而且连最基本的生活资料——土地也被"剥夺"了，农民陷入了新的贫困。表现为：第一，对农民土地使用权的无偿"剥夺"，造成农民生活难以为继。在有些地区，"失地"农民根本没有拿到相应的征地补偿款，基本生存资料的丧失和缺少相应的补偿使农民陷入了新的贫困。第二，缺乏产业发展的城镇化无法为失地农民创造新的就业岗位，使农民从此丧失了稳定的收入来源。

2. "拆旧房建新楼"带来的物质贫困。

农民的住房问题是"城镇化"引起新贫困的另一种表现形式。按照经济学规律，收入的增加是引发消费增长的前提（像新房的购置等）。但在一些地方的城镇化建设中，为了打造城市的形象工程，政府强行将农居改建成城市化小区。然而对于农民来说，喜获新居带来的愉悦远远比不上给他们带来的困苦。楼房里的生活需要支出更多的费用，如楼房的维护费、小区安全设施的维护维修费，在北方，冬天还有高昂的采暖费等，这些都构成农民消费的额外支出。

对于农民来说，由于收入的微薄和不稳定，这些费用的支付就成为一项重担，对阳泉市小城镇的调查显示，按正常的运营，一个小区一年的物业管理费摊到每户的费用每年高达252元（估计数），由于很多居民是失地农民，没有稳定的收入，很多居民交不起这些费用。因此，"拆旧房建新楼"不仅未能给农民带来实质性的生活条件改善，反而使他们陷入了新贫困。

（二）社会贫困

"失地"农民变为城镇居民后，既不能享受城市居民的社会福利、劳保待遇，又没有享受农村的养老保险，造成"失地"农民社会权利上的贫困，即"失地"农民陷入了既非市民又非农民的两难境地：一方面，当农民失去土地后，可以自愿由农村户口转为城镇户口，但这种表面上的改变并不能实现农民身份的真实转换，小城镇居民无法享受城市居民的福利、劳保待遇，不能享受城镇居民的最低生活保障补助，不能优先享受再就业培训等；另一方面，"失地"农民的身份是小城镇居民，不再是真正的农民，因此也不能享受农民的养老保险以及其他相关的福利待遇。这样，"失地"农民进入了一个"真空地带"，既不是真正的市民（没有享受城市居民的福利待遇），又不是真正的农民（没有土地，没有农业户口）。农民"失地"所换来的仅为一个城镇居民身份，没有其他社会福利方面的实质性补贴，这种对农民基本权利的"剥夺"是城镇化进程中社会贫困的重要表现。

（三）生态贫困

生态贫困指由于经济活动对地区生态环境的负作用，导致地区生态环境质量下降进而引起地区人口基本生存条件的衰变或丧失，使人们的基本生活需要因缺乏必要的客观物质基础而处于贫困状态。生态贫困的重要表现是经济发展中所造成的饮用水污染、空气质量的下降和水资源的短缺。在城镇化中，由于一些城市特别是重工业城市在开发或引进产业时盲目地追求经济效益，不注重自然环境的保护，导致居民生活所依附的自然环境遭到破坏，饮用水和空气受到严重污染，有些地方饮用水根本达不到饮用标准，很多居民只好买桶装水和空气净化器，而多数收入微薄的居民就成为生态环境污染转嫁的受害者。从某种意义上说，贫困城镇人口更多地暴露于环境污染之中，更多地受到有毒有害废物的危害是城镇化进程中一种特殊的贫困现象，是城镇经济发展成果与生态环境污染不合理分配的结果，是城镇化进程中人类活动与自然生态缺乏协调的表现。

二、城镇化进程中新贫困的根源

"城镇化"中的"人为造城"热是城镇化进程中新贫困的根源。那么，什么是人为造城呢？众所周知，资源、资本、技术、劳动力是实现经济发展和完善城镇建设的客观条件，只有在具备上述生产要素的条件下，才会吸引产业的流入，产业的发展才能带动城镇各项基础设施的更新，城镇化才会产生。而当前中国城镇经济中出现这样的悖论：城镇规模的扩张往往是政府预先设定的，而非产业扩张来带动。因此在不具备城镇化条件的情况下，当地政府不是去发展产业和引进技术，而是借"城镇化"的名义大搞脱离实际的"城镇建设"，以建设开发区为名大量圈地，结果外观气派的小城镇却没有吸引相应产业和人口流入，空城的出现也就成了必然。这就是"人为造城"，也就是在人口集中程度小，资源优势不明显，产业带动不足的情况下，政府强行进行的"城镇建设"。这种"人为造城"缺乏经济基础和产业支撑、缺乏投资吸引力和经济辐射功能，是无意义的"城镇化"。出现"人为造城"的原因主要有：

（1）优势产业陷入衰退"逼迫"地方政府求助于"人为造城"。据调查，出现"人为空城"的地区大多数是资源型工业城市，由于这些城市因资源而建，因资源而兴。在资源枯竭之前，没有认真考虑城市以后的发展，所以在资源枯竭之际，经济的衰退迫使地方官员强烈期望通过"造城"吸引投资来复苏当地经济，因此浩大的"造城"运动在所难免。

（2）政绩观驱使"人为造城"。当前对官员政绩的考核多以当地的基础设施建设为标准，因此一些地方官员为了自身利益驱动，不以产业发展和就业增长为执政目标，而是更多地瞄准了城市的"形象工程"建设，希望用城市的"变化"来展现自己的政绩。

用"人为造城"的方式来发展经济只会给那些本来就贫困落后地区带来新的贫困。如前所述，由于"人为造城"的地区大多数是经济发展缓慢、资源枯竭和产业衰退的地区，因此这些地区的城镇化难以获得新兴产业的支撑；而大面积的"圈地运动"带给农民的只是土地的丧失和经济收入的匮乏，造成农民物质上的新贫困；地方政府大肆地集中征地和暗箱操作又使得"失地"农民不能及时享受到应有的社会福利待遇，造成农民社会权利的丧失，形成新的社会贫困；大面积的征地开发和高污染企业的扩张造成当地生态环境的破坏和污染，更加重了生态贫困。因此在缺乏地区发展优势的地方大搞城镇化建设，只能是"人为造城"，只能是将农民投入新的贫困状态。

三、消除新贫困的思路

针对城镇化建设中"人为造城"产生的原因和所引发的新贫困现象，笔者认为能否消除城镇化建设中的"人为造城"现象是解决新贫困的关键。只有在科学发展观指导下，培育新型产业、完善社会保障、促进人与自然和谐发展，才能消除"人为造城"。

（一）培育新兴优势产业，解决"失地"农民的就业难题

城镇化离不开工业化，城镇的基本载体应该是发达开放的产业体系。如果不能有效地建立起具有比较优势的产业，城镇就无法发挥对劳动力的吸纳作用，也不可能产生经济要素和市场的聚集效应，也就无法带动城镇化的进程，进一步讲就不能实现社会结构的现代化转型和农民的市民化转变。因此产业的发展是城镇化的根本命脉。没有充分的产业基础，城镇化只能是无源之水。

解决小城镇建设中"失地"农民的就业问题，应根据各地的区位优势和资源优势，加快经济结构转型，培育新兴优势产业，形成新的就业增长点。对于资源型地区，应根据市场需求，利用现有的资源优势，延长产品的加工链，最大限度地提高资源的附加价值，为小城镇的新增人口创造更多的就业岗位。对于资源缺乏型地区，应大力创造良好的投资环境，积极引进多种形式的产业，将自身的劣势转化为优势，培育主导产业并积极关注第三产业的发展。第三产业的兴起不仅会创造更多的就业岗位，同时也是多元化经济结构得以构建的基础。

培育多元化的经济结构和发展优势性的主导产业既是解决城镇化过程中"失地"农民就业问题的关键，更是城镇化建设过程中实现产业集聚的关键。产业集聚可以有效增强区域产业竞争优势和吸引投资的力度，对提高小城镇的持续发展能力意义重大。

（二）扩大社保制度的受保范围，维护"失地"农民的社会权利

据不完全统计，七年来中国在征用近亿亩耕地的过程中，直接造成4000多万徘徊在城市边缘的"失地大军"，他们务农无地、上班无岗、低保无份。面对缺失基本社会保障的无助贫困群体，采取切实可行的措施已刻不容缓。第一，在享受"社会低保"问题上，应该给予失地农民与城镇居民同样的保障权利。失地农民一旦"农转非"，就已经成为城镇居民，既然各地政府都明确规定享受"社会低保"的对象为城镇所有居民，那么失地农民理应享受与其他城镇居民同样的保障权利。第二，在"再就业培训"上，失地农民应该与城镇居民享有同样的权利。再就业培训政策是我国解决国有企业下岗职工的就业政策，而失地农民与下岗职工的性质是相同的，为此，应把失地农民的培训工作纳入城镇下岗人员再就业培训体系中，扩大他们的就业门路，同时，打破城乡"藩篱"和所有制界限，取消阻碍"失地"农民在城市中实现就业的种种不合理限制。同时为促进失地农民的再就业，政府在税收、就业门路等方面应给予政策性扶持，以确保被征地农民在市民化过程中不至于陷入新的社会贫困。

（三）坚持科学的发展观，促进人与自然的和谐发展

加强生态环境保护与建设、实现生态经济优先发展，是城镇化产业发展的根

本。离开了这个根本，产业发展就不符合科学发展观的基本要求。因此，城镇化建设必须处理好与资源利用、生态环境保护与建设相关的问题，着重抓好以下几点：（1）搞好资源的节约使用和合理开发，把节约资源放在首位，建设资源节约型产业；（2）加强生态环境保护与建设。企业应加大生态环境保护与建设的投入，走绿色企业建设道路；（3）搞好企业制度创新，建立符合生态与经济一体化的现代企业制度，奠定可持续经济体制的微观基础；（4）发展循环经济，自觉地在生产过程中加强对污染的控制，减少废弃物的产生，加强对废弃物的回收利用，努力做到清洁生产。使企业既能发展经济，又能保护环境。从而真正促进人与自然的和谐发展、生态与经济的协调发展。

参考文献

［1］于存海．论西部生态贫困、生态移民与社区整合［J］.内蒙古社会科学（汉文版），2004.1.

［2］徐成华．失地农民如何融入城镇？［J］.小城镇建设，2004.12.

［3］白永秀，任保平．从传统发展观到科学发展观：发展观的创新［J］.福建论坛，2004.8.

［4］任宏，冯迎宾．城市化进程中的农民问题［J］.农业经济导刊，2005.3.

［5］何凡．论城镇化和地区经济一体化［J］.特区经济，2005.2.

［6］吴瑞君．城市化过程中征地农民社会保障安置的难点及对策思考［J］.人口学刊，2004.5.

（与苗艳青合作完成，原载《当代经济研究》2006 年第 2 期）

西部非公有制经济可持续发展的
三种基本能力

一、非公有制经济在西部的发展

实施西部大开发战略以来，西部地区虽然取得了较好的发展，但仍然严重落后于东部地区。西部地区的非公有制经济发展缓慢，是造成东西部差距进一步拉大的重要原因。通过对东西部工业所有制结构的比较（见表1），我们发现，2004年西部国有及国有控股企业所占比重偏高，而其他经济成分比重偏低。

表1　　　　　　　　2004 年东、西部工业所有制结构比较

地区	工业增加值（亿元）	国有及国有控股企业		外商投资企业		港澳台投资企业		结构比例	
		企业数（家）	工业增加值（亿元）	企业数（家）	工业增加值（亿元）	企业数（家）	工业增加值（亿元）	企业数比	工业增加值比
东部	36951.1	13990	11152.25	16641	10052.73	22189	6082.16	3∶3∶4	2∶1.7∶1
西部	6327.9	7734	4822.02	721	484.14	663	242.89	13∶1∶1	20∶2.0∶1
全国	54805.1	31750	23213.00	19601	10874.70	23152	6706.06	6∶3∶4	5∶2.0∶1

注：东部包括北京、天津、上海、辽宁、河北、山东、江苏、浙江、福建、广东和海南11个省、市。西部包括重庆、四川、贵州、云南、广西、西藏、陕西、甘肃、宁夏、青海、新疆等11个省、市、自治区。

资料来源：《中国统计年鉴》（2005）。

进一步分析表1，东部地区国有及国有控股企业工业增加值占全国国有及国有控股企业工业增加值的48.0%，而西部地区仅仅占20.7%（根据表1的第三栏计算），非公有制经济比重高的地区，国有企业发展的效益也要好。非公有制经济对国有经济所产生的自发辐射效应起了积极的作用。这说明，经济中所有制结构优化是实现经济系统功能改善和加强的重要手段。

二、西部非公有制经济积累的三种资本能力

西部非公有制经济的发展，不仅要保证自身物质资本存量的非减性，而且还要保持人力资本和生态资本存量的非减性，这是非公有制经济实现可持续发展的必要条件。

（一）物质资本能力

通过表2比较分析西部国有及国有控股企业和三资企业的物质资本积累条件发现，无论是总资产贡献率，还是全员劳动生产率，非公有制经济都要大于公有制经济。这说明，过去几年，非公有制经济以它灵活的经营机制、明晰的产权制度和先进的生产技术，在市场中赢得了绝对优势，已成为西部积累物质资本的新经济力量。

表2　　　　　　　　西部地区实现工业企业物质资本积累的条件比较表（1）

年份	总资产贡献率（%）			全员劳动生产率（元/人·年）		
	国有及国有控股工业企业	三资工业企业	三资工业企业比国有控股工业企业多	国有及国有控股工业企业	三资工业企业	三资工业企业比国有控股工业企业多
1999	6.32	6.18	-0.14	32072.6	58845.30	26772.2
2001	7.02	7.99	0.97	49759.6	74133.10	24373.5
2003	8.60	9.35	0.75	74372.6	95983.09	21610.5
2004	9.89	11.93	2.04			

资料来源：《中国统计年鉴》（2000、2002、2004、2005）。

企业工业成本费用利润率是衡量企业物质资本积累的重要指标。近几年来，三资企业的工业成本费用利润率始终处于西部企业的前列（见表3），更充分地说明，非公有制经济已成为西部地区增加物质资本的重要来源之一。

（二）人力资本能力

人力资本是企业对员工投资所形成的资本（刘思华，1997）。人力资本作为经济发展所依赖的战略性资源，作为企业重要的资产和一种最宝贵的资本，其作用和功能日益显著。通过比较1998~2002年西部个体私营企业和港澳台企业以及外商投资企业和国有及国有控股企业的年底就业人数、职工平均工资水平和职

工福利费用（见表4），可以得出结论：非公有制企业积累的人力资本能力逐年
上升，但在某些方面仍不及国有企业。从就业人数看，非公有制企业的就业人数
呈逐年上升趋势，而国有及国有控股企业的就业人数则逐年下降；非公有制企业
职工平均工资水平增长幅度低于国有及国有控股企业；国有企业对职工的福利费
用支出要远远高于非公有制企业。

表3　　　　　　西部地区实现工业企业物质资本积累的条件比较（2）

年份	工业成本费用利润率		
	国有及规模以上非国有企业	国有及国有控股企业	三资企业
2001	5.80	4.93	6.02
2002	5.47	4.97	6.15
2003	6.25	7.22	12.72
2004	9.69	10.71	13.50

注：全部国有及规模以上非国有工业企业是指全部国有工业企业及年产品销售收入在500万元以上的
非国有的工业企业。
资料来源：《中国统计年鉴》（2001~2004）。

表4　　　　西部地区非公有制和公有制经济的人力资本能力比较

年份	年底从业人数（万人）		职工平均工资（元）			年份	职工福利费用（千元）		
	国有及国有控股企业	非公有制企业#	国有及国有控股企业	外商投资企业	港澳台企业		国有及国控股企业	外商投资企业	港澳台企业
1999	2180.9	1434.2	9282.00	10702.00	9119.0	1998	1583402	9887	3709
2002	1124.1	1567.2	12323.00	13365.33	10823.8	1999	914774	9758	8637
2003	1079.8	1695.6	14275.82	11858.10	11054.9				
2004	1042.7	1781.5	16802.09	13657.46	12237.5				

注：#表示非公有制企业包括个体、私营、外商和港澳台投资企业。
资料来源：《中国统计年鉴》（2000~2005）、《中国劳动统计年鉴》（1999、2000年）。

（三）生态资本能力

可持续发展经济学认为，生态资本是存在于自然界可用于人类经济社会活
动的自然资产（刘思华，1997）。对于企业来讲，增加生态资本存量是当代社
会赋予企业不可推卸的责任。同时，从长远来看，也是企业持续发展、增加经
济效益的基础。企业生态资本能力，是指企业在追求经济效益的同时，对治理
污染的投资和完成项目的情况。尽管西部经济发展较东部落后，但由于西部大

多数企业在生产上粗放经营，治理三废污染措施滞后（见表5），环保工作松懈，使西部的生态环境日益恶化。企业，尤其是非公有制企业片面追求经济利润最大化，而忽视西部的环境状况，在获得大量的经济利润后，留下了被污染的生态环境。

表5　　　　　　　　　　西部地区工业企业积累生态资本能力

年份	本年竣工项目数		施工项目数		污染项目治理本年完成投资	
	合计（个）	占全国比重（%）	合计（个）	占全国比重（%）	合计（万元）	占全国比重（%）
2002	1949	22.51	5826	21.39	281167.6	14.93
2003	2338	24.43	2508	21.55	339533.5	15.31
2004	2986	26.45	2668	23.04	580140.5	18.83

资料来源：《中国统计年鉴》（2003～2005）。

因此，西部发展非公有制经济的首要原则就是保证企业在投资西部时要承担保护环境的任务，使西部地区的生态资本保持非减性。

三、以科学发展观为指导，促进西部非公有制经济可持续发展

西部经济能否实现跨越式发展进而实现西部大开发战略目标，在很大程度上取决于西部地区非公有制经济能否实现可持续发展。

（一）非公有制经济发展必须促进社会的全面发展

统筹经济、社会协调发展是科学发展观的一个基本要求，也是发展非公有制经济的一项基本任务。西部非公有制经济的发展不能再单纯追求经济利益，而要以科学发展观为指导思想来促进企业的发展。其根本着眼点是要用新的发展理念和发展思路实现更快更好的发展。在经营过程中坚持走经济利益、社会利益和生态利益三者兼顾的新型企业道路。

（二）全面提高非公有制企业劳动者素质，促进人的全面发展

社会全面发展的核心问题是人的全面发展。因此，全面提高非公有制企业劳动者的综合素质，促进人的全面发展，是西部非公有制经济发展的必由之路。提高西部非公有制企业中劳动者的素质，是现阶段实施西部大开发战略的重中之重。首先，应树立员工重于产品、建立以员工为中心的经营理念。其次，要建立

保障员工权益、促进员工全面发展的制度和机制，以满足员工物质方面和精神方面的需求。最后，要改善企业员工的工作和生活环境，切实做到以人为本。

（三）非公有制经济发展必须促进人与自然和谐发展

西部地区生态环境十分脆弱，人与自然之间的尖锐矛盾、生态与经济之间的严重矛盾，已经成为西部经济发展的主要矛盾。必须把协调人与自然和谐发展放在西部发展的首位，西部大开发要以生态环境治理为先，使生态环境保护与建设和生态经济优先发展真正成为西部大开发的根本任务。西部非公有制经济发展要处理好经济建设与资源利用、生态环境保护的关系，搞好资源的节约使用和合理开发，建设资源节约型经济；加强生态环境保护与建设，走绿色企业建设道路；搞好企业制度创新，建立符合生态与经济一体化要求的现代企业制度，奠定可持续发展的经济体制的微观基础；发展循环经济，努力做到清洁生产。

参考文献

［1］刘思华：《可持续发展经济学》，湖北人民出版社 1997 年版。

［2］张慧文：《试论西部非公有制经济的优先发展》，载《兰州商学院学报》2003 年第 1 期。

［3］中华全国工商业联合会、香港经济导报社、中国民（私）营经济研究会联合编辑：《中国私营经济年鉴》，香港经济导报社 2002 年版。

［4］《中国工商行政管理年鉴 2002》，中国工商出版社 2002 年版。

［5］中国企业联合会、中国企业家协会：《中国企业发展报告》，企业管理出版社 2001 年版。

［6］金鑫：《中国税务年鉴》，中国税务出版社 2002 年版。

［7］詹华庆：《非公有制经济在西部大开发中的作用》，载《攀枝花学院学报》（综合版）2003 年第 5 期。

［8］谢武、陈晓剑：《我国工业经济所有制结构的变化与工业经济增长的关系》，载《企业经济》2002 年第 9 期。

［9］张学鹏：《西部地区加快非公有制经济发展对策思考》，载《甘肃省经济管理干部学院学报》2004 年第 1 期。

［10］王礼全、殷福保等：《中国西部地区非公有制经济发展现状及趋势》，载《贵州财经学院学报》2001 年第 4 期。

（与苗艳青合作完成，原载《经济管理》2006 年第 1 期）

马克思主义文明理论新探 *

文明这个术语，在马克思恩格斯的论著中是使用频率最高的词汇之一，这表明马克思恩格斯在创立和发展马克思主义理论的过程中，就内在地形成了马克思主义文明观，使马克思学说中蕴涵着丰富的物质文明、精神文明、政治文明的理论观点。值得重视的是，马克思恩格斯当年虽然没有明确提出生态文明的论点，但却明确提出"人与自然界和谐"的思想，还强调通过实践活动来实现人与人（社会）相和谐。这种人与自然和人与人（社会）的和谐的思想，正是我们所说的生态文明理念。尤其是马克思恩格斯在深刻批判资本主义文明的片面的、畸形的发展的基础上，坚定地相信并用人类文明历史发展的逻辑预言，在共产主义的框架中，人类文明是全面的、协调的发展，不仅是人与自然之间的关系是和谐协调的，而且人与人（社会）之间的关系也是和谐协调的。这就使我们从马克思的共产主义学说对共产主义文明的设想中，明显地可以体察到作为共产主义第一阶段的社会主义，是物质文明、政治文明、精神文明、生态文明有机统一与全面协调发展的思想。因此，我们完全可以说，马克思开创了社会主义四大文明全面协调发展理论的先河。特别是党的十三届四中全会以来，中国共产党人在实践中创造性地丰富和发展了马克思主义关于社会主义全面发展的文明理论，完整地提出了社会主义物质文明、政治文明、精神文明和可持续发展文明①的光辉思想，提出了科学发展观和社会主义和谐社会的科学命题，这些都是对马克思恩格斯全面发展文明观的重大发展。

一、马克思恩格斯四大文明全面发展的光辉思想

马克思恩格斯从人类社会历史发展的纵向角度，论证了人类文明发展大致经

---

　　* 基金项目：国家社会科学基金项目（02BJL036）、中国地质大学（武汉）省级重点研究基地重点项目（05A006）的部分研究成果。

　　① 可持续发展的根本要义应该是基于自然生态环境关心的生态可持续性，它使可持续发展文明观中具有生态文明的理论向度。因此，从根本上说，可持续发展文明观在本质上就是生态文明观。

历了原始文明、农业文明即马克思称之为是一种"本来意义上的文明"、以工业化为依托的现代文明即工业文明这样三个历史发展阶段，并提出了共产主义新的文明形态的科学设想。马克思的共产主义文明形态的科学预见，蕴藏着可持续发展文明观的思想先声，集中反映了马克思的文明观在本质上是全面发展的文明观。它的核心问题，就是物质文明、政治文明、精神文明和生态文明全面发展。因此，我们着重挖掘马克思恩格斯关于四大文明全面发展的文明思想。

（一）马克思学说中人类文明结构的基本要素是四大文明

在人类和人类文明史上，任何时候和任何地域，不论是什么民族也不论是什么国家，构成人类文明的基本要素都必须是包括物质文明、政治文明、精神文明和生态文明（又叫环境文明）四大基本方面。这是用马克思唯物史观和自然观之统一理论观察人类文明结构得出来的必然结论。因此，马克思的理论体系中就必然蕴藏着丰富的四大文明的思想先声，内在形成了马克思主义文明观。

1. 物质文明。马克思恩格斯多次说过，人类为了生存和发展，为了能够创造历史，必须能够生活。为了生活，"首先就需要衣、食、住以及其他东西。因此，第一个历史活动就是生产满足这些需要的资料，即生产物质生活本身。同时这也是人们仅仅为了能够生活就必须每日每时都要进行的（现代也和几千年前一样）一种历史活动，即一切历史的基本条件"。① 这就告诉我们，物质生活资料的满足是一切活动的原动力，物质资料生产活动是一切历史的基本条件。这些物质生活资料（包括生产资料）就是人类从事物质资料生产活动所创造的物质成果，也就是当今所说的物质文明。因此，物质文明正是在人类物质资料生产活动过程中创造的产物与成果。它表现在两个方面：一是生产条件、生产工具、生产技术、生产规模等生产力的状况和社会物质财富积累的程度等；二是人们日常物质生活条件的状况及生活水平与质量的提高。可见，物质文明是指人类社会在物质生产和物质生活领域的开化程度和进步标志，是人类改造自然界过程中获得的物质成果的总和，即是人类创造物质财富的总和。

2. 政治文明。在马克思恩格斯的视野中，人类在不断生产和再生产物质文明的同时，也不断地生产出适合物质生产力和人类自身生产力的体现生产关系和社会关系的各种社会制度，这就是现在人们所说的制度文明。制度文明应当包括各项社会制度，即主要指经济制度、政治制度、文化制度、法律制度、家庭婚姻制度等的进步，以及人们参与制定和执行各项社会制度能力的提高。当国家产生以后，这些制度就组成为国家的经济基础和上层建筑，总称为社会制度。正如恩

---

① 《马克思恩格斯选集》第 1 卷，人民出版社 1972 年版，第 32 页。

格斯所说的"国家是文明社会的概括"。① 在这里所说的社会制度中的核心内容，就是政治文明，政治文明在制度文明中处于核心地位。马克思在 1844 年 11 月拟定的《关于现代国家的著作的计划草稿》中首次明确使用了"政治文明"的概念。马克思所说的政治文明，无疑是指国家制度，因此，政治文明是属于制度文明范畴的。现在，我们所说的政治文明是指人类社会政治活动方式的开化程度和进步标志，是人们改造社会的政治成果，也是人类创造的政治经验的总和。它包括政治制度文明、政治意识文明和政治行为文明。

3. 精神文明。马克思恩格斯认为，人类文明是一个复杂的文明社会系统，它包括许多复杂的物质现象和精神现象，是由诸多物质因素和精神因素构成的统一体。马克思在 1846 年 12 月 28 日《致巴·瓦·安年柯夫的信》中批评蒲鲁东先生时指出：蒲鲁东先生了解，人们生产呢子、麻布、丝绸；"可是，蒲鲁东先生不了解，人们还适应自己的生产力而生产出他们在其中生产呢子和麻布的社会关系。蒲鲁东先生更不了解，适应自己的物质生产水平而生产出社会关系的人，也生产出各种观念，范畴，即这些社会关系的抽象的、观念的表现"。② 这里所讲的"生产出各种理论、范畴"，尤其是不断生产和再生产各种精神产品，是人们从事精神生产活动所创造的精神成果，也就是现在我们所说的精神文明。

4. 生态文明。关于马克思的生态文明思想，刘思华的新著《生态马克思主义经济学探索》一书的第四章已作过论述，在此，我们要强调三点：第一，历史视野中的马克思的生态文明思想，是人与自然和人与人之间相和谐的生态理念。第二，人与自然和人与人之间的和谐关系是人类实践活动的产物。第三，马克思恩格斯的人与自然和谐统一学说和共产主义的文明社会设想都是与他们的生态思想形影相随的，我们可以明显地体察到马克思关于人与自然和人与人和谐发展的生态文明思想。

（二）从马克思学说的整体性理解马克思生态文明思想的理论依据

长期以来，人们对马克思学说的基本理论的研究与把握，缺乏从马克思理论体系的整体性视角来解读，这就出现了使马克思整体理论体系中一种理论遮蔽另一种理论，从而削弱了马克思学说的理论合力，降低了马克思学说对现实的解释力。这种偏差突出表现在对马克思关于社会形态的社会结构理论的片面性和不完善性。

1. 马克思主义唯物史观视角下的人类社会形态的社会结构与社会生活的三分法则。马克思在《〈政治经济学批判〉序言》中关于唯物史观的基本原理的经

---

① 《马克思恩格斯选集》第 4 卷，人民出版社 1972 年版，第 172 页。
② 《马克思恩格斯选集》第 4 卷，人民出版社 1972 年版，第 327 页。

典论述明白无误地告诉我们：人类社会的全部上层建筑和意识形态竖立在作为生产关系总和的经济结构之基础之上，生产关系又与物质生产力的一定发展阶段相适应；这样的物质生活的生产方式制约着整个社会生活、政治生活和精神生活。恩格斯在《反杜林论》中还明确指出了社会主义社会的发展，就是经济、政治和智力的，即是"经济、政治和精神的发展"。因此，按照马克思恩格斯的唯物史观，任何社会形态社会结构是由经济基础的经济和与之相适应的上层建筑的政治和精神的构成，因而经济结构、政治结构和精神结构是全部社会交往得以正常进行的最基本的社会结构。同样，马克思恩格斯都是把人类社会形态的社会生活一分为三，因而经济生活、政治生活和精神生活是最基本的社会生活。这就是马克思主义关于人类社会形态的社会结构与社会生活的三分法则，是马克思唯物主义历史观的一条根本原理。按照这条唯物史观的根本原理，任何社会形态都是一定经济、政治和思想文化的统一整体，而人类社会文明就相应内含有物质文明、政治文明和精神三大文明形态的划分，使人类文明的结构成为三大文明的有机统一。

2. 马克思自然—历史观视角下的社会形态的社会结构与社会生活四分法则。基于马克思学说的整体性，马克思的社会形态概念既是一个历史唯物主义的概念、政治经济学的概念，又是一个自然发展的概念，或者说，人类社会形态的社会结构与社会生活的构成理论，既是属于人类发展观，又是属于自然发展观，即是两者的有机统一。因此，在马克思整个理论体系中确立了自然、人、社会在社会形态中历史地统一与历史地发展的理论原则，这就是马克思的自然观和历史观的有机统一论，可以称之为马克思的自然—历史观。这种自然—历史观正是使马克思恩格斯关于社会形态的社会结构与社会生活包含了经济、政治、精神和生态的统一整体的意义，使人类文明具有四大文明有机统一的意义。在此，我们沿着马克思的自然—历史观的思路，作几点论述。

（1）在马克思恩格斯的理论框架中，他们的自然观和历史观是不可分割的，而前者是后者的基石。在人类思想史上，只有马克思恩格斯比较系统地论述了人、社会和自然之间相互依赖、相互制约、相互作用的辩证关系，向人们提供了自然、人、社会相互依存、相互作用和辩证统一理论。我们可以肯定地说，在马克思的整体理论体系中，自然、人、社会是一个统一的有机整体。马克思还将这一社会形态的社会结构与社会生活视为社会有机体。

（2）马克思恩格斯的理论创造中比他们前辈高明之处，就在于他们科学地把人与人的社会关系的历史和人与自然的生态关系的历史统一起来探讨。在马克思恩格斯的视野内，"周围的世界"是人生存的外部环境，这是指人类生存与发展的外部世界。它包括自然界和人类社会。因为人类生活在两个世界即"社会的世界"和"自然的世界"。在马克思自然—历史观的视野内，环境是自然环境和社会环境的辩证统一体，正是在这个意义上说，生态环境应当是自然生态环境和社会生态环境的辩证统一体。社会形态的社会结构与社会生活应当涵盖人与自然、人与人、人与社会、人与自身等多重关系，以及经济生活、政治生活、精神生活、生态生活多重领域的有机统一体。这是基于马克思科学的自然—历史观得出来的必然结论。

（3）马克思主义具有与时俱进的理论品质。马克思指出："全部社会生活在本质上是实践的"。① 我们必须把握实践这个社会结构与社会生活的本质，才能正确寻找社会形态的社会结构与社会生活构成变化的根源。在古代，人类的实践活动主要包括三种基本形式，即物质生产实践、创立和改造社会关系的实践和创造精神生活的实践，因而古代社会的社会生活主要包括经济生活、政治生活和精神生活三个方面，这三种基本的实践活动和社会生活推动着人类文明从低级向高级发展。到了近代，尤其是随着现代经济发展到当代，社会经济与自然生态的不协调已成为现代经济发展的重大矛盾，甚至达到极其尖锐化程度，生态环境供给能力问题正在上升为这个矛盾的主要方面，因此，创造一个最无愧于和最适合于人类本性的良好的生态环境，从而保证人们的生态需求得到应有满足，已成为现代人类经济活动的一项最重要内容，使恢复、更新、保持生态环境具有现代人类生存和经济社会发展所需要的使用价值的劳动，就是保护环境、改善生态、建设自然的一种新型的劳动形式，这种生态生产实践是人类实践活动的一项新型的基本形式，有的学者称之为"实践的第四个基本形式"。现代人类社会作为自然、人、社会的有机统一整体，已成为一个诸多领域相互制约、相互作用的有机系统，其中最基本的社会结构是经济、政治、精神和生态四种结构；最基本的社会生活是经济、政治、精神和生态四种生活。我们把它概括为马克思主义关于人类社会形态的社会结构与社会生活的四分法则。按照四分法理论，现代人类文明主要包括物质、政治、精神和生态的四大文明，每个文明既相对独立，又相互贯通、相互渗透。这是遵循马克思的自然—历史观，根据现实社会生活情况的变化，总结现代人类实践活动所创造的新鲜经验得出的科学结论，是对马克思主义社会形态的社会结构与社会生活构成理论的丰富与发展。

我们要强调指出的是，在唯物史观视角下，马克思恩格斯对社会形态的社会结构与社会生活的构成是三分法则，社会形态是一定的经济、政治和思想文化的统一整体；在自然——历史观视角下，他们对社会形态的社会结构与社会生活的构成，是四分法则，社会形态是一定的经济、政治、思想文化和自然生态的统一整体。三分法则和四分法则的双重阐释，尽管视角有所不同，它们都是马克思恩格斯根据历史唯物主义原理分析社会形态的社会结构与社会生活构成得出来的正

---

① 《马克思恩格斯选集》第 1 卷，人民出版社 1972 年版，第 18 页。

确结论，都反映了马克思恩格斯的本意。因而二者是互相包容与互相补充，并行不悖的，两者共同揭示了人类文明历史发展的客观规律。

二、马克思全面发展文明观在当代中国的新发展

（一）中国化马克思主义全面发展文明观的实践创新

1. 建设中国特色社会主义现代文明的客观进程。党的十一届三中全会以来，我们党总结了社会主义建设正反两方面的经验教训，在实践中找到一条从经济、政治、思想文化和生态环境等各个方面全面建设社会主义的正确道路，这是一条符合中国国情的社会主义现代化建设可持续发展的光辉道路。

十一届三中全会以后，以邓小平同志为核心的党中央从根本上反思什么是社会主义和怎么建设社会主义，明确提出在建设高度物质文明的同时，建设高度精神文明，使我国社会主义现代化建设进入了新的发展时期。在改革开放之初，邓小平同志就把发展物质文明、精神文明和民主政治作为社会主义现代化建设的总体目标，并规定了社会主义社会不仅要有高度的物质文明和高度的精神文明，还要有完备的民主法制，这是中国特色社会主义的重要特征。以此为指导，我们党将党的基本路线和我国在社会主义初级阶段的总体发展目标，概括为建设富强、民主、文明的社会主义现代化国家。

其后，邓小平同志审时度势，放眼世界现代化发展的大趋势，结合中国发展的具体特点，提出了小康社会的构想，并明确了实现小康社会的奋斗目标是社会主义社会全面发展的目标和方向。在邓小平小康社会思想指导下，全党和全国人民在现代化建设和实践中努力探索社会主义经济、政治、思想文化和生态环境的全面建设，使社会主义文明发展朝着小康社会的奋斗目标推进。

党的十三届四中全会以来，以江泽民同志为核心的第三代中央领导集体，高举邓小平理论伟大旗帜，丰富和发展邓小平发展理论和小康社会思想，坚持党的基本路线不动摇，制定并实行了一系列正确的路线方针政策，保证了改革开放和现代化建设的航船朝着富强、民主、文明的现代化目标迈进，使社会主义社会发展成为社会的全面发展与文明的全面发展的统一过程。突出表现在：

第一，始终坚持"两手抓、两手都要硬"的战略方针，在实践中建设高度的物质文明的同时，建设高度的精神文明，使中华民族的精神面貌发生了深刻变化，中国社会主义社会文明程度显著提高，我国的经济建设、综合国力和人民生活水平都迈上一个新的台阶，实现继从贫困到温饱之后到小康的历史性跨越。

第二，领导全国人民奔小康，并且在实践中日益重视经济和社会的协调发

展，不仅使精神文明建设开始进入新的发展时期，而且使社会主义民主政治在实践中不断发展，使我国经济和社会全面发展迅速向社会主义现代文明全面建设与发展的历史阶段推进。

　　第三，在领导全国人民实现社会主义现代化建设的总体目标进程中，谱写了我国经济和社会发展走向全面发展和可持续发展的新篇章，这是中国特色社会主义现代化文明建设的伟大实践。一是把社会全面发展放在重要战略地位，推进经济与社会相互协调和可持续发展，形成了一个具有中国特色的社会主义经济与社会、经济社会与生态环境相互协调和可持续发展的总体战略。二是在现代化建设中，始终坚持计划生育和保护环境的"两项基本国策"，坚决贯彻经济社会与生态环境协调发展的根本方针，正确处理经济发展同人口、资源、环境的发展关系，确保实现经济社会和人口、资源、环境的协调发展。三是在坚持把实行计划生育和保护环境作为我国两项长期的基本国策的同时，还把保护和合理利用自然资源确立为基本国策，在现代化建设中，坚持资源开发与节约并举，把节约放在首位，提高资源利用率，正在逐步改变资源高消耗、高浪费的经济增长方式和国民经济体系。四是颁布和实施《全国生态环境建设规划》和《全国生态环境保护纲要》，并贯彻落实《中共中央关于制定国民经济和社会发展第十个五年计划的建议》中提出的"加强生态建设"的战略任务，切实将加强生态环境建设与保护作为 21 世纪我国现代化建设的重要目标和紧迫任务，标志着我国现代化建设进入生态文明建设的新阶段。

　　由上可知，全面建设小康社会是一个经济、政治、文化、社会、生态和人的发展协调推进、目标全面实现的现代文明发展过程。

　　2. 中国特色社会主义现代文明建设的基本实践。首先，十一届三中全会以后，邓小平同志把马克思主义发展理论与中国社会主义建设实际相结合，提出了社会主义经济建设、民主法制建设和思想文化建设等各方面全面建设的发展目标，并领导全国人民开创了实现社会主义发展的总体目标的新局面。而十三届四中全会以后，以江泽民同志为核心的党中央对社会主义全面建设问题在理论和实践上进行了两重探索和成功实践，使社会主义社会的全面发展成为建设中国特色社会主义的基本实践，成功地创造了推进社会主义物质文明建设、民主法制建设、精神文明建设和生态环境建设有机统一的奋斗目标的丰富经验。

　　其次，党的十六大系统地总结了十三届四中全会以来 13 年我们党领导全国人民推进中国特色社会主义的十条基本经验。十六大提出的全面建设小康社会的四大奋斗目标，就是十三届四中全会以来建设中国特色社会主义的伟大实践和成功经验最为深刻的科学总结。

　　最后，十一届三中全会尤其是十三届四中全会以来的建设中国特色社会主义的成功经验还有力证明，社会主义现代化不是纯粹的经济现代化，而是以此为主导的多元现代化。经济发展必须与政治、文化、科技、社会、生态、环境的发展相互适应与相互协调。因此，社会主义社会的发展趋势，就表现为经济与生态，社会与环境，人、社会与自然的全面发展，也是社会主义物质文明、政治文明、精神文明、生态文明的整体推进与协调发展。

（二）马克思恩格斯全面发展文明观的理论创新

十一届三中全会以来，特别是十三届四中全会以来，以江泽民同志为核心的第三代中央领导集体和以胡锦涛同志为总书记的党中央在实践中创造性地丰富和发展了马克思主义关于社会主义全面发展和文明理论，完整地提出了社会主义物质文明、政治文明、精神文明和可持续发展文明的光辉思想，把马克思主义文明理论发展推向了一个新的阶段。

1. 邓小平同志把马克思主义发展理论与文明理论和中国社会主义建设实际相结合，总结国内外工业化与现代化建设的历史经验与深刻教训，创立了中国特色社会主义发展理论和文明建设理论，突出表现在：

（1）提出了社会主义发展不仅要有高度的物质文明，而且要有高度的精神文明，并把精神文明建设与物质文明建设都作为现代建设统一的奋斗目标的理论，这是马克思主义文明理论发展史上一个重大突破。

（2）在总结社会主义建设经验教训的基础上，指出了社会主义发展不仅要有高度的物质文明和精神文明，还要发展高度的社会主义民主和完备的社会主义法制。把社会主义民主建设和物质文明建设与精神文明建设一道作为社会主义现代化建设的发展目标，从而构建建设富强、民主、文明的社会主义强国的完整纲领和总体目标思想，为我们全面建设社会主义提供了新的科学依据。

（3）邓小平同志对社会主义建设与发展理论的独特贡献还在于揭示了建设中国特色社会主义和"小康社会"的本质联系，形成了比较系统的小康社会思想。这一思想包含了经济发展、政治民主、精神文明、生活改善、环境良好等丰富内涵，为我们全面建设小康社会奠定了坚实的理论基础。

2. 以江泽民同志为核心的党的第三代中央领导集体，在"三个代表"重要思想形成和发展过程中，完整地提出了社会主义物质文明、政治文明、精神文明和可持续发展文明观的重要思想，开拓了马克思主义文明观和社会主义发展理论的新境界，丰富了中国特色社会主义现代化文明的具体形态。突出表现在：

（1）社会主义发展理论从重视两个文明建设到重视社会全面发展。物质文明和精神文明涵盖了整个社会主义社会的基本领域，但不能把整个社会主义全面发展仅仅归结为这两大方面。随着我国现代化建设的推进和认识的深化，江泽民同志指出："社会主义不仅要实现经济繁荣，而且要实现社会的全面进步。""使我国经济保持实实在在没有水分、可持续的发展，使经济、社会、生态环境全面发展。"① 主张社会主义社会的发展，必须是全面发展，它包括经济、政治、精神、生态等多重领域的发展，这是比物质文明和精神文明更有整体性和时代性的发展思想，是社会主义发展理论本身的发展。

（2）从两个文明共同发展到三个文明协调发展，这是社会主义现代文明理论的重大突破，是江泽民同志继承和发展邓小平关于两个文明建设思想的突出表现。江泽民同志在十六大报告中指出："发展社会主义民主政治，建设社会主义政治文明，是全面建设小康社会的重要目标。"在此基础上，还明确提出了社会主义物质文明、政治文明和精神文明协调发展的重要论断。这表明我们党已经充分地认识到，政治文明与物质文明、精神文明一样，具有独立的文明形态，它在社会主义现代化建设与社会主义文明发展中同物质和精神文明一样具有同等重要的地位和作用。

（3）社会主义发展理论从强调经济社会发展到重视经济、社会和生态环境的可持续发展，这是社会主义发展理论具有划时代意义的重大突破。改革开放以来，党中央领导集体创立了经济建设和人口、资源、环境相互关系的新学说，特别是江泽民同志提出和阐明的具有中国特色的可持续发展的新思想、新观点、新论断，是马克思主义生态经济学说在当代中国的最新理论成果。他指出：我们的经济和社会发展，应该是建立在经济、社会、环境相协调基础上的发展，必须是与资源、环境、人口相协调的可持续发展。江泽民同志提出的中国可持续发展道路的实质，就是正确处理经济建设同人口、资源、环境的相互关系，推动整个社会走上生产发展、生活富裕、生态良好的文明发展道路，这是中国特色的社会主义现代文明的发展道路。

（4）江泽民同志关于发展是全面发展和可持续发展的思想，还表现在丰富和发展了邓小平小康社会思想，提出了全面建设小康社会的新理念。江泽民同志认为，全面建设小康社会是新世纪我国社会主义现代化建设新的发展阶段的重要特征，是我们党的重要历史任务和党实践"三个代表"的重大举措，明确了全面建设小康社会，推进社会主义现代化在经济、政治、文化、人的发展、人与自然和谐发展等各方面的要求和任务，并把全面建设小康社会和完成现代化建设历史使命、实现中华民族伟大复兴联系在一起，揭示它们之间的内在联系及其发展规律，这是全面建设小康社会理论的理论创新的重大表现。

3. 全面建设小康社会的奋斗目标应该是四大文明全面发展。党的十六大以来，我国理论与学术界在学习贯彻十六大精神和"三个代表"重要思想的过程中，发表了大量论著，在论述全面建设小康社会的奋斗目标时，存在着两种认识：一种是大多数同志认为十六大报告把物质文明、政治文明、精神文明一起，

---

① 《江泽民论中国特色社会主义》（专题摘编），中央文献出版社 2002 年版，第 92～93 页。

作为全面建设小康社会的重要内容和社会主义现代化建设的重要目标，这就是三大文明建设整体推进与协调发展的奋斗目标；另一种是有些同志认为十六大报告把物质文明、政治文明、精神文明作为全面建设小康社会奋斗目标的同时，还把"生态良好的文明"与前三大文明并列作为社会主义现代化建设的重要目标，这就是四大文明建设整体推进与全面发展的奋斗目标。我们认为，无论是三大文明协调发展论还是四大文明全面发展论，都来源于十六大报告，都符合社会主义建设发展的客观规律，都体现了"三个代表"重要思想的内在要求。但是，笔者认为，四大文明全面发展论，更加符合十六大报告的全面建设小康社会的宏伟蓝图与发展目标，更加如实地反映了社会主义现代文明发展的客观规律，更加全面体现了"三个代表"重要思想的内在要求。

毋庸置疑，党的十六大规定了全面建设小康的整体发展目标：把增强可持续发展能力，保护环境与资源，促进人与自然和谐发展的生态文明建设，纳入全面建设小康社会的重要内容，并把建设生态文明与建设物质文明、政治文明、精神文明相并列，一道成为全面建设小康社会的四大重要目标，使四大文明建设成为全面建设小康社会的整体发展目标。

三、社会主义和谐社会论是对马克思主义文明理论的重大创新

以胡锦涛同志为总书记的党中央在十六届四中全会上睿智地提出构建社会主义和谐社会的整体发展目标和重大战略任务，完全符合人类社会发展的客观规律和人类文明进步的必然趋势，是中华民族对人类文明尤其是对社会主义现代文明发展做出的重大贡献。

（一）马克思恩格斯关于社会主义全面发展文明观的理论与实践创新

1. 马克思恩格斯关于社会主义、共产主义和谐社会的科学预见。马克思恩格斯科学地揭示了社会主义、共产主义和谐社会的本质特征。大家知道，马克思恩格斯的科学社会主义、共产主义学说，从根本上说，它是人类最终实现和谐社会和人的全面而自由发展的科学理论体系。因此，社会主义、共产主义和谐社会的本质规定，就是他们在《共产党宣言》中指出的"代替那存在着阶级对立的资本主义旧社会，将是这样一个联合体，在那里，每个人的自由发展是一切人的自由发展的条件。"[①] 可见，人的全面而自由发展是社会主义文明社会区别于其他一切文明社会的本质特征和根本标志，是人类社会发展的最高目标，是人类文

---

① 《马克思恩格斯选集》第 1 卷，人民出版社 1972 年版，第 273 页。

明进步的基本尺度。

　　胡锦涛同志在构建社会主义和谐社会的讲话中，把马克思恩格斯提出的未来和谐社会的科学设想作了精辟概括，他说："按照马克思、恩格斯的设想，未来社会将在打碎旧的国家机器、消灭私有制的基础上，消除阶级之间、城乡之间、脑力劳动和体力劳动之间的对立和差别，极大地调动全体劳动者的积极性，使社会物质财富极大丰富、人民精神境界极大提高，实行各尽所能、各取所需，实现每个人自由而全面的发展，在人与人之间、人与自然之间都形成和谐关系。"[1]

　　在党的十六届四中全会的《决议》中，我们党第一次把构建社会主义和谐社会作为奋斗目标和战略任务写进党的正式文件，这是中国共产党人在新的历史时期为实现马克思恩格斯所描绘的共产主义社会的美好蓝图和发展前景的又一次重大理论创新，是我们党对马克思恩格斯关于社会主义文明建设理论的继承和发展。

　　2. 社会主义和谐社会的科学命题是对现代社会主义社会的生态经济本质的最充分表达。因为处于生态时代的现代社会主义社会是自然生态关系和社会经济关系有机统一的生态经济整体。正是自然生态属性和社会经济属性的内在统一，才构成现代社会主义的本质。这种本质集中体现在人与自然之间、人与人之间都形成和谐、协调发展的关系。因此，社会主义和谐社会是一个自然生态和社会经济有机整体可持续发展的社会。

　　3. 社会主义和谐社会的科学内涵的生态经济可持续性发展意蕴。胡锦涛同志在概括社会主义和谐社会的科学内涵时指出："根据马克思主义基本原理和我国社会主义建设的实践经验，根据新世纪新阶段我国经济社会发展的新要求和我国社会出现的新趋势新特点，我们所要建设的社会主义和谐社会，应该是民主法治、公平正义、诚信友爱、充满活力、安全有序、人与自然和谐相处的社会。"[2]因此，社会主义和谐社会，实际上是指以人为主体的社会和谐发展状态，它包括人与自然之间的和谐、人与人之间的和谐、人与社会之间的和谐、人自身关系和谐四个方面的基本内涵。笔者把它概括为现代社会主义文明发展的四大和谐论。

　　（1）社会主义和谐社会首先内含着人与自然之间关系的和谐发展，这是人类向往和追求的美好社会的一个最高价值目标。人与自然之间的矛盾发展到现时代的严重冲突，使人与自然的和谐统一体完全瓦解了，由此造成环境危机和生态危机此起彼伏，直接威胁着人类自身的生存和发展。这是当代人类的存在危机，同时也是现代经济社会的发展危机，归根到底是人与自然发展关系的危机。因此，重建人与自然的有机统一体，使经济社会与自然生态从相互分离走向共同繁荣与

---

　　[1]　胡锦涛：《在省部级主要领导干部提高构建社会主义和谐社会能力专题研讨班上的讲话》，载《光明日报》2005 年 6 月 27 日。

　　[2]　贾建芳：《马克思恩格斯的社会和谐思想》，载《马克思主义研究》2005 年第 3 期。

和谐发展的现代社会，就成为构建和谐社会的现实基础和首要任务。

（2）社会主义和谐社会内含着人与人之间关系的和谐发展。按照马克思恩格斯的观点，人的一切行为皆根源于利益。因此，人与人之间的关系说到底是利益关系。所以，妥善协调和正确处理人们之间的各种利益关系，使人们的各种利益有机结合和均衡统一，这是实现人与人之间关系和谐的关键所在。

（3）社会主义和谐社会内含着人与社会之间关系的和谐发展，这是人们追求的美好社会的理想和目标。人不仅是自然的人，而且是社会的人，是社会的主体，各种社会关系是人与人在其社会实践过程中发生和形成的。这样，社会的发展和人的发展是密不可分的，甚至可以说社会的发展，就是人自身的发展，两者发展是一个双向同步发展的统一运动过程。

（4）社会主义和谐社会内含着人自身的和谐发展，这是社会和谐发展的根本前提和主体条件。在马克思的论述中，自然界所面对的人，是有机身体即血肉之躯与无机身体即外部自然界的统一体，是自然与社会的存在物。于是，人的自由个性和谐发展是自然和社会的产物。而人自身的和谐发展，就是要实现人的自由全面发展。所以，"在马克思恩格斯看来，人的自由全面发展的实现，就是人自身的和谐发展。人自身的和谐发展是个理想目标，是人的充分发展、最大限度的发展，是人发展的一种最理想的状态。完全达到这个状态需要经过一个不断提高、不断完善的渐进过程。"①

社会主义和谐社会的基本内涵和特征形成了"四大和谐"的有机整体。当代社会发展的大量事实表明，人与自然的关系不和谐，往往会影响人与人、人与社会的关系，并最终导致人自身关系的不和谐。同时，理论证明，人与自然的和谐发展是不可能孤立实现的，它作为人与自然的生态关系和谐，是和人与人、人与社会、人自身的和谐有机联系在一起的。因此，人们对人与自然的和谐不断追求和推进实现，也就要求和推进着人与人、人与社会、人自身的和谐的不断追求和递进实现。

（二）社会主义和谐社会是四大文明全面协调发展的社会

现在，我们从广义和狭义的社会范畴有机统一的视角进一步论述现代社会主义文明社会是一个物质文明、政治文明、精神文明、生态文明全面协调发展的和谐社会。

1. 社会主义现代化建设总体布局的新突破。大家知道，在党的十二大提出了包括经济富强、政治民主、精神文明在内的三位一体的现代化建设的总体格局。此后的较长时间内，我们党关于社会主义现代化建设的基本格局，仍然是围

---

① 贾建芳：《马克思恩格斯的社会和谐思想》，载《马克思主义研究》2005 年第 3 期。

绕"三位一体"的总体发展目标展开的。几年实践表明，这三大建设在现代化建设中发挥着各自应有的重要作用，但是经济发展、政治发展和文化发展中的各种问题仍然层出不穷，尤其是这三大建设难以解决的社会发展中的各种问题和矛盾日益突出。解决这种重大问题，就是要构建社会主义和谐社会。因此，我们党明确提出社会主义和谐社会的战略部署，就把我国社会主义现代化建设的总体布局，由发展社会主义市场经济、民主政治和先进文化的"三位一体"发展为社会主义经济建设、政治建设、文化建设和社会建设四位一体，四个方面的建设全面协调发展，构成中国社会主义现代化建设的总体发展目标。这是重大的理论和实践创新，是社会主义现代化建设理论的新突破和我们党执政理念的新飞跃。

2. 社会主义现代文明形态总体构架的新拓展。我们党在社会主义现代文明形态总体构架上，已经实现了几次重大创新。邓小平同志提出社会主义物质文明和精神文明两个文明都要抓，实现了从建设社会主义物质文明的单一发展目标到社会主义物质文明和精神文明的双重发展目标的新突破。江泽民同志根据我国经济社会发展的新要求和我们党所肩负的社会主义现代文明发展的新任务，提出了社会主义物质文明、政治文明、精神文明的协调发展的现代文明发展框架，实现了从社会主义物质文明和精神文明二位一体向社会主义物质文明、政治文明、精神文明三位一体的现代文明形态的转变。与此同时，党的十六大规定全面建设小康社会的总体发展目标确实是从社会主义物质文明、政治文明、精神文明三位一体向社会主义物质文明、政治文明、精神文明和可持续发展文明的四位一体的总体发展目标的转变。

我们党提出社会主义和谐社会的战略构想和文明建设构架，由"三位一体"拓展为包括社会主义和谐社会在内的"四位一体"，并把"四大和谐"的生态文明建设作为构建和谐社会的主体工程和基础工程，从而实现了社会主义现代文明建设总体构架的重大突破。更为重要的是，把社会主义现代文明发展确立为物质文明、政治文明、精神文明、生态文明"四位一体"的总体格局，为我们在社会主义和谐社会建设中，能够从人、社会、自然不可分割的有机整体发展来审视和处理现代文明建设的各种问题提供了新的更为完整、更为科学的坐标体系。

胡锦涛同志指出："构建社会主义和谐社会，同建设社会主义物质文明、政治文明、精神文明是有机统一的。它们既有不可分割的紧密联系，又有各自的特殊领域和规律。"[①] 这是从马克思的唯物史观来看和谐社会建设和现代文明发展的关系。然而，按照马克思自然——历史观来看它们的关系，就应当对胡锦涛同志这段论述作这样的引申："构建社会主义和谐社会，同建设社会主义物质文明、

---

① 胡锦涛：《在省部级主要领导干部提高构建社会主义和谐社会能力专题研讨班上的讲话》，载《光明日报》2005 年 6 月 27 日。

政治文明、精神文明、生态文明是有机统一的。它们既有不可分割的紧密联系，又有各自的特殊领域和规律。"

3. 中国特色社会主义基本纲领的新发展。党的十五大对于社会主义现代化建设的总体发展目标，从党的基本理论和基本路线的高度，设计了建设中国特色社会主义的基本纲领，它包括经济、政治、文化三个方面的纲领，从而使社会主义经济建设、政治建设、文化建设"三位一体"的现代化建设总体格局统一于党在社会主义初级阶段的基本路线和基本纲领之中。党的十六大使这种"三位一体"的基本纲领更加明晰而深入，并把社会主义物质文明、政治文明、精神文明和可持续发展文明作为全面建设小康社会的整体发展目标纳入党的基本路线和基本纲领之中，构成社会主义文明发展的基本态势。现在，我们党提出构建社会主义和谐社会的价值目标和战略任务，在建设社会主义物质文明、政治文明、精神文明的同时，要把建设以生态文明为主体工程和基础工程的社会建设真正构成社会主义现代文明总体构架的最重要组成部分，并将这种"四位一体"格局纳入党的社会主义初级阶段的基本路线和基本纲领之中，使四大文明全面协调发展构成社会主义现代文明发展的基本态势。这是重大的理论和实践创新，是中国特色的社会主义基本纲领的新发展。

（与刘思华合作完成，原载《东南学术》2006 年第 2 期）

生态环境成本内在化问题[*]

可持续发展经济学认为，生态环境成本又叫绿色成本。环境经济学认为，生态环境成本可以简称为环境成本；生态经济学认为，生态环境成本又叫生态成本。生态与环境属于公共产品，具有强烈的外部性，导致生态环境代价外移，这是与可持续发展相背离的。因此，在可持续发展目标框架下，生态环境外部性内部化以及由此决定的生态环境成本内在化，既是现代经济社会与生态环境融合、发展的一种趋势，也是生态环境与国际贸易协调可持续发展的有效机制，是生态环境内生化可持续发展经济理论及生态环境要素禀赋理论的必然逻辑与实现形式。

一、严峻的现实与实践的需要

长期以来，传统经济学理论无一例外地将生态环境作为经济增长与经济发展的外在因素，排除在一国的生产要素体系之外，即要素禀赋体系之外，在现实经济发展中突出表现为生态环境成本外在化。正是因为生态环境的外在性，使生态环境保护与建设费用全部排除在商品价格之外，也就是各种经济活动的生态环境成本不能通过市场机制表现出来，忽视甚至否定了生态环境资源这种高度短缺的生产要素在经济运行中的重要作用，使我们落入了"不可持续发展陷阱"，极大地危害着现代经济的健康运行与可持续发展。

在我国现实经济生活中，这种生态环境成本外在化的经济模式与运行机制，使人们在经济活动中严重忽视或不考虑经济发展的资源代价和环境成本，不加思索地过度开发利用生态环境资源，导致资源耗竭、环境污染、生态退化的严重恶果及巨大经济损失。

据有关研究机构测算，20世纪90年代中期，中国经济增长有2/3是在生态环境透支的基础上实现的。目前，我国大气污染造成的经济损失已占GDP的3%~

* 基金项目：中国地质大学（武汉）资源环境经济研究中心重点项目"中国生态文明建设"（2005A06）。

7%；世界银行的研究报告还指出我国大气污染和水污染的经济损失约占 GDP 的8%。目前我国污染物排放总量大大超过环境容量，全国水环境中有机物超过环境容量的 70% 以上，大气中二氧化硫年排放量超过环境容量的 60% 以上。如果我国的城市空气质量要达到国家二级空气质量标准，那么二氧化硫的环境容量应该在 1200 万吨左右，但按照目前的趋势发展下去，预料到 2010 年和 2020 年，我国二氧化硫的总量将分别达到 3100 万吨和 3900 万吨，是环境容量的数倍。我国是世界最大的煤炭浪费国，目前温室气体的排放量约占全球总量的 15%，仅次于美国，已居世界第 2 位。随着能源消费的增长，到 2020 年，我国的二氧化硫排放量将会翻一番，达到世界第 1 位。由此，刘思华教授曾指出："中国经济是一个生态环境成本超过国民生产总值的严重亏损的经济系统，这种经济系统运行又是依靠'环境透支'与'生态赤字'来维持的，过度的资源消耗、过重的环境污染、过大的生态破坏，已经使我国生态系统的生态负荷达到临界状态，一些资源与环境容量已达到支撑极限。"[1]

温家宝总理在 2005 年国家科技奖励大会上的讲话中，谈到解决我国经济社会发展的突出问题时提出了"三重转变"的指导方针："实现经济增长方式由粗放经营向集约经营的转变"，"实现从资源消耗型经济向资源节约型经济的转变"；"实现以生态环境为代价的增长向人与自然和谐相处的增长转变。"[2]实现"三重转变"的结合点和关键点，就是必须实现发展模式与体制机制由生态环境成本外在化向生态环境成本内在化的转变。

二、中国经济发展模式与体制机制创新的客观要求

我国建设节约型社会，发展循环经济，这就使推进生态环境内生化，实现生态环境成本内在化的重要性与紧迫性更加凸显。因为，建设节约型社会的核心问题，是建立资源节约型经济。这种经济在本质上是可持续发展的经济，它在发展模式与体制机制上，最根本之点就是将生态环境因素纳入国民经济的生产要素禀赋体系之中，构成与其他生产要素并重的新的生产要素，使之成为经济发展的一个内生变量，并通过生态环境成本内在化来实现。因此，生态环境成本内在化是现代经济发展模式与体制机制创新的客观要求。

首先，生态环境成本内在化是现代经济体系健康运行与可持续发展的必然要求。当今世界，无论是发达国家还是发展中国家，在工业化和现代化进程中所形成的国民经济体系，都遇到资源枯竭、环境污染和生态恶化的严重问题，人们的经济活动造成的外部成本越来越大于经济活动本身创造的净收益，这是现行的工业化经济体系运行与发展失灵的严峻问题，其背后的经济根源就是生态环境成本

外在化。正是由于生态环境的外部性，使生态环境保护与建设费用全部排除在商品价格之外，即各种经济活动的生态环境成本没有通过市场机制体现出来，市场价格信号没有反映出生态环境资源的价值，使生产者或消费者可以自由地使用生态环境资源而不需支付费用，或者支付的费用低于使用生态环境资源创造的价值，以自身利润最大化为目标而制定的经济决策，往往是与可持续发展相背离的行为规范。因此，无论是一国经济还是世界经济的可持续发展，都要求世界各国在推动环境全球化和经济全球化融合发展进程中，必须努力消除生态环境成本外在化，使产品和服务的价格包含生态环境成本，让市场价格反映生态学的真理，逐步实现生态环境成本内在化，即生态环境外部性内在化，这是现代经济体系健康运行与可持续发展的客观要求和必然趋势。

其次，生态环境成本内在化是构建可持续发展经济新模式的内在要求。无论是发达国家还是发展中国家的传统工业化和现代化道路，都是"先污染后治理"的道路。这种"外部治理模式"，是生态环境成本外在化的经济发展模式。迄今为止，世界各国从整体上来看，正如戴利所指出的，现有的经济的"主导模式完全排除了生态成本"[3](P7)，必然导致经济运行与发展的不可持续性和面临生态环境困境。于是，人们通过多种途径来解决经济活动的外部成本，治理环境污染，遏制生态恶化。诸如根据庇古的"外部效应内部化"理论，征收"庇古税"来恢复社会成本和收益的边际条件，达到减少污染环境的目的；按照"科斯定理"将原属于社会承担的成本，通过产权明晰，使外部成本内部化；还有根据"环境库兹涅茨曲线"理论、"环境资源的最大最小"理论等来解决经济活动的外部效应问题。这些理论和方法都是在不触动现存的经济体系与发展模式的条件下，来解决经济发展不可持续性问题，虽然对于遏制环境污染和生态恶化迅速扩展起到一定作用，但不能从根本上解决问题；还值得我们重视的是，这些办法不仅加大整个经济运行的成本，而且在运行过程中又使资源再次消耗，再次付出了资源代价与环境成本。所以，有些学者认为，"无论是'庇古税'还是'科斯定理'；无论是'环境库兹涅茨曲线'，还是'环境资源的最大最小'理论，都是人类中心主义伦理观在不同时期的理论抽象，在一定程度上对环境恶化、资源枯竭起到了推波助澜的作用。"[4]因此，我们不能模仿西方发达国家的传统工业化和现代化的"外部治理模式"，必须变革生态环境成本外在化的传统经济发展模式，建立起生态环境内在化的可持续发展经济模式，这是现代经济运行与发展的范式革命，也是21世纪现代经济可持续发展的根本途径。

最后，生态环境成本内在化是实现经济体制的根本转变，建立可持续发展经济体制的迫切要求。美国著名学者R.布朗在《生态经济：有利于地球的经济构想》一书中批评经济学家只相信市场的力量，非常尊重市场原则，依靠市场指导经济政策与经济实践，而不尊重生态法则，尤其是无视生态可持续性原则，使当今自由市场经济往往不能反映生态学的真理。一位德国学者还认为，"迄今为止，还没有一个国家拥有一个围绕环境而组织市场经济的，德国也不例外。"因此，布朗指出必须"将一种以市场力量为导向的经济转变成为一种以生态法则为导向的经济"，构建这种可持续发展的经济，就一定要"使市场反映我们所买的物品和服务的全部成本"[5](P24)，也就是要使市场价格反映生态环境成本，如果当今市场经济能够反映这种生态现实，人们就会以一种完全不同的方式对待资源、环境、生态问题了。如果我们不能实现这种转变，将要付出更大的代价。对此，布朗引用他人的观点告诫说："中央计划经济崩溃于不让价格表达经济学的真理，自由市场经济则可能崩溃于不让价格表达生态学的真理。"[5](P88)因此，我们要站在关心市场经济体制的前途和命运的高度来认识生态环境成本内在化的极端重要性和迫切性。

三、生态环境与国际贸易协调可持续发展的内在机制

现在，我们从实现全球可持续发展，尤其是生态环境与国际贸易协调发展的角度，进一步认识生态环境成本内在化的极端重要性与紧迫性。

1. 从生态环境成本内在化对协调贸易与环境的关系来看，贸易与环境问题是当今国际贸易中的一个重大议题。全球生态环境恶化的根本原因并不在于国际贸易，而是由于生态环境的外部性所导致的市场失灵，使现行的国际贸易商品价格没有反映生态环境成本，形成价格扭曲。从而导致全球生态环境退化，并使环境与国际贸易产生矛盾与冲突。所以，实现生态环境成本内在化，是解决生态环境问题及协调环境和国际贸易发展关系的基点。

2. 从生态环境成本内在化对生态环境系统的影响来看，生态环境成本外在化以及贸易壁垒的设置，使全球的环境资源配置不合理，既导致了主要的发展中国家资源利用率低和大量浪费，给本国生态环境带来巨大压力；又导致了主要的发达国家过度消费给全球生态环境带来巨大压力。生态环境成本内在化，使市场反映生态学的真理，以正确的价格信号为导向，市场就可以有效地配置环境资源，既抑制发达国家的超量消费，也促使发展中国家合理地、充分地利用资源，提高其利用率，减少浪费，从而可以有效地保护地球环境资源。

3. 从生态环境成本内在化对国际贸易发展的影响来看，首先，生态环境成本的内在化，可以改变国际贸易的结构和流向。那些不利于保护生态环境的环境敏感产品由于成本增加，生产将日益减少，甚至自然被淘汰；而那些有利于保护生态环境的非环境敏感产品，即绿色产品则具有竞争力，生产会不断增加，将在国际贸易产品结构中逐步占据主导地位。

其次，生态环境成本内在化使国际贸易的比较优势发生变化。从当今世界的现实来看，发达国家生态环境成本的外在性较弱，而发展中国家生态环境成本的外在性较强，在这种情况下，将生态环境成本纳入出口产品和服务的市场价格中去，就会使发展中国家价格优势下降甚至丧失，导致产品部分或全部丧失原有的比较优势。发展中国家必须重新审视其出口产品的比较优势，增强其外贸竞争力和比较优势，以期在国际分工和市场竞争中获得更大利益。

最后，生态环境成本内在化到市场价格之中，就会促使各国、各地区原来以生态环境保护为目标的、自行设置的、名目繁多的"非关税"系列贸易壁垒，如环境配额、环境进口附加税等失去意义。从而促使世界贸易朝着更加有序的方向发展[6](P145-147)。

四、生态环境成本内在化的模型分析

1. 生态环境成本内在化的基本模型。生态环境成本包括生产者和消费者在提供生产和劳务过程中所造成的生态破坏、环境降级的"虚拟环境成本"以及在此过程中为防止和消除对生态环境的负面影响而实际支付的"防护性"的环保费用。从表现形式上看，"虚拟环境成本"可以近似地用环境经济损失（包括污染破坏损失和生态破坏损失）来估计，而"防护性环境成本"则代表了一种恢复和保持生态环境使用价值的劳动（新型劳动）所发生的费用。

目前分析环境成本内在化的文章多使用某一具体变量来表示生态环境成本，或者将其隐含进边际社会成本分析中，本文认为有两点不足：一是忽视了人的劳动是联接成本发生过程和价值创造过程的纽带，是有动因的消耗资源的活动。只有通过人的劳动如何贯穿价值创造过程来认知成本、通过劳动类型差异如何影响价值创造结果来区分成本、通过劳动目的如何推动价值创造过程来确认成本，生态环境成本内生化才有了坚实的理论基础。而最低生态代价可持续经济发展理论正是基于劳动价值论的基础，引入生态经济价值作为人类劳动向生态系统延伸的结果，强调人们的社会必要劳动和生态产品的结合创造了生态价值、强调人类劳动在经济系统中凝聚成正商品价值的同时也可能在生态系统中凝聚成破坏生态功能的负生态价值、强调恢复和保持生态环境使用价值的新型劳动是现代经济活动的重要内容，从而构筑了理解生态经济价值、生态环境成本与人类劳动关系的新思路，应成为建立生态环境成本内在化模型的科学依据。

二是模糊了成本确认与计量的基础。"虚拟环境成本"中的许多项目（如水污染造成的农业减产或农产品品质下降等）并不表现为现实发生的直接费用，是"现实经济成果"同"可能经济成果"之间的差额。此外，有些"虚拟环境成本"项目（如污染引起的人体健康损失）在"现实经济成果"中表现为收益，将二者简单地加总不仅模糊了生态环境成本概念的范围，而且会使成本项目中表现为损失的部分与 GDP 中表现为收益的部分存在重叠，即"防护性环境成本"与 GDP 之间、"虚拟环境成本"中某些项目与 GDP 之间存在重复计算，更重要的是，不利于显现生态环境破坏对经济成果的负面影响，不利于区分新型劳动与其他类型劳动对经济成果的不同作用。

有鉴于此，我们按照生态经济价值理论重新将生态环境成本细分为三个部分：（1）恢复和保持环境功能的新型劳动所支出费用代表"防护性环境成本"项目。（2）"虚拟环境成本"项目中与其他类型劳动成果存在重叠的部分，如环境污染造成的人体健康损失在现实 GDP 中表现为医疗产业的产值，该部分反映了其他类型劳动总成果中由生态环境破坏所引起的无效产出部分。（3）"虚拟环境成本"项目中的其他部分，表现为生态环境破坏所引起的"现实经济成果"同"可能经济成果"之间的差额，该部分降低了 GDP 的现实和潜在增长能力，从实质上讲是降低了其他类型劳动的生产效率。则生态环境成本内生化的效用决策模型表述如下：

$$MaxU = z + y = \alpha_z L_z + \alpha_Y \lambda L_Y \tag{1}$$

其中，$\lambda = \lambda Y$；$\lambda \in [0, 1]$；α_z，$\alpha_Y \geq 0$；$L_z + L_Y = 1$；z 代表新型劳动在给定时期内所创造的最终产品，y 代表其他类型劳动在给定时期内所创造的最终产品扣除与"虚拟环境成本"重叠部分后的余值，α_z，α_Y，L_z，L_Y 分别代表新型劳动和其他类型劳动的生产效率、新型劳动和其他类型劳动的劳动时间。λ 代表其他类型劳动总成果与其中的有效成果 y 之间的转化系数。其他类型劳动和新型劳动对生态环境的影响表现为：

$$\partial \lambda / \partial L_Y < 0, \quad \partial \alpha_Y / \partial L_y < 0, \quad \partial \lambda / \partial L_z > 0, \quad \partial \alpha_Y / \partial L_z > 0$$

通过分析式（1），可以发现基于生态经济价值论的生态环境成本内生化模型实现了生态经济价值创造、劳动分工和成本动因的结合，更清晰地解释了生态环境成本在生态经济系统中发生、变化和作用的过程：（1）随着生态环境成本被转化为"新型劳动创造最终产品或劳务时所耗费的防护性环境成本项目"、"Y − y 所代表的其他类型劳动总成果中的无效部分"和"$\partial \lambda / \partial L_Y < 0$，$\partial \alpha_Y / \partial L_y < 0$ 所代表其他类型劳动的生产效率降低部分"，清晰地表明了人类劳动演化为新型劳动和其他类型劳动、其他类型劳动演化为生产有效成果的劳动和生产无效成果的劳动既是生态环境成本产生的根源，也是生态环境破坏后人类劳动产生异化的必然结果。（2）效用的增加不能仅靠 L_y 的无限增长来实现，在没有新型劳动介入的经济系统中，经济实体 1 的效用决策表示为：$MaxU_1 = \alpha_{1Y} \lambda_1 L_{1Y}$，其中 $L_{1Y} \in [0, 1]$。则最优劳动时间 $L_{1Y}^* = -\alpha_{1Y} \lambda_1 / \frac{\partial \alpha_{1Y}}{\partial L_{1Y}} \lambda_1 + \frac{\partial \lambda_1}{\partial L_{1Y}} \alpha_{1Y}$。这意味着当生产中产生的

环境破坏程度超越了自然过程可修补的范围，必须有新型劳动介入（$\partial\lambda/\partial L_z > 0$，$\partial\alpha_Y/\partial L_z > 0$）才能提升其他类型劳动由于生态环境破坏而降低的生产效率 αY 和有效成果系数 λ。（3）表明人类生产实践的目的性在于实现最低生态环境代价下的最大效用生产过程，它是新型劳动成果和其他类型劳动中有效劳动成果的总和，代表了人类劳动创造的最大化的生态经济价值。所以，经济可持续发展的关键在于协调"防护性环境成本"与"虚拟环境成本"的比例、优化新型劳动和其他类型劳动的相互关系、提升新型劳动的生态环境保护功能并降低其他类型劳动对生态环境的破坏程度，以实现期间 T 内投入自然资源价值 R 同生态经济价值 U 之间的有效转化，即 $\sum_{t=1}^{T}\delta_t U_t - \sum_{t=1}^{T}\delta_t R_t > 0$（其中 δ_t 为折现系数）。

2. 生态环境成本内生化的贸易模型。下面我们将基本模型推广到含有外生比较优势的贸易环境中。假定人口相同的国家 1 和国家 2 可以消费或生产的商品与劳务类型为 Y 和 Z，定义外生比较优势为国家 1 只生产 Y 和国家 2 只生产 z 并在国际贸易中相互交换产品，则两个国家中个体的决策效用函数是：

$$\text{Max}U1 = \lambda_1 Y_1 + k_f\lambda_1 z_{1f}^d = \alpha_{1Y}\lambda_1 L_{1Y} + (p_Y/p_z)k_f\alpha_{1Y}\lambda_1 L_{1fY}^S\text{；其中：}$$
$$p_Y Y_{1f}^S = p_z Z_{1f}^d$$
$$\text{Max}U2 = z_2 + k_f Y_{2f}^d = \alpha_{2z}L_{2z} + (p_z/p_Y)k_f\alpha_{2z}L_{2fz}^S\text{；其中：}$$
$$p_z Z_{2f}^S = p_Y Y_{2f}^d \qquad (2)$$

Y_i、z_i、Y_{if}^d、z_{if}^d，Y_{if}^S、z_{if}^S 代表国家 i 中其他类型劳动成果 Y 和新型劳动成果 z 的自给数量、从国际市场购买的数量和向国际市场销售的数量。$L_{1Y} + L_{1fY}^S = 1$、$L_{2z} + L_{2fz}^S$，$k_f \in [0,1]$ 代表国际市场的交易效率。最优效用水平由市场出清和贸易双方效用均等条件给出。同时为简化处理要求 $\partial\lambda/\partial L_z > 0 = -m\partial\lambda/\partial L_Y$，$\partial\alpha_Y/\partial L_z > 0 = -m\partial\alpha_Y/\partial L_Y$，$\in [0,1]$，则国际贸易结构下生态环境成本内生化对效用水平的约束条件和均衡值为：

$$L1Y = \left(\frac{kf}{p}(1-h)\frac{\partial\alpha_{1Y}}{\partial L_Y} + \frac{k_f}{p}\alpha_{1Y} - \alpha_{1Y}\lambda_1\right)\Big/\left(h\frac{\partial\alpha_{1Y}}{\partial L_Y}\lambda_1 + \frac{k_f}{p}(1-h)\frac{\partial\alpha_{1Y}}{\partial L_Y} + h\frac{\partial\alpha_{1Y}}{\partial L_Y}\alpha_{1Y}\right)\text{的}$$

变化范围构成发展模式的约束条件。当 $h(1-L_{1Y})-1 < 0$，对当期生产中造成的生态环境破坏进行部分修复的经济发展模式将被采用；当 $h(1-L_{1Y})-1 \geq 0$，对当期生产中造成的生态环境破坏进行完全修复的经济发展模式将被采用，最优生产时间 $L_{1fY}^{*S} = p\alpha_{2z}/k_f m\alpha_{1Y}$，其中 $p = p_z/p_Y$，$h = k_f m\alpha_{1Y}/p\alpha_{2z}$，同时，该发展模式下的均衡价格。

$$p^* = (\alpha_{2z}(1+k_f) + mk_f(\alpha_{1Y}\lambda_1 - \alpha_{2z}))/\alpha_{2z}(\lambda_1 + k_f)$$

生态环境成本内在化的贸易模型显示，建立一种既能协调贸易双方生产系统又能优化国际贸易体系的可持续贸易发展模式与道路，是实现生态环境和国际贸易协调发展的根本举措：

　　首先，生态环境成本内生化条件下的可持续贸易发展道路追求人类经济社会活动规模与生态环境的相互协调。认为"对当期生产中造成的生态环境破坏进行完全修复的经济发展模式"可以避免生态环境破坏的累积影响，本期其他类型劳动 L_Y 所产生的生态环境破坏被新型劳动 L_z 全部修复，从而使生产效率 α_Y 和有效成果系数 λ 在代际间保持不变，是生态环境成本内在化条件下实现经济可持续发展的最优模式；此外，决定该最优模式选择与否的约束条件，指明了生态环境成本内在化条件下实践新贸易发展道路的前提。现实经济发展中不断增大的生态环境破坏程度 $\partial\alpha_Y/\partial L_Y$、$\partial\lambda/\partial L_Y$ 以及不断减小的有效成果系数 λ，是该模式成为 21 世纪经济发展必然选择的历史条件。同时，只有通过技术创新、制度创新和生态创新的结合来提高人类劳动的生态经济价值创造能力，即有效提高新型劳动 L_z 的污染修复能力 m 及其生产效率 α_z、努力增加国际贸易效率 k_f、提升其他类型劳动 L_Y 的生产效率 α_Y 和有效成果系数 λ，国际分工和贸易体系中更合理的生产效率之比 α_Y/α_z 和产品价格之比 p_Y/p_z 才能实现，实践新贸易发展道路才有了现实的基础。

　　其次，国际贸易双方在均衡价格约束中显现的"补偿现象"，指明了生态环境成本内在化条件下实践可持续贸易发展的途径。在对生态环境破坏进行完全修复的经济发展模式下，贸易均衡价格 p^* 表明——无论哪种劳动形式当其增加效用（生态经济价值）的能力增加时，必须给予其贸易的对象更高的相对价格，才能保证贸易双方效用的均衡。这实质上表明当生态环境成本被内生进效用决策模型后，贸易均衡价格在可持续发展目标的推动下演化为通过贸易途径转移生态环境成本、平衡生态经济价值的工具。当然，这种"补偿性"的均衡价格体系在现实国际贸易体系中是不会自动形成的，国际贸易和分工体系的现实特征正体现为各贸易主体间效用的不平等交换和分配，体现为发达国家通过贸易途径向发展中国家转移生态环境成本。重重的贸易壁垒、不合理的国际分工和贸易价格体系破坏了全球经济可持续发展的实现，低生态经济价值创造能力、低产品价格的国家不断累积生态环境破坏，失去了贸易双方生产效用的均衡，遭受到不合理贸易体系下经济剥削和生态剥削的双重压迫。所以，各贸易主体要维护自身在国际贸易中的生态经济利益，就必须努力革新自身生产系统的生态经济价值创造能力和寻求国际贸易体系中更合理的产品价格之比 p_Y/p_z，并通过二者的有效统一和相互促进在国际贸易活动中维持相互之间效用水平的平衡。

　　也就是说，忽视了对国际贸易体系的优化，不合理的贸易价格体系会成为一些贸易主体掠夺我国生态经济价值和转移自身生态环境成本的工具，我们保护生态环境和提升生态经济价值创造力的努力就会化为乌有；忽视了对国内生产系统的革新，我们创造生态经济价值的能力就无法跟上国际前进的步伐，维持贸易双方效用均衡的价格体系、可持续发展的目标无法达成，更会陷入生态经济价值不断被掠夺的窘境。所以，全球可持续发展目标的实现有赖于各贸易主体提高其实现和保护自身生态经济利益的能力，实现革新自身生产系统和优化国际贸易体系这两条主线的相互结合，可持续贸易发展模式与道路所体现的协调贸易双方生产系统和优化国际贸易体系的优势才能实现。

参考文献

［1］刘思华. 关于科学发展观的几个问题［J］. 内蒙古财经学院学报，2004，（6）：9 – 13.

［2］温家宝. 在国家科学技术奖励大会上的讲话［N］. 光明日报，2005 – 3 – 29（1）.

［3］戴利. 超越增长——可持续发展的经济学［M］. 上海：上海译文出版社，2001.

［4］冯之浚，等. 循环经济与末端治理的范式比较研究［N］. 光明日报，2003 – 9 – 22（3）.

［5］布朗. 生态经济：有利于地球的经济构想［M］. 北京：东方出版社，2002.

［6］方时姣. 中国绿色外贸战略［M］. 北京：中国财政经济出版社，2004.

（与魏彦杰合作完成，原载《中南财经政法大学学报》2006 年第 2 期）

论农村和谐社会模式与
农业发展的终极目的

一、农村和谐社会的基本内涵与主要特征

（一）农村和谐社会模式的基本内涵

1. 人与自然和谐。工业文明发展，使人与自然的矛盾日益突出，它比人类历史上任何时期都更为尖锐，成为工业社会自身难以克服的内在矛盾。因而重建人与自然和谐统一的生态文明，就成为构建和谐社会的现实基础和首要任务。在农村，人与自然的和谐发展，应当是农村与农业经济系统与自然生态系统相和谐，农村与农业经济活动的需求增长与农村自然生态系统供给能力相适应，农村与农业生产和生活排放废物量与生态系统净化能力及环境容量相协调，从而实现农村与农业经济社会发展由反自然性向生态文明的根本转变，形成人与自然共同生息与协调发展关系。

2. 人与人和谐。在人与自然的矛盾日趋尖锐的基础上必然伴随着人与人之间的矛盾日趋尖锐，这就使当代人之间、当代人与后代人之间的矛盾加剧，成为农村与农业发展的重大矛盾。因此，人与人应该和谐发展，不仅要代内相和谐，而且要代际相和谐；可持续发展的目标，是要一代更比一代和谐。

3. 人与社会和谐。社会的发展和人的发展是密不可分的，甚至可以说社会的发展就是人自身的发展，两者发展是一个双向同步发展的统一运动过程。因此，人与社会应该和谐发展，即个人自由与社会认同相适应，个人的利益与需要的满足和整个社会的利益与需要的实现相适应，人的素质的全面提高与社会不断进步相适应，人的能力发挥与社会公平公正相适应。只有这样，才能实现农民个人的发展和社会的发展和谐统一。

4. 人、社会与自然的和谐统一。人与自然的关系和人与社会的关系，是现代人类社会的两种基本关系。它们相互联系、相互制约，是密不可分的统一整体。因此，人、社会与自然之间的相互交织和相互融合比它们之间的相互区别更为重要，农村与农业的生态革命和生态文明建设，就是重塑人、社会与自然这个有机统一的整体，实现人与自然、人与人、人与社会的和谐统一。只有这样，我们才能最终创造出一个农村可持续发展的社会。

（二）农村和谐社会模式的主要特征

1. 全面发展是农村和谐社会模式的重要特征。农村全面小康社会的建设，要求实现农村现代化在经济、政治、文化以及人的发展、人与自然和谐发展等各个方面的任务。因此，农村全面建设小康社会的整体发展目标，就是要建立一个高度物质文明、高度精神文明、高度政治文明、高度生态文明的和谐发展社会，实现农民的全面发展和社会的全面进步。因而，农村和谐社会模式必定是一个全面发展与全面进步的社会。

2. 协调发展是农村和谐社会模式的根本特征。人类社会是一个由经济、政治、文化、生态、环境等多种要素相互依赖、相互制约与相互转化的有机整体。只有这些要素形成和谐统一、整体优化、良性运行与协调发展关系，整个社会才能真正实现全面发展与可持续发展。因此，农村和谐社会运行与发展不仅包括经济、政治、文化、科技的发展，还包含着生态、环境的发展，并且是经济发展必须同政治、文化、科技、生态、环境的发展相适应、相协调。这种协调发展集中体现在物质文明、政治文明、精神文明、生态文明四大文明建设整体推进、全面发展与协调发展。因此，农村和谐社会的运行与发展过程，就必然表现为经济与生态、社会与环境、人、社会与自然的全面协调发展过程。这是农村全面小康社会建设的必然进程。

3. 可持续发展是农村和谐社会模式的本质特征。可持续发展不仅是人与自然的协调发展，而且是人与人的协调发展和人与社会的协调发展。而实现可持续发展，核心问题是实现经济社会和人口资源环境的协调发展。这种发展，必须是物质文明、政治文明、精神文明、生态文明的协调发展与可持续发展。所以，可持续发展是农村和谐社会模式的内在属性，这就决定了构建农村和谐社会，就是要推进整个农村的全面发展与协调发展，实现农民可持续生存与发展。正是在这个意义上说，农村和谐社会模式又叫农村可持续社会模式。它是指发展既能够保障当今农村"生态—经济—社会"复合系统多要素、多结构的全面协调发展，又能够为未来社会多要素、多结构的全面协调发展提供基本条件，是一种长时期促进社会公正、文明、安全、健康运行的农村全面协调发展与可持续发展。

二、构建农村和谐社会必须调整农业与农民经济活动的终极目的

可持续发展观是对全球生态危机及人、社会与自然不可持续发展的积极回应，是一种划时代的全新的价值观、发展观与实现观。可持续发展的本质含义应当是"在满足当代人生存发展需要的同时，不损害后代人生存发展需要的能力；在满足人类自身生存发展需要的同时，不损害非人类生命物种满足其生存发展需要的能力的发展。"① 这是对传统发展观的科学扬弃，充分体现了人类实践选择两重性原理。因此，我们认为"人类实践活动的最终目的，既是满足人类生物自身生存发展的需要，实现人类自身的利益（包括人类的根本利益和长远利益）；又是为了满足非人类生物生存发展的需要，实现其非人类生物的存在利益和地球生物圈的整体利益。这就是人类实践选择的两重的、终极的价值尺度，我们称之为实践选择的两重性。"② 按照人类实践选择两重性理论，作为人类基本实践活动的农村与农业经济活动，也就必然选择两重的、终极的目的，才能使农村与农业经济活动与发展行为符合建立可持续社会的发展方向。这是因为：

1. 农业与农民经济活动的特殊性。大家知道，农业生产过程是农业劳动者利用生物群体将太阳能转化为化学能，将无机物转化为有机物的生命过程。这种有生命物质的生产过程，不仅参与整个生物圈中生物地球化学循环即生物地化大循环，而且最根本的是直接参与自然生态系统的生态循环过程，形成自然生态系统的营养物质循环。所以，农民的生存活动和发展行为，都应该服从作为世界系统的"生态—经济—社会"复合系统的整体利益，必须首先着眼于整个地球生态系统的完整、健康和安全，既要满足人与自然和谐统一与协调发展的需要，又要满足人类自身生存发展的需要。这两方面的关系，在现代人类实践活动过程中不是分离存在的，而是同时发生的，它们相互渗透、相互依存，构成现代农业与农民经济活动目的的两重性。因此，两重的最终目的与终极价值尺度，才构成现代农业与农民经济实践的本性。只承认现代农业与农民经济实践选择的一种终极目的而否定另一种终极目的，都不可能真正认识现代农业与农民经济实践的本性。

2. 现代农业与农民经济实践选择的两重终极目的，在客观上要求人们的经济活动既要把满足人类生存发展的需要，实现人类自身的利益作为经济活动的根

---

① 引自《刘思华文集》，湖北人民出版社 2003 年版，第 501 页。
② 引自《刘思华文集》，湖北人民出版社 2003 年版，第 486 页。

本目的；又要把满足非人类生物生存发展的需要，实现非人类生物存在利益和整个地球生物圈的共同利益作为经济活动的根本目的。因此，21世纪现代农业与农民必须对其经济活动的终极目的进行战略性调整：不仅要从"反自然"的不可持续轨道向保护与建设自然的可持续发展轨道的转变，而且要从单向实现人类需要与利益的终极目标向双向的人与自然和谐发展的需要与利益的转变。只有这样，才能最终达到既实现人类自身的需要与利益，同时又有效地保护自然本身的目的。从而在根本上消除农村经济社会与生态环境之间的冲突，达到农村生态环境与经济社会可持续发展的双赢价值目标。

3. 人类经济活动终极目的的调整，有赖于可持续发展的双重协调机制的形成。唯物辩证历史观告诉我们，人与自然的关系和人与人的关系，是人类社会发展的两条生命线。人类社会发展的过程，就是这两种关系即两对矛盾的相互依存、相互制约、相互作用的过程，从而构成现实世界系统的矛盾运动的过程。可持续发展思想与战略的深邃之处，就在于它深刻地揭示了人与自然、人与人之间的双重和谐发展的辩证统一关系；肯定了给人与人以公平的生存发展权利和给人与自然以公平的生存发展权利，是现代人类实践活动应当优先考虑的两个根本问题；从而确证了人与自然之间道德关系的理论合理性和实践合理性；构建了同时协调人与自然、人与人这两对矛盾的双重协调机制，使两对矛盾的协调在可持续发展的理论与实践中得到合理的解决，并达到完美的统一。因此，当我们把可持续发展的双重协调机制纳入现代农村与农业运行的基本框架，在处理现实农村与农业系统中两大基本关系时，不仅仅只是肯定处理好人与人的关系对协调好人与自然的关系具有决定性的意义；更重要的是要承认处理好后者的关系对协调好前者的关系也具有决定性的意义。这就必然要求现代农业与农民经济活动，应当以解决人与自然的矛盾为根本目标，去协调人与人的社会关系，建立"和谐的人与自然的发展关系"；这又首先要克服"不和谐的人与人的社会关系"，必须从人与人的关系着手，去协调人与人的社会关系，并通过解决这种关系问题来解决人与自然的关系，使人与自然、人与人之间建立起和谐统一的协调发展关系，即实现农村经济、社会与生态环境有机统一的全面协调可持续发展，推动农村朝着可持续社会的方向发展，这已成为21世纪农村与农业经济活动的终极目标，是最终建立起农村和谐社会的客观要求和必然路径。

三、创建农村和谐社会模式的过程就是有效解决"三农"问题的过程

牢固树立全面、协调、可持续的科学发展观，有效解决"三农"问题，是建

立农村和谐社会模式，调整农业与农民经济活动的终极目的的必由之路。因此，建立农村和谐社会模式的过程，就是解决"三农"问题的过程，这是全面推进农村小康社会建设的客观要求，是中国农民建设中国特色的社会主义农村与农业现代化的基本实践，在这里，仅谈以下四个基本问题。

1. 全面加强农业基础地位，是解决"三农"问题、创建农村和谐社会模式、实现农村全面小康社会的宏伟目标的根本问题与关键所在。创建农村和谐社会模式，首先需要巩固与加强农业基础地位不动摇。我们认为，加强农业基础地位，必须按照农业与农民经济活动的两重目的与终极价值尺度，使农村与农业的发展既要增强农村与农业生态经济系统的经济功能，大力加强农业的经济基础地位；又要增强农村与农业生态经济系统的生态功能，大力巩固农业的生态基础地位，二者的有机统一就是全面加强农业基础地位，只有这样，才能加快推进农业现代化建设，实现农村全面建设小康社会的宏伟目标。

2. 在中国工业化、城市化、市场化、信息化和生态化协调发展大格局中，创建农村和谐社会模式，实现农业与农民经济活动的两重终极目的，促进"三农"问题的真正解决。通过工业化和城市化，使城镇非农部门吸纳农村富余劳动力，实现大量农业人口向非农产业永久性转移；通过深化改革，使农民真正成为社会主义市场经济的主体，把农村与农业经济纳入全国统一市场化和社会化的发展轨道；通过信息化带动农村工业化和农业现代化，用信息化支撑农村与农业高新技术产业，促进农村与农业结构调整和优化升级；通过生态化即绿色化，优化农村工业化和农业产业化，大力发展绿色农业，走出一条生态与经济协调发展的新型农业现代化道路。

3. 按照统筹城乡发展的要求，使城乡发展相互促进、相互协调，实现城乡发展的一体化。因此，统筹城乡发展的实质，就是使城乡二元经济结构向城乡一元经济结构转变，形成以城带乡、城乡互动、工农业互促、整体发展的大格局，使城市与农村、经济与社会成为一个有机整体。为此，必须要从根本上变革城乡二元经济结构的体制，建立有利于形成城乡一元经济结构的体制，全面推进农村小康社会建设，促进包括农村在内的整个社会转型。

4. 按照统筹人与自然和谐发展的要求，实现人与自然的和谐统一和生态与经济的协调发展，这是构建农村和谐社会模式，实现农业与农民经济活动两重终极目的的核心问题。目前，我国农村生态环境恶化问题相当严重，人与自然很不和谐，生态与经济很不协调。因此，我们在解决"三农"问题的过程中，必须把加强农村与农业生态环境建设放在优先地位，必须加大治理农村与农业环境污染的力度，将农村与农业发展建立在自然资源和自然环境承载力允许的基础之上。统筹人与自然和谐发展的基本要求，就是在建立农村和谐社会模式过程中，不断增强农村与农业可持续发展能力，努力改善生态环境，大力提高资源利用效率，推进农村与农业经济同人口、资源、环境的协调发展，促进人与自然的和谐发展，推动农村以至于整个社会走上生产发展、生活富裕、生态良好的文明发展道路。

参考文献

1. ［英］伊恩·莫法特著. 可持续发展——原则、分析和政策（中译本）. 经济科学出版社，2002.

2. 刘思华. 刘思华文集. 湖北人民出版社，2003.

3. 秋石. 走中国特色可持续发展之路. 求是，2003（23）.

（与刘思华合作完成，原载《农业经济问题》2004 年第 6 期）

对我国生态农业研究的若干思考

一、深化生态农业研究的必要性和迫切性

首先，从实践上看，一是自 1992 年联合国环境与发展大会以来，从总体上来看，我国农业和农村实现可持续发展战略，仍然是片面追求经济增长，只是强调经济可持续性，使当前中国农业和农村经济发展仍然是重经济、轻生态、重视农村经济发展、忽视农村生态与社会可持续性，这应引起各级政府和有关部门的高度重视。二是 21 世纪既是生态文明时代，又是知识经济与可持续发展经济时代，即"三位一体"的新时代。在我国进入 21 世纪已经开始转向大规模生态建设和大规模经济建设同步进行与协调发展的历史时期，使我国农业与农村现代化建设进入生态经济与可持续发展经济建设的新阶段。这就使我国生态农业发展面临新的形势、任务和要求，只有正确地解决这种新问题，才能把我国生态农业发展提高到新的水平。三是从我国农业发展总体来看，生态农业只是初具规模，覆盖只有 10% 左右，在整个农业产值中所占比重不大，因而它还没有成为我国农业与农村经济发展的主导战略与基本模式。四是目前我国生态农业建设存在亟待解决的重大问题，诸如经营规模较小，劳动投入较高，产业化水平不高，技术体系不完备、技术理念尤其是与西方的精准农业差距较大，等等。五是我国入世后，对农业提出了高度商品化、高度生态化等要求，使我国农业发展和生态农业建设面临着新的挑战和发展机遇，这是摆在我国面前的重大课题。

其次，从理论上说，我们既要看到中国生态农业观点比国外还要高明一些；更要看到我国生态农业理论研究存在一些不足之处，这主要表现在：一是以往无论是经济学家还是自然科学家，对中国农业可持续发展战略研究，主要集中研究解决困扰我国农业的三个最基本问题，即食物安全、农业现代化和农村经济发展，还未真正将重点转向农业生态环境保护和建设及社会可持续发展研究。二是以往大部分学者尤其是经济科学研究者偏重于研究生态农业的本质特征及其发展规律，而尚未注重生态农业运行及生态与经济互动协调。三是过去的大

多数生态农业论著只是注重把农业生态环境治理与保护纳入生态农业理论体系，基本上没有把生态建设和发展知识经济纳入生态农业的理论框架。四是对现有的多样化生态农业模式进行多门类的自然科学与社会科学的交叉与综合研究显得比较薄弱。

最后，从管理上看，发达国家市场经济发达，整个农业经济与环境管理现代化水平较高，在理论与实践上，可持续农业经营管理似乎不成问题。然而，在我国却不同，过去20年间，主要变革传统农业发展模式，建立、总结与完善各种适应于不同地区的生态农业模式，进行生态农业试点县建设；而生态农业的科学管理与综合管理相对滞后，作为生态农业生产经营基本单元的生态户和生态村、生态乡等微观管理水平较低；由于整个农业与农村经济体制处于由计划经济向市场经济转变之中，因而，生态农业宏观管理也是处于从传统的经验性管理向现代的科学管理的转变之中，农业与农村生态环境管理，特别是生态农业的生产经营和生态环境管理有机统一的生态经济管理处于起步阶段。在理论上，整个农业与农村生态经济管理问题研究少之又少，尤其是从生态农业建设的生态经济管理的角度所作的探讨更是少之又少；不要说众多的现代管理学，就是环境管理甚至农业环境管理的著作，也是基本没有具体涉及生态农业的可持续经营管理。

二、21 世纪生态农业研究的新方向和理论创新特色

从上面的分析就完全可以看出深化生态农业研究的重大理论和实践意义。在此，只强调几点：第一，站在可持续农业现实问题和理论问题前沿的高度，在对现有各种生态农业模式的系统综合研究基础上，从大规模生态农业建设与可持续经营管理方面，对21世纪中国生态农业发展面临的时代课题，进行深入地全方位地探讨，不仅丰富生态农业发展理论，而且完善生态农业建设理论，还要提出生态农业可持续管理理论，从而发展中国特色的生态农业的理论体系，这个新的理论体系必将为生态农业建设与可持续经营管理提供强有力的理论支持。第二，生态农业建设与可持续经营管理是推进农业和农村先进生产力的重要因素。因此，大力发展有中国特色的生态农业，加大大规模的生态农业建设的力度，应是21世纪我国农业与农村发展的一项首要任务。所以通过研究，在实践上解决如何使21世纪中国生态农业走出一条中国特色的现代化、市场化与生态化、可持续化相互融合与协调发展的建设道路，使大规模生态农业建设与可持续经营管理真正成为实现21世纪中国农业与农村发展的六大战略性转变，尤其是推进农业和农村经济结构的战略性调整，促进农民收入持续稳定增长的最佳举措，

成为有力遏制农业生态环境恶化并改善农村生态环境质量的有效途径，推动农业与农村现代化建设的进程。第三，我国生态农业成为国际可持续农业的成功模式，已得到联合国粮农组织的认可，其中一些具体模式被推广到许多发展中国家，丰富和发展中国生态农业发展模式和构建大规模生态建设与可持续经营管理模式，更具有时代性、理论性、实践性和极大实用价值及国际意义，必将对世界可持续农业发展进一步发挥重要的指导作用和深远影响。第四，在上述理论与实践背景下，研究提出的大规模生态农业建设与可持续经营管理思想、政策与途径，就为当前和今后一个时期我国更大范围内发展生态农业，使大规模生态农业建设成为西部开发与发展的主导战略和基本模式，提供历史的和现实的科学依据。

深化研究要以 1990 年代兴起的生态经济协调可持续发展理论的新学说为指导思想，从这种全新视野来系统地、综合地探讨我国农业与农村大规模经济建设和大规模生态建设同步运行过程中生态农业建设管理的理论合理性、实践规范化及其可行性的思路、政策与实现途径。这突出表现在：一是构建中国特色的生态农业理论体系是可持续农业的发展理论、建设理论和管理理论"三位一体"的理论模式。二是升华与丰富生态农业建设新理念与实践形式，即生态农业建设既是通过农业生态建设而进行的农业经济建设，又是通过农业经济建设而进行的农业生态建设，在本质上，是两者内在统一的生态经济建设。三是升华与丰富生态农业管理新理念与管理方式，即可持续农业建设的可持续经营管理新理念与新管理方式，从而提供具有生态经济合理性与可操作性的生态农业模式：包括以资源合理高效利用模式为核心的发展模式、以生态建设工程模式为核心的建设模式和以生态经济管理模式为核心的经营管理模式，以及与之相应的以生态经济运行机理为核心的运行机制模式。四是在研究方法上集实证调查与定量规范研究、理论探索与模型框架、计量经营模型与分析方法、跨学科与多学科的综合研究、制度分析与政策研究于一体。

三、全面加强生态农业研究的基本任务和重点问题

（一）全面总结、分析、比较适应我国不同地区的各种生态农业发展模式，尤其是各种生态农业发展的技术模式

既要揭示它们的共性、本质特征及一般发展规律，又要揭示它们的个性，不同特点及特殊发展规律，从而提出在全国各地大力发展生态农业、大规模生态建设的思路、政策与途径。

（二）深入探讨生态农业建设的区域模式

系统研究生态脆弱区、生态资源优势区、农业主产区和沿海、城郊经济发达区等几种不同区域类型的生态农业发展模式的成长机制及建设管理特征与演变规律；寻求它们对大规模生态农业建设的示范和带动作用，并瞄准世界知识经济在农业领域里主要表现的精准农业的发展趋势，构建以生态经济为基础与知识经济为主导的、生态建设和经济建设同步进行与协调发展的生态农业建设管理模式，这是生态农业建设管理的必由之路。

（三）从生态农业"生态—经济—社会"三维复合系统的整体性出发

研究生态农业的经济机理与生态机理内在统一的生态经济协调可持续发展的复合机理，阐明生态农业的生态经济系统中经济与生态环境的互动运转、最佳结合、综合与整合功能，使生态农业建设走向生态经济建设的新阶段。

（四）着重研究当前生态农业建设管理的几个迫切需要解决的重要问题

一是探讨正确处理生态农业快速发展的必要性、环境资源的短缺性、生态安全的危机性和农业与农村经济发展的可持续性之间关系的政策与途径。二是确立生态户、生态村及生态农场是农村生态经济市场运行的主体地位，成为生态经济市场运行机理的微观主体。三是寻求生态农业建设实现经济增长、环境改善和社会进步有机统一的经营形式与管理方式。四是研究政府作为生态经济市场运行的服务主体，如何充分发挥宏观指导和微观服务的作用，实现国家宏观调控机理的运行方式和微观运行机理的运作方式的全面协调。

（五）设计生态农业建设的生态经济复合机制与协调管理机制的基本框架

其要点有：构建生态经济联动运转的动力机理、连接机制、平衡机理，其中包括生态经济制度协调机制与保障机制，尤其是具有较高创新能力、激励机制和可持续发展综合管理水平的协调管理机制；构建生态经济总体资源优化配置调节功能和配置手段的生态经济市场机制、微观运行机制和国家宏观调控机制；构建生态农业建设管理的合理评价机制与效益实现机制；与这些相适应的实现生态农业发展的经济有效性和生态安全性相统一的可持续经营管理体制。

今后研究要着重解决的关键问题主要有：（1）按照可持续发展经济学的观点，经济发展确实存在着可持续性和不可持续性两种基本状态，经济发展并不等于可持续发展。我们不仅要解决生态农业建设中的市场原则、技术原则和生态原则三者紧密结合与成功协调，而且要努力解决好生态农业发展的经济可持续性、社会可持续性和生态可持续性三者紧密结合与有机统一，实现生态农业建设的经济发展和可持续性的有机统一。（2）目前生态农业发展存在着制度创新艰难、技术创新滞后、生态创新不足及三种创新严重脱节的状况，应建立新的制度创新、技术创新、生态创新有机统一的可持续农业发展创新体系。（3）建立可持续农业经济与生态环境协调互动的生态经济运行机制及可行的、有效的运作方式和对策思路。（4）在管理创新上要构建与农业生态经济生产力相适应的、与农村现代市场经济体制相协调的、与经济全球化趋势相统一的、与 WTO 规则相适合的可持续农业经营管理模式，即有中国特色的生态农业可持续经营管理体系。（5）正确确定影响生态农业发展水平提高和妨碍大规模生态农业建设的基本因素，并从生态农业"生态—经济—社会"三维复合系统中生态潜力、经济竞争力和社会支撑力三个方面设计测量、评价生态农业建设管理的指标体系与评价模型，解决这些关键问题，是完全符合 21 世纪中国生态农业建设管理思想和管理方式发展方向的。

参考文献

［1］刘思华．世界农业改革与发展比较研究．湖北人民出版社，1999.

［2］刘思华．刘思华选集．广西人民出版社，2000.

［3］2001 年国际农业可持续发展研讨会论文集．中国农业出版社，2001.

［4］温军．中国农业可持续发展战略的研究述评．农业经济导刊，2002（4）.

［5］曾尊固，罗守贵．可持续农业与农村发展研究述评．农业经济导刊，2002（4）.

［6］2001 年生态农业与可持续发展研讨会论文集，中国农业出版社，2001.

（原载《农业经济问题（月刊）》2003 年第 11 期）

中国区域生态福利绩效
水平及其空间效应研究

　　2018 年政府工作报告最先提出了高质量发展的表述，中国经济发展已由高增长阶段向高质量阶段迈进。传统基于高能耗、高污染、高排放的褐色经济发展模式逐渐转向集约化、效率化、绿色化的深绿色发展模式转变。自 1987 年布伦特兰委员会在《我们共同的未来》提出可持续发展的定义，再到 2012 年"里约 + 20"联合国可持续发展大会倡导的绿色经济和可持续发展问题以及在 2015 年 9 月联合国通过的 2016 ~ 2030 全球可持续发展目标（SDGs），可持续发展一直是人类生存与发展的中心议题。坚持在发展中保障和改善民生，增进民生福祉作为根本目的在十九大报告中被明确提出，此外，促进人与自然的和谐以及加快生态文明建设对发展提出了深层次的要求。在过去以纯粹追求经济增长为目标而忽视自然资源环境约束的发展模式受到诸多批判。"福利门槛"认为经济增长与社会福利之间并非一直趋于正向关系，当经济增长达到一定阶段，经济增长并不能提高人们的生活质量，反而表现出抑制作用[1~2]。"幸福悖论"从另外一个角度对"财富增加将导致福利或幸福增加"的命题提出质疑[3]。Daly[4]指出可持续发展是经济增长规模没有超越生态环境承载能力的发展，强调可持续发展需要对当前以增长为中心原则的数量性发展观进行清理，建立以福利为中心原则的质量性发展观，发展的最终目的是提高社会的福利，GDP 表现出来的作用只是手段而非最终目的[5]，仅用 GDP 衡量发展存在诸多弊端。生态福利绩效衡量的是单位自然资源投入或生态投入所产生的社会福利价值，该理念建立在经济系统是生态系统的子系统的分析观点之下，实质上是可持续发展更广义的延伸，能突破传统 GDP 衡量人类生活质量的局限。相比于生态效率以最小资源投入获得最大的产出，提高资源利用效率的发展模式，生态效率观依旧未能脱离经济发展模式本身的变革需求，停留在浅绿色发展的思想浪潮之中。在当前大力提倡绿色发展，增进民生福祉，促进人与自然和谐的大背景之下，提高生态福利绩效的新发展模式是中国实现从浅绿色发展向深绿色发展[6]、"多纳圈"[7]的内层向中间层迈进以及"C 模式"[8]跨越的重要途径。以生态福利观取代传统经济增长观符合可持续发展的理念，对于实现中国可持续发展具有重要的理论意义和现实意义。

一、文献综述

新古典经济学在经济增长认识上更加关注资源的配置以及效率，忽视增长的最大规模问题，将生态环境与经济发展两者之间割裂开来，这与生态经济学的经济系统是生态系统的子系统的观念存在极大的差异。Daly[4]指出经济系统是有限自然生态系统（环境）的一个子系统，而不是抽象的交换价值的孤立循环，不受物质平衡、熵和边界的限制。经济增长存在最大规模的限制，人类已经从人造资本相对稀缺的"空的世界"向自然资本成为限制性因素的"满的世界"转变。在此基础上，提出衡量各国可持续发展水平时可以通过测算单位自然资源消耗（生态投入）所产生的社会福利水平来做出评价，这就是生态福利绩效思想的起源，跟新古典经济学的经济增长观截然不同。但是，Daly 只是用服务量与吞吐量的比值来衡量这种大小，其中服务量是人类从生态系统获得的效用或福利水平，吞吐量是经济系统运行所消耗的低熵自然资源以及向环境排放的高熵废弃物，在实践中并没有给出具体的量化指标[9]。国内学者诸大建[10]吸取了 Daly 的思想并首次提出生态福利绩效的概念，将其定义为生态资源消耗转化为社会福利水平的效率。

国内外学者对于生态福利绩效的研究主要集中在几个方面：一是生态福利绩效的测度问题；二是指标选取问题；三是从国家层面或区域层面对生态福利绩效水平的对比分析以及影响因素的探讨。生态福利绩效的测度主要存在两种。一种是基于社会福利与生态足迹或资源消耗的比值方法，如国内臧漫丹等[11]、冯吉芬等[12]、徐昱东等[13]、诸大建等[5]，国外部分学者如 Yew[14]、Jorgenson 等[15]、Kubiszewski 等[16]。Abdallah 等[17]、Common[18]提出与生态福利绩效相类似的概念——快乐地球指数，分母是生态足迹，分子是快乐寿命指数，用人均预期寿命与快乐指数乘积表示，结合了主观与客观的福利指标。第二种方法与比例算法测度不同，一般基于随机前沿模型和数据包络分析方法，如 Dietz 等[19]、Dimaria[20]。龙亮军等[9]在考虑松弛变量和非径向角度的基础上运用 Super – SBM 模型测算了上海市 2006～2014 年生态福利绩效水平，并对 2014 年中国 35 个大中城市生态福利绩效水平进行了横向比较。韩瑾[21]采用超效率 SBM 模型对宁波市 2006～2015 年生态福利绩效进行了测度。在指标选取上，最为关键的问题是福利指标的衡量。其中，一种是基于 GDP 为客观福利并在此基础上引申出来的 ISEW、GPI 等指标；另一种是以幸福感和生活满意度等主观福利指标，如 Bjornskov[22]。此外，结合客观和主观福利指标的 HDI（人类发展指数）是应用最为广泛的指标，该指标包含教育、健康和收入三个重要维度，由于其现实操作性强，涵盖范围较广而常被作为社会福利的替代指标。

在对国家层面或区域层面生态福利绩效研究上，冯吉芬等[12]对30个省市生态福利绩效进行了测度与评价，并通过对数平均迪氏分解法得出技术效应对生态福利绩效具有促进作用，服务效应则为抑制作用。徐昱东等[13]同样对30个省份生态福利绩效进行研究，并运用探索性空间数据方法对时空分异格做出了分析。但仅是对生态福利绩效空间时空变化的简单刻画，对于影响变化的空间机理并未探讨。郭炳南等[23]对长江经济带110个城市2015年城市生态福利绩效进行了评价，发现东部城市生态福利绩效水平比较均衡而中西部存在较大差异。在国家层面，藏漫丹等[11]分析了20国集团生态福利绩效水平及其差异，诸大建等[5]基于2007年124个国家和地区横截面数据，通过分析生态福利绩效与经济增长的关系对"福利门槛"重新进行了验证。在对生态福利绩效影响因素的分析上，国内研究一般基于迪氏分解和DEA - Malmquist指数分解，少数研究者如刘国平等[24]从产业结构、能源结构、城市化和外资投资水平等具体细分指标对生态福利绩效的影响进行分析，龙亮军等[25]使用Tobit回归模型从经济贡献率、产业结构、城市化率以及技术进步等因素做出了探讨。肖黎明等[26]从省域尺度实证分析发现，绿色技术创新效率对生态福利绩效具有促进作用，人口效应则表现出负向影响。国外文献主要集中在气候、社会资本、人力资本、贸易开放水平等因素方面。

综上所述，国内外关于生态福利绩效的概念逐渐明晰，在测度方法上也日臻完善。但存在以下不足：一是研究层面上更多的还是在国家层面或区域层面简单的横向对比或纵向上描述动态的变化，对于导致这种差异及变化趋势原因的深入探讨匮乏。二是基于生态福利绩效对可持续发展进行研究的文献相对于生态效率还是存在相当的数量差距，追求经济增长的浅绿色发展观依旧占据主导，而国内对生态福利绩效的研究基本集中于诸大建团队，关于生态福利绩效的理论探索值得进一步挖掘并建立相应的理论体系，为可持续发展提供新的参考。三是在对生态福利绩效影响因素探讨上，忽略了区域之间的空间关联性。生态福利绩效是否存在区域之间的外溢性，是否存在区域的集聚而对周边区域产生影响，考虑空间效应后现有研究中的影响因素是否存在变化。本文希望引入空间效应深入分析中国区域层面生态福利绩效差异原因，同时以生态福利绩效观取代生态效率观，经济增长观导向生态福利观，提出促进中国可持续发展的对策建议。

二、研究方法与指标选取

(一) 超效率 DEA 模型

绩效或效率研究主要有随机前沿分析和数据包络分析方法（DEA）。DEA 方法由于无需事先对生产函数进行假定，避免使用参数估计带来的误差等优越性而成为主要的测度方法。Charnes 等[27]最早提出 DEA 方法，解决了距离函数的度量问题并广泛应用于生产率的研究之中，但其基于径向或角度的测度方法存在严重的缺陷。径向要求投入或产出同比例缩小或扩大，而基于角度只能考虑投入或产出的一个方面，不能同时兼顾两者，对于投入冗余或产出的不足无法得到合理的解决，导致效率测算的偏倚。Tone[28]充分考虑这些不足之处，提出了基于非径向非角度并引入松弛变量的 SBM 模型，相比于传统 DEA 模型已经有了相当大的改观，但对于效率值为 1 的决策单元无法进行排序，因此，Tone[29]进一步提出了超效率 SBM 模型（Super – SBM）。本文将参照此模型，同时将环境污染作为非期望产出引入模型之中。

假设存在 n 个决策单元，每个决策单元包含 m 种投入、s_1 种期望产出和 s_2 种非期望产出，用矩阵形式表示有 $X = [x_1, x_2, \cdots, x_n] \in R^{m \times n} > 0$，$Y^d = (y_1^d, y_2^d, \cdots, y_n^d) \in R^{S1 \times n} > 0$，$Y^v = (y_1^v, y_2^v, \cdots, y_n^v) \in R^{S2 \times n} > 0$，$X, Y^d, Y^v$ 分别为投入矩阵、期望产出矩阵和非期望产出矩阵。在规模报酬可变条件下考虑含有非期望产出的 Super – SBM 模型可以构建成如下形式：

$$\min\delta = \frac{\dfrac{1}{m} \sum_{i=1}^{m} \bar{x}/x_{ik}}{\dfrac{1}{s_1 + s_2}\left(\sum_{u=1}^{s_1} \overline{y^d}/y_{uk}^d + \sum_{\varphi=1}^{s_2} \overline{y^v}/y_{\varphi k}^v \right)} \qquad (1)$$

$$s.t. \sum_{j=1, j \neq k}^{n} x_{ij}\lambda_j \leqslant x; \sum_{j=1, j \neq k}^{n} y_{uj}^d \lambda_j \geqslant \overline{y^d}; \sum_{j=1, j \neq k}^{n} y_{\varphi j}^v \lambda_j \leqslant \overline{y^v}$$

$$\sum_{j=1, j \neq k}^{n} x_{ij}\lambda_j + h_{\bar{i}} = x_{ik}; \sum_{j=1, j \neq k}^{n} y_{uj}^d \lambda_j - h_u^d = y_{uk}; \sum_{j=1, j \neq k}^{n} y_{\varphi j}^v + h_\varphi^v = y_{\varphi k}^v$$

$$\bar{x} \geqslant x_k; \overline{y^d} \leqslant y_k^d; \overline{y^v} \geqslant y_k^v$$

$$\sum_{j=1, j \neq k}^{n} \lambda_j = 1, \lambda_j \geqslant 0, \overline{h_i} \geqslant 0, h_M^d \geqslant 0, h_\varphi^v \geqslant 0$$

$$i = 1, 2, \cdots, m, j = 1, 2, \cdots, n, u = 1, 2, \cdots, s_1, \varphi = 1, 2, \cdots, s_2 \qquad (2)$$

其中，δ 为效率值，λ_j 为权重向量，$h_{\bar{i}}$、h_u^d、y_φ^v 分别表示投入、期望产出和非期望产出的松弛变量。（$\bar{x}$, $\overline{y^d}$, $\overline{y^v}$）是剔除第 k 个决策单元的决策变量参考点。当 $\delta \geqslant 1$ 时，决策单元相对有效，当 $\delta < 1$ 时表示相对无效，δ 值越大，生态福利绩效更高。

（二）指标选择与数据来源

DEA 在进行效率测度时需要明确投入与产出变量，根据科学性、系统性与可操作性的原则，参考龙亮军、诸大建等[9~10]指标选取的方法，投入指标以资源消耗指标表示，分别以各省份人均用水量、人均建成区面积和人均消耗标准煤度量。产出指标包括期望产出和非期望产出，期望产出的选取主要根据联合国开发计划署通用的人类发展指数（HDI）指标选取方法，以各省份平均预期寿命、平均受教育年限和人均 GDP 水平来测度。非期望产出主要是环境污染中的废水、废气和固体废弃物，以具有代表性的人均废水排放量、人均 SO_2 排放量以及人均工业固体废弃物产生量表示。

根据数据的可比性和可得性原则，本研究不含香港、台湾、澳门以及西藏自治区，以其他 30 个省、直辖市和自治区作为研究区域，以 2005～2016 年作为时间跨度。资源消耗指标、环境污染指标数据以及人均 GDP 水平主要来自《中国统计年鉴》《中国能源统计年鉴》《中国环境统计年鉴》，人均 GDP 折算成 2005 年不变价水平。产出指标中的平均预期寿命指标、平均受教育年限没有直接的指标数据，处理过程如下：各省份平均预期寿命只有 1990 年、2000 年和 2010 年数据，根据徐昱东等[13]处理方法补齐了各省份历年平均预期寿命。平均受教育年限根据《2013 年中国人类发展报告》处理的方法，具体计算公式为：

$$平均受教育年限 = \frac{6 \times P_{小学} + 9 \times P_{初中} + 12 \times P_{高中} + 16 \times P_{大专以上}}{P_{小学} + P_{初中} + P_{高中} + P_{大专以上}} \tag{3}$$

其中，P 代表各学历教育人口数，数据来自《中国教育统计年鉴》。

（三）空间计量方法

Tobler[30]认为所有事物都与其他事物存在关联关系，较近的事物比较远的事物关联性更强，即所谓的"地理学第一定律"。在研究各省份生态福利绩效时，忽视省域之间空间关联性，仅考虑本地区资源禀赋、经济结构和发展水平对本地区生态福利绩效影响，而未考虑邻近省份生态福利或经济因素对本地产生的外溢效应，以传统的面板数据方法研究会带来一定的偏差。综合考虑空间关联性因素，引入空间计量方法重新审视各省份生态福利绩效水平及其影响因素，深层次探讨其中机理。空间计量方法主要涉及空间相关性检验和空间计量模型的选择。

1. 全局莫兰指数和局部莫兰指数。空间相关性的探讨主要为了考察空间是否存在依赖性，如果不存在空间关联，传统的回归方法即可。全局莫兰指数考察的是整个空间序列整体的空间集聚情况，局部莫兰指数则反映的是相对于某一个区域周边的集聚情况。引入空间序列 $\{x_i\}_{i=1}^n$，本文研究 30 个省份区域，即 n = 30，x_i 是各省份的观测值，全局莫兰指数和局部莫兰指数分别表示为：

$$I = \frac{\sum_{i=1}^{n} \sum_{j=1}^{n} w_{ij}(x_i - \bar{x})(x_j - \bar{x})}{S^2 \sum_{i=1}^{n} \sum_{j=1}^{n} w_{ij}} \tag{4}$$

$$I_i = \frac{(x_i - \bar{x})}{S^2} \sum_{j=1}^{n} w_{ij}(x_j - \bar{x}) \tag{5}$$

$S^2 = \sum\limits_{i=1}^{n} (x_i - \bar{x})^2 / n$ 表示样本方差，w_{ij} 是空间权重矩阵的（i，j）元素。莫兰指数的取值范围在 [-1，1] 之间，大于 0 表示正自相关，即省份之间高值与高值集聚、低值与低值集聚；小于 0 表示高值与低值集聚，存在负自相关。通过绘制地区局部莫兰散点图可以直观反映出各省份生态福利绩效的空间集聚情况。

2. 空间面板和空间溢出模型。空间面板模型根据空间依赖性的不同可以分为空间滞后模型、空间误差模型以及空间杜宾模型，进一步考虑不同省份存在的个体效应和时间效应，将模型一般化为如下形式：

$$y = \lambda Wy + X\beta + WX\theta + \mu_i + \delta_t + \varepsilon_{it}$$
$$\varepsilon_{it} = \rho W\varepsilon_{it} + \varphi_{it}, \quad \varphi_{it} \sim N(0, \sigma_{it}^2 I_n) \tag{6}$$

其中，W 为空间权重矩阵，μ_i、δ_t 分别为个体和时间效应，ε_{it} 为随机干扰项。若 $\theta = 0$，$\rho = 0$ 且 $\lambda \neq 0$，则为一般的空间滞后模型（SAR）；若 $\theta = 0$，$\lambda = 0$ 且 $\rho \neq 0$，模型为空间误差模型（SEM），表示随机干扰项存在空间依赖性，即不包含在 X 中但对 y 有影响的遗漏变量存在空间相关性，或者不可观测的随机冲击存在空间相关；当 $\lambda \neq 0$ 且 $\theta \neq 0$ 时，模型简化为一般的空间杜宾模型（SDM）。模型的选择需要根据具体的检验来确定。

空间回归模型研究代表国家、地区、县域等观察值之间复杂的依赖关系，与一般的回归模型存在不同，解释变量不仅对本地区产生影响（直接效应），潜在的也会对所有周边地区产生作用（间接效应）。在对省份生态福利绩效影响因素探讨时，需要对各种影响的直接效应和间接效应进行区别划分，从而更深入分析生态福利绩效的空间效应。空间溢出效应主要通过偏导数来解释，考虑一般的空间杜宾模型 $y = \lambda Wy + X\beta + WX\theta + \tau_n \alpha + \varepsilon$，$\tau_n$ 为 $n \times 1$ 阶常数项向量，α 为与之相关联的参数，变形如下：

$$(I_n - \lambda W)y = X\beta + WX\theta + \tau_n \alpha + \varepsilon$$
$$y = \sum\limits_{r=1}^{n} S_r(W)x_r + V(W)\tau_n \alpha + V(W)\varepsilon$$
$$S_r(W) = V(W)(I_n\beta_r + W\theta_r)$$
$$V(W) = (I_n - \lambda W)^{-1} = I_n + \lambda W + \lambda^2 W^2 + \lambda^3 W^3 + \cdots \tag{7}$$

在（7）的基础上进行扩展有：

$$\begin{bmatrix} y_1 \\ y_2 \\ \vdots \\ y_n \end{bmatrix} = \sum\limits_{r=1}^{k} \begin{bmatrix} S_r(W)_{11} & S_r(W)_{12} & \cdots & S_r(W)_{1n} \\ S_r(W)_{21} & S_r(W)_{22} & \cdots & S_r(W)_{2n} \\ \vdots & \vdots & \ddots & \vdots \\ S_r(W)_{n1} & S_r(W)_{n2} & \cdots & S_r(W)_{nn} \end{bmatrix} \begin{bmatrix} x_{1r} \\ x_{2r} \\ \vdots \\ x_{nr} \end{bmatrix} + V(W)\tau_n \alpha + V(W)\varepsilon$$

$$\tag{8}$$

$S_r(W)_{ij}$ 为 $S_r(W)$ 的 (i, j) 元素，$\dfrac{\partial y_i}{\partial x_{jr}} = S_r(W)_{ij}$ 表示区域 j 的第 r 个变量对任意区域被解释变量都存在影响。当 j = i 时，$\dfrac{\partial y_i}{\partial x_{ir}} = S_r(W)_{ii}$ 为区域 i 的第 r 个变量对本地区被解释变量的直接效应；当 j ≠ i 时，$\dfrac{\partial y_i}{\partial x_{ir}} = S_r(W)_{ij}$ 表示区域 i 第 r 个解释变量对其他区域被解释变量的影响，即间接效应，也即空间外溢效应。直接效应和间接效应的加总则为总效应。

三、实证结果与分析

（一）生态福利绩效的测度与评价

本文运用超效率 DEA 模型对 2005～2016 年 30 省份的生态福利绩效进行了测度，采用 MAXDEA PRO 6.18 得出具体的测度结果及其动态变化（由于篇幅限制，测度结果并未给出）。从测算结果可以看出：在省域层面上，北京、天津、海南生态福利绩效处于前列，平均达到 1.041、1.003 和 1.012，辽宁、青海和宁夏则为 0.501、0.426 和 0.302，居于下游水平。沿海的上海、浙江、福建以及中部的河南、江西、湖南处于中上水平。处于高水平的省份主要原因在于这些区域经济发展迅速，先进技术的积极引进以及教育、医疗体制的更加完善。低生态福利绩效省份可以归结为产业结构落后、粗放型经济增长方式对自然资源的极大损耗并由此引发的环境污染问题，而教育、医疗的缺乏也是其中的诱因。从区域差异上看，生态福利绩效呈现"东部最高，中部次之，西部最低"的格局（见图 1）。东部地区充分依靠沿海的天然地理优势，吸取外商投资并接触最前沿技术，引发经济、教育、健康医疗的累积效应。此外，东部地区在产业升级过程中，高能耗、高污染产业逐渐向中西部转移，对中西部省份造成生态环境的压力，而中西部在缩小经济差距的追赶中容易形成低资源利用效率、高污染的经济发展怪圈。从时间变动上来看，生态福利绩效水平经过"下降—上升—下降—上升"的发展阶段。在初期阶段，高水平生态福利绩效与低生态投入、低环境污染相关；随着资源的不断投入，生态福利绩效水平先上升之后逐渐下降，短期粗放型经济增长方式带来生活水平显著提高。而在中长期阶段，纯粹追逐经济增长忽视人类可持续发展的弊端凸显，如人类面临的环境健康、生活满意度问题。随着对可持续发展的不断摸索，2014 年之后，各区域生态福利绩效水平有上升趋势，经济增长观向高质量发展观逐渐转变。

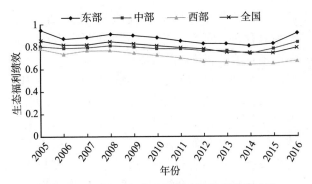

图1　2005～2016年中国区域生态福利绩效变化

（二）空间相关性分析

空间相关性分析是区别传统模型与空间计量模型的重要依据，传统模型忽略空间因素会给结果带来一定的偏差。空间相关性首先要确定空间权重问题，本文引入 Rook 一阶邻接权重。海南省由于不和任何省份相邻，参照大多数文献的做法，假定海南省与广东省相邻。根据莫兰指数计算公式获得2005～2016年各省份全局 Moran's I 值，结果如表1。从表1中可以看出，历年 Moran's I 值在10%显著性水平下均通过了检验，且平均值在0.2以上，表明各省份生态福利绩效存在较强的空间正相关性。生态福利绩效在空间上并不是随机的，存在一定的集聚效应，即高生态福利绩效地区与周围高生态福利绩效地区集聚在一起，低生态福利绩效省份被低生态福利绩效省份环绕。各省份生态福利绩效水平不仅受自身经济发展水平影响，同时受周围省份生态福利绩效、经济水平、产业结构布局的影响。

表1　　　　　　　　2005～2016年中国省域生态福利绩效 Moran's I 值

年份	Moran's I 值	p 值	年份	Moran's I 值	p 值
2005	0.4064	0.0010	2011	0.2149	0.0790
2006	0.2791	0.0280	2012	0.2059	0.0920
2007	0.2259	0.0720	2013	0.2576	0.0280
2008	0.2114	0.0840	2014	0.4560	0.0010
2009	0.2109	0.0830	2015	0.2705	0.0230
2010	0.2158	0.0760	2016	0.2533	0.0320

莫兰散点图反映地区观测值与其空间滞后的相关关系，可以划分为四个象限，第一象限为高值——高值集聚（HH），第二象限为低值——高值集聚（LH），三

四象限分别为低值——低值集聚（LL）和高值——低值集聚（HL）。一三象限表明省份生态福利绩效存在空间正自相关，二四象限则为空间负自相关，图2给出了2005年和2016年省域局部莫兰散点图。

从图2可以看出，2005年各省份生态福利绩效主要呈现HH型集聚和LL型集聚，其中，北京、天津、上海、江苏、浙江、福建、江西、山东、湖南、广东、广西、海南、贵州、云南、宁夏等15个省市落入HH型区域，主要为东部省份。辽宁、吉林、内蒙古、青海、甘肃、新疆等省份落入LL型区域，主要集中在中西部省份。2016年HH型省份数量10个，而LL型省份数量增加了3个（宁夏、云南、广西）。区域生态福利绩效呈现空间集聚态势，东部地区由于较高经济发展水平及其沿海地理优势表现出高值集聚现象，而中西部地区经济发展水平相对落后、资源利用效率低下表现出低值集聚趋势。对比2005年和2016年空间集聚情况可以发现，高集聚省份在逐渐减少，低值集聚省份数量在增加，而低高值集聚和高低值集聚省份呈现扩大趋势，东部省份高值集聚现象及西部地区低值集聚情况比较稳定，具有较强的路径依赖性。

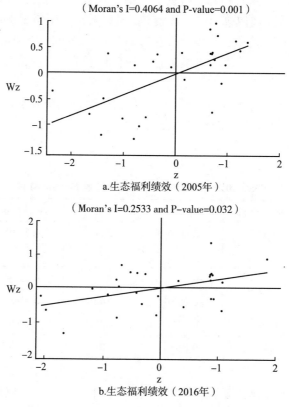

图2　2005年、2016年中国省域局部莫兰散点图

（三）空间面板回归分析和溢出效应分解

1. 空间面板回归分析。为了考察生态福利绩效的影响因素及其空间关联性，将影响的变量设定如下：①能源结构（estr）。中国作为发展中国家，资源分布极其不平衡，依托于传统一次能源消费带来的资源利用效率低下、环境问题突出，可能造成生态福利绩效水平的低下。能源结构以各省份历年煤炭消费量与能源消费总量的比值来表示。②城镇化水平（urba）。城镇化一方面促进人口快速流动、基础设施完善以及土地资源集约化利用，进而推进地区经济发展水平，但另一方面城镇化导致地区人口拥挤、环境污染、产业结构失衡问题突出，对生态福利绩效具有抑制作用，具体影响的正负性需要衡量两者的大小。城镇化水平用各省份城镇人口数量与该地区总人口数量比值代替。③产业结构（inst）。工业化进程对经济发展确实带来极大的提升，但建立在化工、能源、钢铁等重工业带来的污染问题相当严重，一定程度上会阻碍地区经济发展水平的提升，而且污染问题对居民健康会带来不利的影响。产业结构以第二产业增加值与地区总产值的比值表示。④技术进步水平（tec）。技术进步水平是把双刃剑，通过增加 R&D 投入和政府科技支出能够提升企业自主创新能力、变革陈旧管理经验从而提高企业生产效率。然而，环境污染治理水平低下、生产能力较弱的企业则对技术投入不敏感，技术投入成本会对企业生产形成"挤出效应"。技术进步水平以 R&D 支出与地区总产值的比值衡量。⑤环境规制（er）。增强环境规制水平可以有效抑制污染密集型产业发展，提高企业创新水平和绿色全要素生产率，但高强度环境规制水平对企业生产规模、污染硬性约束提出新的要求，对企业产出造成负面影响。环境规制用地区环境污染治理投资总额占 GDP 比重来表示。⑥外商直接投资（fdi）。"污染天堂"假说一方面提出外商投资的扩大对东道主国家环境造成破坏，另一方面外商投资流入引入新的技术和管理理念，形成技术溢出效应，促进东道主国家经济发展。外商投资水平用实际利用外资表示，以当年平均汇率转换成人民币并折算成 2005 年不变价水平。⑦经济发展水平（pgdp）。经济发展水平的提升不仅能够保证居民基本的物质生活保障，同时对医疗、教育具有促进作用。以人均 GDP 表示经济发展水平。⑧人均 GDP 的平方（pgs）。为了验证"福利门槛"效应，引入平方项，经济发展水平的提高确实能改善居民生活水平，但以追求 GDP 最大化为导向的发展观念对自然生态环境造成极大破坏，由此引发的环境健康问题突出，降低居民的整体福利水平。表 2 给出了各变量的描述性统计。

空间面板模型的选择主要根据原假设 $H_0: \theta = 0$ 和 $H_0: \theta + \lambda\beta = 0$ 展开，若同时拒绝两个原假设则选择空间杜宾模型，否则应在空间滞后模型和空间误差模型中选择。具体的选择可以通过 Wald 检验和 LR 检验来区分。在进行空间面板回归前，通过对比非空间面板模型，可以做出对空间面板模型的进一步判断。表 3

给出了普通面板的回归结果。从回归结果中可以看出，空间滞后的两个 LM 检验均拒绝了无空间滞后的原假设，空间误差检验的两个 LM 检验有一个拒绝了无空间误差的原假设，通过以上检验进一步证实不能忽略空间因素的影响。

表2　　　　　　　　　　　　　主要变量描述性统计

变量	说明	观测值	均值	标准差	最小值	最大值
estr	能源结构/%	360	68.478	26.906	8.700	92.821
urba	城镇化水平/%	360	52.384	14.033	26.870	89.600
inst	产业结构/%	360	47.096	7.999	19.262	61.500
tec	技术进步水平/%	360	1.375	1.093	0.180	7.410
er	环境规制/%	360	1.358	0.668	0.300	4.240
fdi	外商直接投资/亿元（取对数）	360	5.222	1.583	0.004	7.720
pgdp	人均 GDP/万元/人	360	1.811	0.952	0.538	4.893
pgs	人均 GDP 平方	360	4.186	4.966	0.289	23.941

表3　　　　　　　　　　　　　普通面板回归结果

变量	估计值	t 值	p 值
intercept	1.3333 ***	16.8289	0.0000
enst	0.0009 **	2.2570	0.0246
urba	− 0.0123 ***	− 7.1837	0.0000
inst	− 0.0056 ***	− 3.9394	0.0000
tec	0.0147	1.0433	0.2975
er	− 0.0655 ***	− 4.2465	0.0000
fdi	− 0.0767 ***	9.6794	0.0000
pgdp	− 0.1343 **	− 2.0417	0.0419
pgs	0.0523 ***	4.7750	0.0000
Adjusted R^2	0.4404		
Log-liklihood	153.1247		
LM test no spatial lag, probility		14.9231 ***	0.0000
Robust LM test no spatial lag, probility		37.4422 ***	0.0000
LM test no spatial error, probility		0.9898	0.3200
Robust LM test no spatial error, probility		23.5088 ***	0.0000

注：**、*** 分别表示在5%、1%水平上显著。

空间效应的存在使得变量关系变得复杂，普通面板回归结果会存在一定的偏差。在考虑个体效应和时间效应后，需要选择使用固定效应还是随机效应模型。Hausman 检验的结果（见表4）拒绝存在随机效应的原假设，故考虑双固定的空

表4　　　　　　　　　　　　　　　　空间面板回归结果

变量	空间杜宾模型（SDM）		空间滞后模型（SAR）		空间误差模型（SEM）	
	系数	p 值	系数	p 值	系数	p 值
enst	− 0.0009 *	0.0891	− 0.0014 **	0.0182	− 0.0014 **	0.0199
urba	− 0.0070 **	0.0142	− 0.0103 ***	0.0003	− 0.0099 ***	0.0005
inst	− 0.0073 ***	0.0000	− 0.0056 ***	0.0005	− 0.0054 ***	0.0006
tec	0.0025	0.8918	− 0.0072	0.7016	− 0.0047	0.8054
er	− 0.0045	0.6368	− 0.0031	0.7438	− 0.0035	0.7128
fdi	0.0337 ***	0.0007	0.0120	0.2092	0.0111	0.2387
pgdp	0.4509 **	0.0011	0.2066	0.1189	0.2241 *	0.0928
pgs	− 0.0461 **	0.0433	− 0.0029	0.8908	− 0.0054	0.7948
W × enst	0.0192 ***	0.0014				
W × urba	− 0.0521 ***	0.0036				
W × inst	− 0.0371 ***	0.0068				
W × tec	− 0.0683	0.4183				
W × er	− 0.1092	0.1717				
W × fdi	0.4283 ***	0.0000				
W × pgdp	− 1.0299	0.2324				
W × pgs	0.1259	0.3725				
λ∕ρ	− 0.1949 ***	0.0027	0.3621 ***	0.0017	0.3200 ***	0.0089
R − squared	0.9048		0.8877		0.8850	
Log-likelihood	467.4639		436.5999		435.8170	
检验方法	估计值	p 值				
Wald_spatial_lag	72.2503 ***	0.0000				
LR_spatial_lag	61.7281 ***	0.0000				
Wald_spatial_error	72.2213 ***	0.0000				
LR_spatial_lag	63.2938 ***	0.0000				
Hausman_test	16.3300 **	0.0379				

注：*、**、*** 分别表示在10%、5%及1%水平上显著。

间面板模型。表4给出了三种空间面板模型的结果，从拟合程度可以看出空间杜宾模型高于空间滞后模型和空间误差模型，此外，Wald检验和LR检验均拒绝了$H_0: \theta = 0$和$H_0: \theta + \lambda\beta = 0$原假设，空间杜宾模型不能简化为空间滞后模型和空间误差模型。由空间杜宾模型回归结果可以看出：

（1）从整体上看能源结构、城镇化、产业结构、人均GDP的平方项对生态福利绩效水平具有负向影响，且均通过了显著性检验。外商直接投资水平和地区经济发展水平分别在1%和5%水平下显著，对生态福利绩效具有促进作用。技术进步水平和环境规制程度对生态福利绩效的影响不显著。

（2）从具体指标分析，能源结构每提升1个百分点，地区生态福利绩效下降0.0009个百分点，基于煤炭为主要能源消费结构的发展模式对生态环境造成极大压力，加大了地区环境污染程度。城镇化表现出负向作用主要归因于城镇化进程中人口快速由农村转移到城市造成城市拥挤现象，过快经济发展带来的环境污染问题以及城镇与农村产业结构失衡矛盾，这种负向作用超过城镇化带来的正向作用。产业结构对生态福利绩效具有抑制作用，工业产值占比每提高1个百分点，生态福利绩效下降0.0073个百分点，以重工业为核心的工业发展模式是粗放型发展方式，"高能耗、高污染、高排放"现象突出，不利于生态福利绩效的提升。外商直接投资水平对生态福利绩效具有促进作用，"污染天堂"假说不一定成立；相反，外商直接投资引进新的管理经验和先进技术，增强资源利用效率，促进地方经济发展。技术进步水平和环境规制不显著，技术进步对于治污水平低下和生产能力不足的企业"挤出效应"明显，对于减少非期望产出效果不明显。此外，"技术回弹"效应在经济生产活动较为普遍，随着技术的提高，企业生产规模扩大，生产产品数量急剧扩张，尽管生产单一产品排放污染物减少，但绝对总量污染排放量不减反增，不利于提升生态福利绩效水平。环境规制一般基于"波特效应"研究较多，环境规制水平的提高能够促使企业创新，变革陈旧管理思想，提升企业产出并减少环境污染。然而，中国当前污染密集型产业发展问题依然较为突出，环境监管存在不足，提高环境规制水平对于这些企业并不能形成立竿见影的效果，硬性约束条件在短期内反而阻碍企业生产经营行为。经济发展水平和人均GDP的平方系数一正一负，特别是对于经济发展水平影响因素，人均GDP每提高1个百分点，生态福利绩效提高0.4509个百分点，经济发展水平是提高生态福利绩效的主导因素。然而，人均GDP平方项系数为负表明生态福利绩效并不是与经济发展水平呈现简单的线性增长关系，而是倒"U型"关系，进一步证实了"福利门槛"的存在。

2. 空间溢出效应分析。基于MATLAB 2016a软件获得各变量的空间直接效应和间接效应，结果如表5所示。从能源结构来看，直接效应和间接效应系数分别为－0.0011和0.0168，且均通过了显著性水平。能源结构对本地区生态福利绩效具有抑制作用但对其他省份具有促进作用。产生这种结果的原因可能是本地区以煤炭为主要能源结构的经济发展模式带来的高环境污染水平迫使本地区人口的迁移和产业（尤其第三产业）向周边的转移，同时，本地区较低的能源效率可能会促进资本向附近区域流动而提升周边生态福利绩效水平。城镇化水平对生态福利绩效水平的直接效应系数为 − 0.0065，间接效应系数为 − 0.0444，均通过了1% 显著性水平。城镇化的推进过程不仅降低了本地区生态福利绩效水平，对其他省份的生态福利绩效水平也具有抑制作用。尽管国家大力提倡新型城镇化，但各地区在具体实施过程中并不能协调处理基础设施配套、产业发展、环境污染等多方面问题，尤其是城镇化过程中依靠大量资源投入的低效率经济发展模式以及严峻的环境污染问题，其中比较突出的是城镇工业化进程中的雾霾污染现象，具有较强的空间负向溢出效用。产业结构的直接效应系数为 − 0.007，通过1% 显著性水平。第二产业比重的上升不利于本地生态福利绩效提升，间接效应的系数为 − 0.0311，在5% 水平下显著，表明第二产业比重上升对其他地区生态福利绩效具有负向作用，从总效应系数 − 0.0381 也可以看出总体上产业结构对生态福利绩效的提升表现为负向溢出效应。外商直接投资水平的直接效应和间接效应系数分别为 0.0308 和 0.3661，均通过1% 显著性水平，空间溢出效应显著。外商直接投资不仅促进本地区生态福利绩效的提升，对其他省份生态福利绩效也具有促进作用，并且间接效应明显高于对本地区的直接效应。导致这种现象的原因可能在于外商直接投资不仅给本地区带来资金的支持，同时引入了新型技术、先进管理经验，在促进本地区经济发展水平的同时也对周边地区形成扩散效应，邻近地区由于避免招商引资成本并以较低的代价模仿或吸收外来技术及经验获得更高的效益。技术进步水平和环境规制强度对生态福利绩效水平的直接效应和间接效应不显著，技术进步的"双刃剑"效果和环境规制强度的多面性作用得到充分体现。

表5　　　　　　　　　　　生态福利绩效的空间溢出效应

变量	直接效应		间接效应		总效应	
	系数	p 值	系数	p 值	系数	p 值
enst	− 0.0011 *	0.0660	0.0168 ***	0.0064	0.0157 **	0.0121
urba	− 0.0065 **	0.0268	− 0.0444 ***	0.0010	− 0.0510 ***	0.0042
inst	− 0.0070 ***	0.0001	− 0.0311 **	0.0200	− 0.0381 ***	0.0078
tec	0.0031	0.8639	− 0.0625	0.4043	− 0.0595	0.4183
er	− 0.0036	0.7047	− 0.0963	0.2129	− 0.0998	0.2135
fdi	0.0308 ***	0.0027	0.3661 ***	0.0014	0.3969 ***	0.0009
pgdp	0.4622 ***	0.0029	− 0.9853	0.1918	− 0.5230	0.5004
pgs	− 0.0477 **	0.0464	0.1205	0.3335	0.0728	0.5814

注：*、**、*** 分别表示在10%、5%及1%水平上显著。

四、结论与政策建议

本文对 2005～2016 年区域生态福利绩效进行了测度和空间效应分析，区别于以往研究集中于简单的横向和纵向比较抑或是传统面板模型的影响因素探讨，引入空间因素后对生态福利绩效进行了新的实证和分析。研究结果表明：①2005～2016 年区域生态福利绩效水平呈现"东部最高，中部次之，西部最低"的格局，东部由于沿海地理优势以及国家政策的率先扶持，经济、教育以及医疗卫生水平明显高于中西部地区，从时间变化趋势上看，经历"下降—上升—下降—上升"四个阶段。②区域生态福利绩效表现出较强的空间相关性，生态福利绩效水平不仅受本地区各因素的影响，同时受周边区域经济、产业结构、开放水平的影响。此外，各省份生态福利绩效呈现比较稳定的路径依赖性，东部地区普遍表现为高—高集聚现象而西部地区在空间上则为低—低集聚现象。③通过空间杜宾面板模型以及溢出效应分解发现，能源结构对本地区生态福利绩效水平具有负的影响，对其他地区则表现为正向作用，城镇化水平、产业结构因素无论是直接效应还是间接效应都对生态福利绩效水平具有抑制作用。外商直接投资不仅促进本地区生态福利绩效水平，对其他地区也具有提升作用，并且间接效应明显高于对本地区的直接影响，"污染天堂"的假说不一定成立。④"福利门槛"的假设在引入空间因素后依然成立，生态福利绩效与经济发展水平表现为倒"U型"关系，经济发展水平的提高在一定阶段对生态福利绩效具有促进作用，但经济水平达到较高阶段，纯粹以追求经济增长最大化的发展模式并不能提高生态福利绩效水平，反而表现为抑制作用。

基于以上研究结论，对于提升中国区域生态福利绩效水平，提出如下建议：首先，充分发挥区域之间的协调性。东部地区经济、教育、医疗卫生水平明显高于中西部地区，环境监管水平也处于前列，在继续发挥自身优势的基础上，应充分考虑中西部所存在的劣势，不以牺牲中西部为代价而寻求自身发展。东部地区必须做好示范作用，充分发挥周边辐射带动功能，利用和拓展创新集聚优势，继续发展高新技术产业、先进制造业和现代服务业，依托现代产业体系功能平台有序开展产业转移。完善东部地区对中西部欠发达地区的对口支援制度，无论是在经济发展、教育以及医疗上给予西部必要的支持。中西部地区应大力响应"中部崛起""西部大开发"国家战略，在认清自身资源优势情况下，采用低能耗、低污染以及高效率的集约化发展模式，在努力缩小与东部地区差距的过程中实现统筹式发展。其次，加大机制和结构调整力度，探索提升生态福利绩效的内在动力。中国城镇化的推进过程并没有促进生态福利绩效水平的提升，粗放型发展模式以及高污染问题未能得到有效处理，城镇化质量和效率偏低。在今后的改进中必须强调效率激励和约束，协调处理城镇与农村经济发展的不平衡，完善城镇转移人口的基础设施配套、教育、医疗的融入机制，解决城镇化创新动力不足问题。优化能源结构和产业结构，积极引导风能、太阳能等可再生能源的使用，加大污染减排技术的资金投入，严格把控生产中投入产出的中间过程。积极发展先进制造业和战略新兴产业，推进第二产业向服务业有序升级，促进一二三产业融合发展。继续扩大贸易开放水平，合理处理外资的在华投资，发挥 FDI 的积极作用。再次，构建有利于资源节约、生态建设和环境保护等方面的区域合作机制。我国区域生态福利绩效的显著空间相关性表明区域之间在空间上是紧密相连的，应充分发挥东部地区的高值集聚优势，推动京津冀、长三角、珠三角城市群建设，实现城市群生态——经济耦合发展。西部地区应该积极引导创新，提高资源利用效率，加强环境监管力度，寻求经济发展内生动力，避免低效率产业集群。最后，以生态福利绩效观代替传统经济增长观。经济增长的"福利门槛"效应再次表明纯粹追求经济增长的弊端，必须以提高社会整体福利水平为最终目的，减少生态资源消耗，提高资源利用效率，实现经济增长与自然消耗的相对脱钩（C模式），进而实现经济增长与自然消耗的绝对脱钩（B模式），避免资源大量消耗和高强度环境污染的经济发展 A 模式。

参考文献

［1］Manfred M N. Economic growth and quality of life: a threshold hypothesis ［J］. Ecological economics, 1995, 15: 115 – 118.

［2］Philip L, Matthew C. The end of economic growth? a contracting threshol hypothesis ［J］. Ecological economics, 2010, 69 (11): 2213 – 2223.

［3］Easterlin R A. Does economic growth improve the human lot? some empirical evidence ［J］. Nations and households in economic growth, 1974: 89 – 125.

［4］Daly H E. Beyond growth: the economics of sustainable development ［M］. Missouri: Beacon Press, 1996.

［5］诸大建, 张帅. 生态福利绩效及其与经济增长的关系研究 ［J］. 中国人口·资源与环境, 2014, 24 (9): 59 – 67.

［6］诸大建. 从 "里约 + 20" 看绿色经济新理念和新趋势 ［J］. 中国人口·资源与环境, 2012, 22 (9): 1 – 7.

［7］Raworth K. A safe and just space for humanity ［R］. ［2018 – 09 – 01］. https: //www. oxfam. org/sites/www. oxfam. org/files/dp – asafe – and – just – space – for – humanity – 130212 – en. pdf.

［8］诸大建. 解读生态文明下的中国绿色经济 ［J］. 环境保护科学, 2015, 41 (5): 16 – 21.

［9］龙亮军, 王霞. 上海市生态福利绩效评价研究 ［J］. 中国人口·资源与环境, 2017,

27 (2): 84-92.

[10] 诸大建,张帅. 生态福利绩效与深化可持续发展的研究 [J]. 同济大学学报 (社会科学版), 2014 (5): 106-115.

[11] 臧漫丹,诸大建,刘国平. 生态福利绩效: 概念、内涵及 G20 实证 [J]. 中国人口·资源与环境, 2013 (5): 118-124.

[12] 冯吉芳,袁健红. 中国区域生态福利绩效及其影响因素 [J]. 中国科技论坛, 2016 (3): 100-105.

[13] 徐昱东,亓朋,童临风. 中国省级地区生态福利绩效水平时空分异格局研究 [J]. 区域经济评论, 2017 (4): 123-131.

[14] Yew K. Environmentally responsible happy nation index: towards an internationally acceptable national success indicator [J]. Social indicators research, 2008, 85 (4): 425-446.

[15] Jorgenson A K. Economic development and the carbon intensity of human well-being [J]. Nature climate change, 2014, 4 (3): 186-189.

[16] Kubiszewski I, Costanza R, Franco C, et al. Beyond GDP: measuring and achieving global genuine progress [J]. Ecological economics, 2013, 93 (3): 57-68.

[17] Abdallah S, Thompson S, Michaelson J, et al. The Happy Planet Index 2.0: why good lives don't have to cost the earth [R]. London: New Economics Foundation, 1970.

[18] Common M. Measuring national economic performance without using prices [J]. Ecological economics, 2007, 64 (1): 92-102.

[19] Dietz T, Rosa E, York R. Environmentally efficient well-being: rethinking sustainability as the relationship between human well-being and environmental impacts [J]. Human ecology review, 2009, 16 (1): 114-123.

[20] Dimaria C. An indicator for the economic performance and ecological sustainbility of nations [J]. Environmental modeling & assessment, 2018 (2): 1-16.

[21] 韩瑾. 生态福利绩效评价及影响因素研究——以宁波市为例 [J]. 经济论坛, 2017 (10): 49-53.

[22] Bjornskov C. How comparable are the gall up world poll life satisfaction data? [J]. Journal of happiness studies, 2010, 11 (1): 41-60.

[23] 郭炳南,卜亚. 长江经济带城市生态福利绩效评价及影响因素研究——以长江经济带 110 个城市为例 [J]. 企业经济, 2018 (8): 30-37.

[24] 刘国平,诸大建. 中国碳排放、经济增长与福利关系研究 [J]. 财贸研究, 2011 (6): 83-88.

[25] 龙亮军,王霞,郭兵. 基于改进 DEA 模型的城市生态福利绩效评价研究——以我国 35 个大中城市为例 [J]. 自然资源学报, 2017, 32 (4): 595-605.

[26] 肖黎明,吉荟茹. 绿色技术创新视域下中国生态福利绩效的时空演变及影响因素——基于省域尺度的数据检验 [J]. 科技管理研究, 2018 (17): 244-251.

[27] Charnes A, Cooper W W, Rhodes E. Measuring the efficiency of decison making units [J]. European journal of operational research, 1978, 2 (6): 429-444.

[28] Tone K. A slacks-based measure of efficiency in data envelopment analysis [J]. European

journal of operational research, 2001, 130 (3): 498 – 509.

[29] Tone K. A slacks-based measure of super-efficiency in data envelopment analysis [J]. European journal of operational research, 2002, 143 (1): 32 – 41.

[30] Tobler W R. A computer movie simulating urban growth in the detroit region [J]. Economic geography, 1970, 46 (2): 234 – 240.

（与肖权合作完成，原载《中国人口·资源与环境》2019 年第 3 期）

后　　记

习近平总书记在党的十九大报告中，向全国人民提出了"牢固树立社会主义生态文明观"的伟大号召，吹响了建设生态文明，发展绿色经济的号角。如今，"生态"这个词所涵盖的思想和内容已经渗透到人类生存与发展实践活动的各个方面、各个领域。在理论和实践中探索可持续经济发展的绿色道路日益凸显其迫切性和重要性。

我从读博士期间开始涉足生态经济学领域的学习和研究，2003 年博士毕业后遂专注于生态经济学和可持续发展经济学领域的研究，在各类学术杂志上发表相关论文近 40 篇。在生态文明建设如火如荼的今天，深感有必要将这么多年来在这个领域的研究做一个整理。

本书所搜集的论文大多发表于 2003～2019 年间，绝大部分是本人独撰，也有和学弟魏彦杰、学妹苗艳青、博士生周倩玲和肖权合著的。在论文的搜集、整理和编排中，我的博士生肖权、周子钦、刘丹玉和硕士生赵平平做了大量的工作。在此一并表示感谢。本论文集收编的论文都是围绕"建设生态文明　发展绿色经济"这一主题展开，分上中下三篇编排，分别是：建设社会主义生态文明论；绿色经济发展与经济绿色化论；生态经济理论创新发展与和谐社会论。梳理这些论文，眼前浮现的是学术上艰难探索的历程。特别想借此机会感谢我的导师刘思华教授，可以说，没有刘教授在这个领域的引领和指导，就没有这本论文集。

方时姣

2019 年 9 月